はじめてでも安心！

Unityの教科書

Unity 6 完全対応版

北村愛実 著

SB Creative

本書に関するお問い合わせ

この度は小社書籍をご購入いただき誠にありがとうございます。小社では本書の内容に関するご質問を受け付けております。本書を読み進めていただきます中でご不明な箇所がございましたらお問い合わせください。なお、お問い合わせに関しましては下記のガイドラインを設けております。恐れ入りますが、ご質問の際は最初に下記ガイドラインをご確認ください。

ご質問の前に

小社Webサイトで「正誤表」をご確認ください。最新の正誤情報をサポートページに掲載しております。

▶ **本書サポートページ**

URL https://isbn2.sbcr.jp/28192/

上記ページの「正誤情報」のリンクをクリックしてください。なお、正誤情報がない場合、リンクをクリックすることはできません。

ご質問の際の注意点

・ご質問はメール、または郵便など、必ず文書にてお願いいたします。お電話では承っておりません。
・ご質問は本書の記述に関することのみとさせていただいております。従いまして、○○ページの○○行目というように記述箇所をはっきりお書き添えください。記述箇所が明記されていない場合、ご質問を承れないことがございます。
・小社出版物の著作権は著者に帰属いたします。従いまして、ご質問に関する回答も基本的に著者に確認の上回答いたしております。これに伴い返信は数日ないしそれ以上かかる場合がございます。あらかじめご了承ください。

ご質問送付先

ご質問については下記のいずれかの方法をご利用ください。

> ▶ **Webページより**
> 上記のサポートページ内にある「お問い合わせ」をクリックすると、メールフォームが開きます。要綱に従って質問内容を記入の上、送信ボタンを押してください。
>
> ▶ **郵送**
> 郵送の場合は下記までお願いいたします。
>
> 〒105-0001
> 東京都港区虎ノ門2-2-1
> SBクリエイティブ 読者サポート係

■本書内に記載されている会社名、商品名、製品名などは一般に各社の登録商標または商標です。本書中では®、™マークは明記しておりません。
■本書の出版にあたっては正確な記述に努めましたが、本書の内容に基づく運用結果について、著者およびSBクリエイティブ株式会社は一切の責任を負いかねますのでご了承ください。

©2024 本書の内容は著作権法上の保護を受けています。著作権者・出版権者の文書による許諾を得ずに、本書の一部または全部を無断で複写・複製・転載することは禁じられております。

はじめに

　「Unityを使えば簡単にゲームが作れる！」という記事などを読んで、「それじゃあ私も作ってみようかな」とダウンロードしてみたけど、Unityエディターの使い方はわからないし、プログラミングも苦手だし…、と悩んでしまった方も多いのではないでしょうか。

　幸いなことに、Unityの使い方やプログラミングの方法を丁寧に解説してくれている良書は何冊も販売されています。これらの書籍ではサンプルゲームの作り方が載っていて、手順通りにすすめることで、簡単にゲームが作れます。これに気をよくして、「よし、次は自分の作りたいゲームをつくろう」と机に向かってみたものの、「はて、何から作り始めたらよいんだろう？」と戸惑った経験をしたことがある方もいるかと思います。

　これは従来の書籍が、ゲーム作りにおける個別の技術（キャラクタを動かしたり、当たり判定をしたり、UIを表示したり）の説明に重点を置いているからです。個別の技術までは理解できているのですが、それをどのように組み合わせてゲームを作ったらよいのかを学んでいないため、何から始めたらよいのかわからないという状態に陥っているのです。

　自分の作りたいゲームを作るためには、個別の技術だけではなく、「ゲーム作りの流れ」を学ぶ必要があります。残念なことに、この「ゲーム作りの流れ」の部分にフォーカスを絞って解説した書籍は見当たりません。そこで本書では、ゲーム作りの流れを一般化して5つのステップに分解して説明しています。このステップにしたがってゲームを作ることで、「次に何をしたら…」と頭をかかえることなくゲームを完成させることができます。

　2016年に『Unity5の教科書』を刊行して以来、たくさんの読者の皆さまからご支持をいただき、教育機関でも教材として多く採用していただく機会に恵まれてきました。皆さまのおかげで、2016年から2023年にかけて毎年改訂を重ねることができ、本書を長年にわたり皆さまのお役に立てる書籍として育てていただけたことに、心よりお礼申し上げます。

　Unity自体はUnity 5の時代から大きく進化し、使い方や仕様も変わっている部分が少なくありませんが、本書で解説しているゲーム制作の基本的な考え方や手法は今も変わっておりません。皆さまにとっての学びや発見のきっかけとなり、本書を通じてゲーム制作の楽しさを学んでいただければ幸いです。

　本書の出版に関わってくださった方々、そしてこの本をお手にとってくださった方々に深く感謝申し上げます。

北村愛実

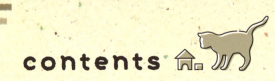

contents

Chapter 1 ゲーム作りの準備

1-1 ゲームを作るのに必要なもの ……… 20
 1-1-1 ゲーム作りに必要な技術 ……… 20

1-2 Unityとは？ ……… 21
 1-2-1 誰でもゲームを作ることができる開発環境 ……… 21
 1-2-2 マルチプラットフォーム対応 ……… 21
 1-2-3 Asset Store ……… 22
 1-2-4 Unityのライセンス ……… 23
 1-2-5 Unityでゲームを開発するのに必要な知識 ……… 24

1-3 Unityのインストール ……… 25
 1-3-1 Unityのインストール ……… 25
  ● macOS版のインストール ……… 26
  ● Windows版のインストール ……… 31
 1-3-2 iPhoneで動かすための準備 ……… 36

1-4 Unityの画面構成を知ろう ……… 40
 1-4-1 Unityの画面構成を見てみよう ……… 40
  ● シーンビュー ……… 41
  ● ゲームビュー ……… 41
  ● ヒエラルキーウィンドウ ……… 41
  ● プロジェクトウィンドウ ……… 41
  ● コンソールウィンドウ ……… 41
  ● インスペクターウィンドウ ……… 41
  ● 操作ツール ……… 41
  ● 実行ツール ……… 41

1-5 Unityに触れて慣れよう ……… 42
 1-5-1 プロジェクトの作成 ……… 42
 1-5-2 立方体を追加する ……… 44

1-5-3	ゲームを実行する	47
1-5-4	シーンを保存する	48
1-5-5	シーンビューで視点を操作する	49
	▶ 視点のズームイン・ズームアウト	49
	▶ 視点の平行移動	50
	▶ 視点の回転	50
1-5-6	オブジェクトを変形する	51
	▶ 移動ツール	51
	▶ 回転ツール	52
	▶ 拡大・縮小ツール	53
1-5-7	その他の機能	54
	▶ レイアウトの変更	54
	▶ ゲームの画面サイズの変更	55
	▶ プロファイラ	55

Chapter 2 C#スクリプトの基礎

2-1 スクリプトとは？ 58
- 2-1-1 スクリプトを習得する極意 ... 58

2-2 スクリプトを作成しよう 59
- 2-2-1 プロジェクトの作成 ... 59
- 2-2-2 スクリプトの作成 ... 60

2-3 スクリプトの第一歩 62
- 2-3-1 スクリプトの概要 ... 62
  - ▶ フレームと実行タイミング ... 66
- 2-3-2 「Hello, World」を表示する ... 68
  - ▶ スクリプトの実行 ... 68
  - ▶ シーンの保存 ... 69

2-4 変数を使ってみよう 70
- 2-4-1 変数の宣言 ... 70
  - ▶ 変数の初期化と代入 ... 72
  - ▶ 変数で文字列を扱う ... 73

2-4-2	変数と計算	75

- 変数同士の演算 76
- ちょっと便利な書き方その① 77
- ちょっと便利な書き方その② 78
- 文字列同士の連結 79
- 文字列と数値の連結 81

2-5 制御文を使ってみよう　82

2-5-1	if文で条件分岐	82
2-5-2	if-else文で条件分岐	84
2-5-3	if文を追加する	85
2-5-4	変数のスコープ	87
2-5-5	for文で繰り返し	89

2-6 配列を使ってみよう　94

2-6-1	配列の宣言とルール	94

- 配列の準備 94
- 配列の値の利用 95

2-6-2	配列の使い方	95

2-7 メソッドを作ってみよう　99

2-7-1	メソッドの概要	99
2-7-2	メソッドの作り方	100
2-7-3	引数も返り値もないメソッド	101

- メソッドの作り方 101
- メソッドの呼び出し方 102

2-7-4	引数のあるメソッド	103

- メソッドの作り方 103
- メソッドの呼び出し方 104

2-7-5	引数と返り値のあるメソッド	105

- メソッドの作り方 105
- メソッドの呼び出し方 106

2-8 クラスを作ってみよう　107

2-8-1	クラスとは？	107
2-8-2	クラスを作成する	109

2-8-3	クラスの使い方	110
2-8-4	アクセス修飾子	111
2-8-5	thisキーワード	112

2-9 Vectorクラスを使ってみよう　114

2-9-1	Vectorとは？	114
2-9-2	Vectorクラスの使い方	115
2-9-3	Vectorクラスの応用	118

Chapter 3　オブジェクトの配置と動かし方

3-1 ゲームの設計を考えよう　120

| 3-1-1 | ゲームの企画を作る | 120 |
| 3-1-2 | ゲームの部品を考える | 120 |

- ステップ① 画面上のオブジェクトをすべて書き出す　121
- ステップ② オブジェクトを動かすためのコントローラスクリプトを決める　121
- ステップ③ オブジェクトを自動生成するためのジェネレータスクリプトを決める　122
- ステップ④ UIを更新するための監督スクリプトを用意する　122
- ステップ⑤ スクリプトを作る流れを考える　122

3-2 プロジェクトとシーンを作成しよう　124

| 3-2-1 | プロジェクトの作成 | 124 |

- プロジェクトに素材を追加する　125

| 3-2-2 | スマートフォン用に設定する | 126 |

- ビルドの設定　126
- 画面サイズの設定　127

| 3-2-3 | シーンを保存する | 128 |

3-3 シーンにオブジェクトを配置しよう　129

| 3-3-1 | ルーレットの配置 | 129 |

- オブジェクトの位置を調節する　129

| 3-3-2 | 針の配置 | 131 |
| 3-3-3 | 背景色を変更する | 132 |

3-4 スクリプトの作り方を学ぼう　134
- 3-4-1　スクリプトの役割　134
- 3-4-2　ルーレットのスクリプトを作る　135

3-5 スクリプトをアタッチしてルーレットを回そう　139
- 3-5-1　ルーレットにスクリプトをアタッチする　139

3-6 ルーレットの回転が止まるようにしよう　141
- 3-6-1　回転速度を遅くする方法を考える　141
- 3-6-2　ルーレットのスクリプトを修正する　142

3-7 スマートフォンで動かしてみよう　145
- 3-7-1　スマートフォンの操作に対応させる　145
- 3-7-2　iPhoneビルドの方法　145
- 3-7-3　Androidビルドの方法　151

Chapter 4　UIと監督オブジェクト

4-1 ゲームの設計を考えよう　156
- 4-1-1　ゲームの企画を作る　156
- 4-1-2　ゲームの部品を考える　156
  - ▶ ステップ① 画面上のオブジェクトをすべて書き出す　157
  - ▶ ステップ② オブジェクトを動かすためのコントローラスクリプトを決める　157
  - ▶ ステップ③ オブジェクトを自動生成するためのジェネレータスクリプトを決める　158
  - ▶ ステップ④ UIを更新するための監督スクリプトを用意する　158
  - ▶ ステップ⑤ スクリプトを作る流れを考える　158

4-2 プロジェクトとシーンを作成しよう　160
- 4-2-1　プロジェクトの作成　160
  - ▶ プロジェクトに素材を追加する　160
- 4-2-2　スマートフォン用に設定する　162
  - ▶ 画面サイズの設定　162
- 4-2-3　シーンを保存する　162

4-3　シーンにオブジェクトを配置しよう　163
- 4-3-1　地面の配置　163
- 4-3-2　車の配置　164
- 4-3-3　旗の配置　165
- 4-3-4　背景色の変更　166

4-4　スワイプで車を動かす方法を考えよう　167
- 4-4-1　車のスクリプトを作る　167
- 4-4-2　スクリプトを車オブジェクトにアタッチする　169
- 4-4-3　スワイプの長さに応じて車の移動距離を変える　170

4-5　UIを表示しよう　174
- 4-5-1　UIの設計方針　174
- 4-5-2　テキストを使って距離を表示する　174

4-6　UIを書き換える監督を作ろう　178
- 4-6-1　UIを書き換えるスクリプトを作る　178
- 4-6-2　スクリプトを監督オブジェクトにアタッチする　181

4-7　効果音の鳴らし方を学ぼう　186
- 4-7-1　Audio Sourceコンポーネントの使い方　186
- 4-7-2　Audio Sourceコンポーネントのアタッチ　186
- 4-7-3　効果音をセットする　187
- 4-7-4　スクリプトから音を再生する　188

4-8　スマートフォンで動かしてみよう　190
- 4-8-1　iPhoneでビルドする場合　190
- 4-8-2　Androidでビルドする場合　191

Chapter 5　Prefabと当たり判定

5-1　ゲームの設計を考えよう　194
- 5-1-1　ゲームの企画を作る　194
- 5-1-2　ゲームの部品を考える　195
  - ステップ① 画面上のオブジェクトをすべて書き出す　195
  - ステップ② オブジェクトを動かすためのコントローラスクリプトを決める　195
  - ステップ③ オブジェクトを自動生成するためのジェネレータスクリプトを決める　196
  - ステップ④ UIを更新するための監督スクリプトを用意する　197
  - ステップ⑤ スクリプトを作る流れを考える　197

5-2　プロジェクトとシーンを作成しよう　199
- 5-2-1　プロジェクトの作成　199
  - プロジェクトに素材を追加する　199
- 5-2-2　スマートフォン用に設定する　200
  - 画面サイズの設定　200
- 5-2-3　シーンを保存する　201

5-3　シーンにオブジェクトを配置しよう　202
- 5-3-1　プレイヤの配置　202
- 5-3-2　背景画像の配置　203
  - レイヤの設定　204

5-4　キー操作でプレイヤを動かそう　206
- 5-4-1　プレイヤのスクリプトを作る　206
- 5-4-2　プレイヤのスクリプトをアタッチする　208

5-5　Physicsを使わない動かし方を学ぼう　209
- 5-5-1　矢を落下させる　209
- 5-5-2　矢の配置　209
- 5-5-3　矢のスクリプトを作る　210
  - 画面外に出た矢を破棄する　211
- 5-5-4　矢にスクリプトをアタッチする　212

5-6 当たり判定を学ぼう　213
5-6-1 当たり判定って何？　213
5-6-2 簡単な当たり判定　214
5-6-3 当たり判定のスクリプトを実装する　215

5-7 Prefabと工場の作り方を学ぼう　218
5-7-1 工場の構成　218
5-7-2 Prefabとは？　219
5-7-3 Prefabのいいところ　220
5-7-4 Prefab（設計図）の作成　221
5-7-5 ジェネレータスクリプトを作る　222
5-7-6 空のオブジェクトにジェネレータスクリプトをアタッチする　223
5-7-7 ジェネレータスクリプトにPrefabを渡す　225
- コンセントの差込口を作る　226
- インスペクターを通じてオブジェクトを差し込む　226

5-8 UIを表示しよう　228
5-8-1 UIを表示＆更新する監督を作る　228
5-8-2 HPゲージの配置　228
- アンカーポイントの設定　229
- HPゲージを減少させる　231

5-9 UIを書き換える監督を作ろう　233
5-9-1 UIを更新する流れを考える　233
5-9-2 UIを更新するための監督を作る　234
- 監督スクリプトを作成する　234
- 空のオブジェクトを作成する　235
- 空のオブジェクトに監督スクリプトをアタッチする　236
5-9-3 HPが減ったことを監督に伝える　236

5-10 スマートフォンで動かしてみよう　239
5-10-1 パソコンと実機の違いを考える　239
5-10-2 右ボタンを作る　239
- ボタンのテキストを削除する　240
5-10-3 右ボタンを複製して左ボタンを作る　241

| 5-10-4 | ボタンを押した時にプレイヤを移動させる | 242 |

- プレイヤを左右に移動させるメソッドを作る ... 243
- ボタンを押した時のメソッドを指定する ... 243

| 5-10-5 | iPhoneでビルドする場合 | 245 |
| 5-10-6 | Androidでビルドする場合 | 246 |

Chapter 6　Physicsとアニメーション

6-1　ゲームの設計を考えよう　248

| 6-1-1 | ゲームの企画を作る | 248 |
| 6-1-2 | ゲームの部品を考える | 249 |

- ステップ① 画面上のオブジェクトをすべて書き出す ... 249
- ステップ② オブジェクトを動かすためのコントローラスクリプトを決める ... 249
- ステップ③ オブジェクトを自動生成するためのジェネレータスクリプトを決める ... 250
- ステップ④ UIを更新するための監督スクリプトを用意する ... 250
- ステップ⑤ スクリプトを作る流れを考える ... 250

6-2　プロジェクトとシーンを作成しよう　252

| 6-2-1 | プロジェクトの作成 | 252 |

- プロジェクトに素材を追加する ... 252

| 6-2-2 | スマートフォン用に設定する | 254 |

- 画面サイズの設定 ... 254

| 6-2-3 | シーンを保存する | 254 |

6-3　Physicsについて学ぼう　255

| 6-3-1 | Physicsとは？ | 255 |
| 6-3-2 | Physicsを使ってプレイヤを動かす | 257 |

- プレイヤを配置する ... 257
- Rigidbody 2Dをアタッチする ... 257
- Collider 2Dをアタッチする ... 258

| 6-3-3 | 雲を足元に配置する | 260 |
| 6-3-4 | 雲にもPhysicsを適用する | 261 |

6-4 コライダの形を工夫してみよう　263
6-4-1　オブジェクトにフィットする形状のコライダ　263
6-4-2　プレイヤのコライダ形状を修正する　264
☞ プレイヤの回転を防止する　266
6-4-3　雲のコライダを調整する　267

6-5 入力に応じてプレイヤを動かそう　268
6-5-1　スクリプトを使ってジャンプさせる　268
6-5-2　プレイヤにスクリプトをアタッチする　271
6-5-3　プレイヤに働く重力を調節する　272
6-5-4　プレイヤを右に移動させる　272

6-6 アニメーションを作ろう　275
6-6-1　Unityのアニメーション　275
6-6-2　スクリプトでパラパラ漫画を作る　276
6-6-3　スプライトを指定する　278
6-6-4　ジャンプ中の見た目を追加する　280
6-6-5　ジャンプのスプライトを指定する　281

6-7 ステージを作ろう　283
6-7-1　雲のPrefabを作る　283
6-7-2　雲のPrefabからインスタンスを作る　284
6-7-3　プレイヤの位置を移動する　286
6-7-4　ゴールの旗を立てる　286
6-7-5　背景画像の配置　287

6-8 Physicsを使った当たり判定を学ぼう　289
6-8-1　Physicsで衝突を検出する　289
6-8-2　プレイヤと旗の当たり判定を作る　291
☞ 旗にColliderコンポーネントをアタッチする　291

6-9 シーン間の遷移方法を学ぼう　294
6-9-1　シーン遷移の概要　294
6-9-2　クリアシーンを作成する　295
6-9-3　「ゲームシーン」から「クリアシーン」に遷移する　297

6-9-4	シーンを登録する	298
6-9-5	バグをなくそう	299
	ジャンプ中に何度でもジャンプできてしまう	299
	プレイヤが画面外に出てしまうと、どこまでも落下し続ける	300

6-10 スマートフォンで動かしてみよう　　301

| 6-10-1 | iPhoneでビルドする場合 | 301 |
| 6-10-2 | Androidでビルドする場合 | 301 |

Chapter 7　3Dゲームの作り方

7-1 ゲームの設計を考えよう　　304

7-1-1	ゲームの企画を作る	304
7-1-2	ゲームの部品を考える	304
	ステップ① 画面上のオブジェクトをすべて書き出す	305
	ステップ② オブジェクトを動かすためのコントローラスクリプトを決める	305
	ステップ③ オブジェクトを自動生成するためのジェネレータスクリプトを決める	306
	ステップ④ UIを更新するための監督スクリプトを用意する	306
	ステップ⑤ スクリプトを作る流れを考える	306

7-2 プロジェクトとシーンを作成しよう　　308

7-2-1	プロジェクトの作成	308
	プロジェクトに素材を追加する	308
7-2-2	スマートフォン用に設定する	310
	画面サイズの設定	310
7-2-3	シーンを保存する	310

7-3 ステージを作ろう　　311

7-3-1	3Dゲームの座標系	311
7-3-2	的の配置	312
7-3-3	Asset Storeを利用する	314
7-3-4	ステージを配置する	318

7-4　Physicsを使ってイガグリを動かそう　320
- 7-4-1　イガグリをシーン上に配置する　320
- 7-4-2　イガグリにPhysicsをアタッチする　321
- 7-4-3　イガグリを飛ばすスクリプトを作る　323
- 7-4-4　イガグリのスクリプトをアタッチする　324
- 7-4-5　イガグリを的に刺す　325

7-5　パーティクルを使ってエフェクトを表示しよう　327
- 7-5-1　パーティクルとは？　327
- 7-5-2　弾けるエフェクトを表示する　329
  - イガグリにParticle Systemコンポーネントをアタッチする　329
  - パーティクルにマテリアルを設定する　330
  - Particle Systemのパラメータを調整して、弾けるエフェクトを作成する　331
  - 的との当たりを検知してパーティクルを再生する　333

7-6　イガグリを生産する工場を作ろう　335
- 7-6-1　イガグリのPrefab（設計図）を作る　335
- 7-6-2　イガグリのジェネレータスクリプトを作る　336
  - Shootメソッドの呼び出しをコメントアウトする　337
- 7-6-3　イガグリの工場オブジェクトを作る　338
- 7-6-4　設計図を工場に渡す　339
- 7-6-5　クリックした場所にイガグリを飛ばす　340

7-7　見た目を調整しよう　344
- 7-7-1　空の色の設定　344
- 7-7-2　ライトの強度の設定　347
- 7-7-3　Fogの設定　348

7-8　スマートフォンで動かしてみよう　351
- 7-8-1　iPhoneでビルドする場合　351
- 7-8-2　Androidでビルドする場合　352

Chapter 8 レベルデザイン

8-1 ゲームの設計を考えよう　354
8-1-1　ゲームの企画を作る　354
8-1-2　ゲームの部品を考える　355
- ステップ① 画面上のオブジェクトをすべて書き出す　355
- ステップ② オブジェクトを動かすためのコントローラスクリプトを決める　355
- ステップ③ オブジェクトを自動生成するためのジェネレータスクリプトを決める　356
- ステップ④ UIを更新するための監督スクリプトを用意する　356
- ステップ⑤ スクリプトを作る流れを考える　356

8-2 プロジェクトとシーンを作成しよう　358
8-2-1　プロジェクトの作成　358
- プロジェクトに素材を追加する　358
8-2-2　スマートフォン用に設定する　360
- 画面サイズの設定　360
8-2-3　シーンを保存する　360

8-3 バスケットを動かそう　361
8-3-1　ステージの配置　361
8-3-2　カメラの位置を調節する　362
8-3-3　ライトを設定して影を付ける　363
8-3-4　バスケットの配置　365
8-3-5　バスケットを動かすスクリプトを作る　366
8-3-6　スクリプトをアタッチする　368

8-4 アイテムを落下させよう　372
8-4-1　アイテムの配置　372
8-4-2　アイテムを落下させるスクリプトを作る　374
8-4-3　スクリプトをアタッチする　375

8-5 アイテムをキャッチしよう　377
8-5-1　バスケットとアイテムの当たり判定を行う　377
8-5-2　衝突したことをスクリプトで検知する　382

	8-5-3	Tagを使ってアイテムの種類を判別する	384
	8-5-4	アイテムをキャッチした時に音を鳴らす	388

- バスケットにAudio Sourceコンポーネントをアタッチする ……… 388
- スクリプトから効果音を鳴らすタイミングを指定する ……… 389
- スクリプト内の変数に音楽ファイルを代入する ……… 391

8-6 アイテムを生成する工場を作ろう 392

- 8-6-1 Prefab（設計図）を作る ……… 392
- 8-6-2 ジェネレータスクリプトを作る ……… 394
- 8-6-3 空のオブジェクトにジェネレータスクリプトをアタッチする ……… 395
- 8-6-4 ジェネレータスクリプトにPrefabを渡す ……… 396
- 8-6-5 工場をグレードアップする ……… 397
  - アイテムの出現位置をランダムにする ……… 397
  - アイテムの種類もランダムにする ……… 399
  - パラメータを外部から調節できるようにする ……… 401

8-7 UIを作ろう 404

- 8-7-1 UIの配置 ……… 404
- 8-7-2 UIを書き換えるための監督を作る ……… 407
  - 監督スクリプトを作成する ……… 407
  - 空のオブジェクトを作成する ……… 408
  - 空のオブジェクトに監督スクリプトをアタッチする ……… 409
- 8-7-3 監督に得点管理もしてもらう ……… 410
  - 監督がUIを更新する ……… 410
  - バスケットコントローラから監督に得点を伝える ……… 411

8-8 レベルデザインをしよう 414

- 8-8-1 ゲームを遊んでみる ……… 414
- 8-8-2 制限時間を調節する ……… 415
- 8-8-3 レベルデザインとは？ ……… 417
- 8-8-4 レベルデザインに挑戦！ ……… 418
- 8-8-5 パラメータを調節しよう ……… 421

8-9 スマートフォンで動かしてみよう 424

- 8-9-1 iPhoneでビルドする場合 ……… 424
- 8-9-2 Androidでビルドする場合 ……… 425

本書内で作成したサンプルのプロジェクトならびに、ゲーム素材、スクリプトは、本書のサポートページよりダウンロード可能です。サポートページ内のリンクをクリックして、ダウンロードページへ進んでください。

▶ 本書サポートページ
URL https://isbn2.sbcr.jp/28192/

サンプルファイルはzip形式で圧縮されております。ダウンロード後にローカル環境に展開・保存してご使用ください。
サンプルファイルは、以下のようなフォルダ構成になっております。

「Sample_PC」フォルダ
Chapter3〜Chapter8に掲載したサンプルゲーム（PC版）のプロジェクトファイル一式が収録されています。

「Sample_Smartphone」フォルダ
Chapter3〜Chapter8に掲載したサンプルゲーム（スマートフォン対応版）のプロジェクトファイル一式が収録されています。

「ゲーム素材」フォルダ
Chapter3〜Chapter8に掲載したサンプルゲーム用の素材データが収録されています。
Chapter4とChapter8の音源は、魔王魂（https://maoudamashii.jokersounds.com）のものを使用させていただいております。

「Listデータ」フォルダ
Chapter2〜Chapter8に掲載したスクリプト（List）を、テキストデータ形式で収録してあります。

書籍の内容ならびに各サンプル、サンプル内で使用するデータは、すべて著作権法上の保護を受けています。書籍の内容ならびにサンプルやデータの全部または一部を無断で複写・複製・転載することは法律によって禁じられています。
各サンプルは著作者に著作権がありますが、改変して使用することが著作権者によって許可されています。ただし、掲載されたままのサンプルを許可なく複写・複製・転載することはできません。
サンプルファイルは、使用者の責任においてご使用してください。本書の内容ならびにサンプルの使用にあたって生じた損害について、著作者・出版社（SBクリエイティブ株式会社）はいっさい責任を負うものではありません。

Chapter 1
ゲーム作りの準備

Unityのインストールと
基本的な操作方法を学びましょう！

> 1章では、Unityとはどのようなツールなのかを解説します。「Unityを使えば簡単にゲームが作れる」というイメージがありますが、本当にそうなのでしょうか。Unityを使って楽をできる部分と、Unityを使いこなすために学ばなければいけない部分について理解しましょう。また、Unityのインストールとスマートフォンで動かすための準備を行います。この準備が整えば、ついにUnityを使ったゲーム開発への第一歩を踏み出すことができます！

1-1 ゲームを作るのに必要なもの

Unityを使ってゲーム作りを始める前に、ゲーム作りに必要な技術を簡単に見ておきます。従来はどのような技術が必要だったのか、それがUnityを使えばどれだけ楽になるかを紹介します。

1-1-1 ゲーム作りに必要な技術

近年、スマートフォン用のゲーム市場はますます拡大しています。この背景として、10年前と比べるとスマートフォンの性能が飛躍的に向上したため、比較的簡単に高品質なゲームを作れるようになったことが挙げられます。PCゲームと同様のクオリティのゲームがスマートフォンでも遊べるといったことも珍しくありません。これに伴い、身近なスマートフォンゲームを自分でも開発してみたいと感じる方も年々増えているのではないでしょうか。

しかし、**ゲームをゼロから作るのはとても難しい**ことです。本屋にいけばプログラムの入門書は置いてありますし、ゲームの作り方について解説した書籍も簡単に手に入るでしょう。ではプログラムの本を1冊買ってくればゲームが作れるのかというと、そうとも限りません。

ゲームを作るには非常に高度な技術が必要です。C言語やC++などのプログラミング言語さえ理解すればゲームが作れる、というわけではないのです。プログラミング言語の習得だけではなく、ゲーム専用のライブラリ※の使い方、行列演算などの数学的知識、エフェクトやサウンド、ゲーム入力、メニュー遷移・・・、他にも学ばなければいけないことはたくさんあります。

ここまで読んで、そっと本を閉じたくなったのではないでしょうか。でも本を閉じるのはもう少し待ってください。Unityを使えば、上に書いた**ゲーム開発の難しい部分をUnityが肩代わりしてくれます**。したがって、あなたはゲームの肝となる部分だけを開発すればよいのです。では、Unityとはどのようなツールなのか？ それを次の1-2節で説明します。

Fig.1-1 ゲーム作りの難しさ

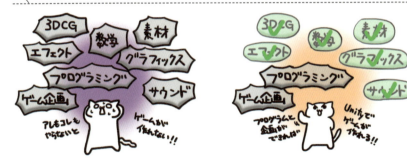

1-2 Unityとは？

Unityとはどのようなツールなのかを見ていきます。またUnityを使うことで、どのようなメリットがあるのかも、しっかりと理解しておきましょう。

1-2-1 誰でもゲームを作ることができる開発環境

「Unity」は、ユニティ テクノロジーズが2004年に開発したゲームエンジンです。ゲームエンジンとは、簡単に言えば3Dの計算や影の表示、サウンド、メニュー遷移など、ゲーム作りによく使う機能を1つにまとめて使いやすくしたものです。

もちろん、Unity以前にもゲームエンジンは存在していました。Unityがその他のゲームエンジンと異なるのは、オブジェクトの配置や照明の設定、必要な機能の追加といった基本的なことをUnityエディターで視覚的に行えるように設計されているところです。つまり、**Unityエディターでパラメータを変更するだけで、簡単にゲーム内のオブジェクト（ゲーム画面上に配置された物体）の動きや見え方を変更することができる**のです。

これにより、複雑なプログラムを書くことなく、比較的簡単にゲームが作れるようになりました。Unityの登場によって、ゲーム開発のハードルは大きく下がり、これまでゲーム会社のなかだけで行われていたゲーム開発が、専門知識を持たない人達にもできるようになったのです。

1-2-2 マルチプラットフォーム対応

Unityで作ったゲームはPCだけではなく、スマートフォンやゲーム機など幅広いプラットフォームで実行することができます。Unityがサポートしている主なプラットフォームは、次のTable1-1の通りです。その他のプラットフォームや最新の情報は、Unityの公式サイトで確認できます。

※ライブラリ
ライブラリとは、特定の分野に関するプログラムをひとまとめにして、他の人が利用しやすい形にまとめたものです。例えば、有名な画像処理ライブラリにIntelが開発したOpenCVがあります。OpenCVを使えば、画像処理の仕組みを自分で考えなくても、用意されているプログラムを使うことで簡単に処理を実現することができます。

Table 1-1	Unityが対応する主なプラットフォーム		
PC	Windows	macOS	Linux
スマートフォン	iOS	Android	
ゲーム機	PlayStation	Xbox One	Nintendo Switch
その他	Meta	HoloLens	Magic Leap

　開発者にとって、マルチプラットフォームがサポートされているのは非常に嬉しいことです。ちょっと設定を変更するだけで、パソコン用に作成したゲームがスマートフォンやゲーム機でも実行できるようになります。また、**iPhone用に作ったゲームが、すぐにAndroidでも遊べるようになります**。このように少しの手間で、自分の作ったゲームが、さまざまなプラットフォームでいろいろな人達に遊んでもらえるようになるのは嬉しいですね！

Fig.1-2　Unityはマルチプラットフォーム対応

1-2-3 Asset Store

　Unityは単なるゲームエンジンにとどまらず、ゲーム作りに必要な素材の提供まで総合的にサポートしています。Unityではゲームで使う素材のことをアセットと呼んでおり、開発者は各種アセットが販売されているAsset Store（アセットストア）を利用できます。このアセットストアでは、**2Dや3Dのモデルやエフェクト、サウンド、スクリプト、プラグイン**といった、ゲーム作りに必要な素材が低価格で販売されています（無料で使用できるものもあります）。アセットストアを上手く利用することで、きれいな絵や3Dモデルが自分で作れなくてもハイクオリティなゲームを作ることができます。

URL Asset Store
https://assetstore.unity.com

Fig.1-3　Asset Store

1-2-4　Unityのライセンス

　Unityには無料版のStudentエディションとPersonalエディション、有料版のProエディション、EnterpriseエディションとIndustryエディションの5つが用意されています。Studentエディションは認定教育機関に在学中で、個人情報の収集と取り扱いに同意できる16歳以上の学生の方が利用できます。

　年間200,000米ドルを下回る売上であれば、無料版のPersonalエディションが利用できます。それを上回る売り上げがあればProエディションかEnterpriseエディション、またはIndustryエディションを購入する必要があります。

　それぞれのエディションのライセンス料金は、Table1-2のようになります（2024年10月現在）。

Table 1-2　Unityのライセンス料金

Student、Personal	無料
Pro	月額27,500円から
Enterprise	お問い合わせ価格
Industry	月額66,880円から

1-2-5 Unityでゲームを開発するのに必要な知識

　Unityを使うことで、簡単にゲームを作れるようになることがわかりました。でも、その使い方がわからなければ何もできません。Unityでゲームを作るにはUnityエディターや、Unity独自のメソッド（2章以降で説明）の使い方を学ばなければいけません。

　また、「どうやってプログラムを作っていけばいいのかがわからない」という理由で挫折してしまう人も多くいます。これはUnity固有の問題ではなく、初めてゲームを作る人がつまずきやすいポイントです。入門書では簡単なプログラムしか扱っていないため、自分のゲームにどうやって応用すればいいかまではわからないのが原因の1つです。逆にステップアップしようと少し難しい本を見ると、プログラムの解説が一部しかなかったり、ゲーム設計がサンプルごとに違ったりして、やはり応用が利きにくいのが現状です。

Fig.1-4　Unityでどうやってゲームを作るの？

　Unityはパワフルなツールなので、思いつくままなんとなくゲームを作っていくと、なんとなく動いてしまいます。ゲームが小規模のうちはこれでもよいのですが、中規模、大規模になっていくと、開発終盤で最初の設計から大きくずれてしまうという事態が起こります。

　そこで本書では**初心者の人でもゲーム設計が簡単に行えるように、どんなゲームにも使える設計パターンを紹介します**。設計パターンと書くと難しく聞こえますが、要するに「この流れにしたがってプログラムを作っていけば、ゲームが作れる」というものなので、気軽に捉えてくださいね。本書では、6つのミニゲームの制作を通して、設計パターンの使い方を紹介していきます。お楽しみに！

1-3 Unityのインストール

ここではUnityのインストール手順と、スマートフォンで動作させるための手順を紹介します。本書では、macOS Sequoia版で説明を行います。基本的な操作はWindows版でも同じです。macOS版とWindows版で操作方法が異なる部分は、その都度補足していきます。

1-3-1 Unityのインストール

Unityのインストール方法を説明します。ここでは無料で使えるPersonalエディションについて紹介します（本書はUnityのバージョン6000.0.23f1をもとに、またUnity Hubのバージョンは3.9.1をもとに説明します）。

まずは下記URLよりUnityの公式サイトにアクセスし、ダウンロードをクリックして、Unity Hubをダウンロードしてください。Unity HubはUnityのインストールができるほか、Unityのプロジェクトを新しく作ったり既存プロジェクトを開いたりできます。

URL 公式サイト
https://unity.com/ja/download

Fig.1-5 Unityを入手する

ダウンロードをクリックします。

ダウンロードの許可を求める画面が表示された場合は、許可をクリックしてダウンロードを実行します。

ダウンロードしたインストーラーを起動し、次の手順のようにインストールを進めてください。macOSの場合は26ページから30ページ、Windowsの場合は31ページから35ページの手順でインストールを進めてください。

macOS版のインストール

macOS版のUnityのインストール手順は以下の通りです。この手順でインストールできない場合は、本書のサポートページ（https://isbn2.sbcr.jp/28192/）をご覧ください。

Fig.1-6 Unityのインストール（macOS版）

※「Rosetta」のインストール画面が表示された場合は、
インストールをクリックして、インストールを行ってください。

❺Create accountをクリックします。

❻メールアドレスなどを入力してアカウントを作成します。

※既にアカウントをお持ちの方は、Sign inをクリックしてUnityのアカウントにサインインし、⓬の手順へ進んでください。

❼この画面が表示されると、登録したアドレス宛に確認のメールが送付されます。

❽確認のメールを開き、Link to confirm emailをクリックします。

❾「私はロボットではありません」をクリックして質問に答え、verifyをクリックします。

❿手順❻で登録したメールアドレスとパスワードを入力して、Sign inをクリックします。

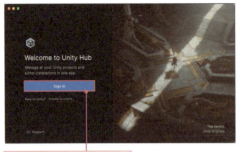

⓫Unity Hubの画面に戻り、Sign inをクリックします。

⓬許可をクリックして次に進みます。

⓭Got itをクリックします。

⓮Install Unity Editorをクリックします。

※Unity Hubのバージョンによって、手順⓮と手順⓯が逆になる場合があります。

⓯Agreeをクリックします。

⓰Unityエディターがインストールされます。

⑰Unityエディターがインストールされたら、×をクリックします。

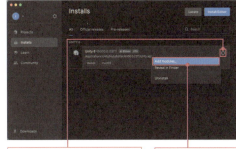
⑱歯車のアイコンをクリックします。
⑲**Add modules**を選択します。

⑳**Visual Studio Code**、**Android Build Support**、**OpenJDK**、**Android SDK & NDK Tools**、**iOS Build Support**をチェックして、**Continue**をクリックします。

※既にVisual Studio Codeがインストールされている場合は、Visual Studio Codeのチェックボックスは表示されません。

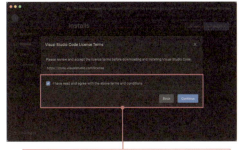
㉑利用規約を確認のうえでチェックを入れて、**Continue**をクリックします。

㉒利用規約を確認のうえでチェックを入れて、**Install**をクリックします。

㉓インストールが完了したら、×をクリックします。

　以上でmac OS版のUnityのインストールは完了です。インストールが完了すると、「アプリケーション」フォルダのなかに選択したバージョンのフォルダが作成されます。

　Unity Hubはいったん閉じておいてください。作成したゲームを**iPhoneで動かすには、さらに専用ツールのインストールが必要**なので、36ページへ進んで設定してください。iPhoneで動かす必要がない方は、40ページへ進んでください。

Windows版のインストール

　Windows版のUnityのインストール手順は次の通りです。この手順でインストールできない場合は、本書のサポートページ（https://isbn2.sbcr.jp/28192/）をご覧ください。

Fig.1-7　Unityのインストール（Windows版）

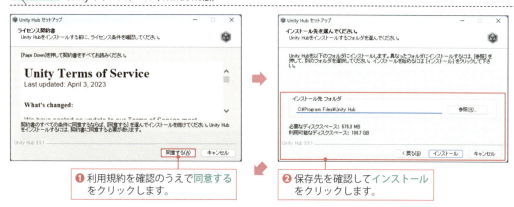

❶ 利用規約を確認のうえで同意するをクリックします。

❷ 保存先を確認してインストールをクリックします。

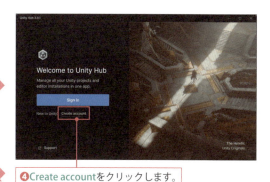

❸ 完了をクリックします。

❹ Create accountをクリックします。

※既にアカウントをお持ちの方は、Sign inをクリックしてUnityのアカウントにサインインし、⓫の手順へ進んでください。

❺ メールアドレスなどを入力してアカウントを作成します。

❻ この画面が表示されると、登録したアドレス宛に確認のメールが送付されます。

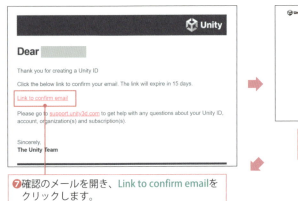

❼確認のメールを開き、Link to confirm emailを
クリックします。

❽「私はロボットではありません」をクリック
して質問に答え、verifyをクリックします。

❾メールアドレスとパスワードを入力し
て、Sign inをクリックします。

❿Unity Hubの画面に戻り、
Sign inをクリックします。

⓫開くをクリックします。

⓬Got itをクリックします。

❸Install Unity Editorをクリックします。

※Unity Hubのバージョンによって、手順❸と手順❹が逆になる場合があります。

❹Agreeをクリックします。

❺Unityエディターがインストールされます。

❻Unityエディターがインストールされたら、×をクリックします。

❼歯車のアイコンをクリックします。

❽Add modulesを選択します。

❾Microsoft Visual Studio Community 2022、Android Build Support、OpenJDK、Android SDK & NDK Toolsをチェックして、Continueをクリックします。

※既にVisual Studioがインストールされている場合は、Microsoft Visual Studio Community 2022のチェックボックスは表示されません。

⓴利用規約を確認のうえでチェックを入れて、Continueをクリックします。

㉑利用規約を確認のうえでチェックを入れて、Installをクリックします。

㉒続行をクリックします。

㉓.NETデスクトップ開発とUnityによるゲーム開発をチェックして、インストールをクリックします。

㉔Visual Studioがインストールされます。

㉕この画面が表示されたらインストールは完了です。Unity Hubの画面に戻りましょう。

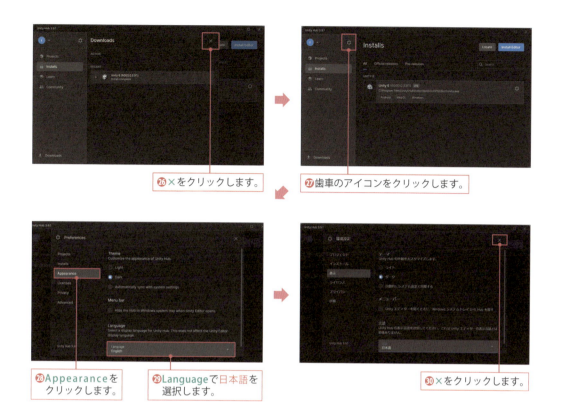

　以上でWindows版のUnityのインストールは完了です。インストールが完了すると、デスクトップにUnity HubとUnityのショートカットアイコンが作成されます。Unity HubとVisual Studioはいったん閉じておいてください。

　これで、WindowsやAndroidで動かすゲームを作る準備は完了したので、40ページへ進んでください。

1-3-2 iPhoneで動かすための準備

　Unityで作ったゲームをiPhoneで動かすには、MacとXcodeが必要になります。Xcodeとは、MacやiPhone、iPad用のアプリケーションを開発する時に用いる統合開発環境です。まずはFig.1-8のようにApp StoreからXcodeをインストールしましょう。OSのバージョンが低いと最新のXcodeをインストールできないことがあるので注意してください。また、App Storeを利用するためにはApple Accountが必要です。Apple Accountをお持ちでない場合は、AppleのサイトなどでApple Accountを作成してください。

URL Appleのサイト（Apple Account作成）
https://support.apple.com/ja-jp/108647

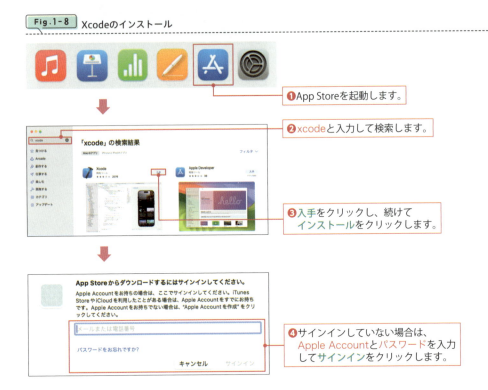

Fig.1-8　Xcodeのインストール

❶App Storeを起動します。
❷xcodeと入力して検索します。
❸入手をクリックし、続けてインストールをクリックします。
❹サインインしていない場合は、Apple Accountとパスワードを入力してサインインをクリックします。

　ダウンロードとインストールが完了したら、LaunchpadからXcodeを起動してください。License Agreementの画像が表示された場合は、Agreeボタンをクリックしてください。また、初回起動時は追加のコンポーネントなどのインストールが始まることがあります。次図のように追加インストールを促す画面が表示された場合はインストールを行い、Xcodeの起動を確認してください。

Fig.1-9 Xcodeの起動

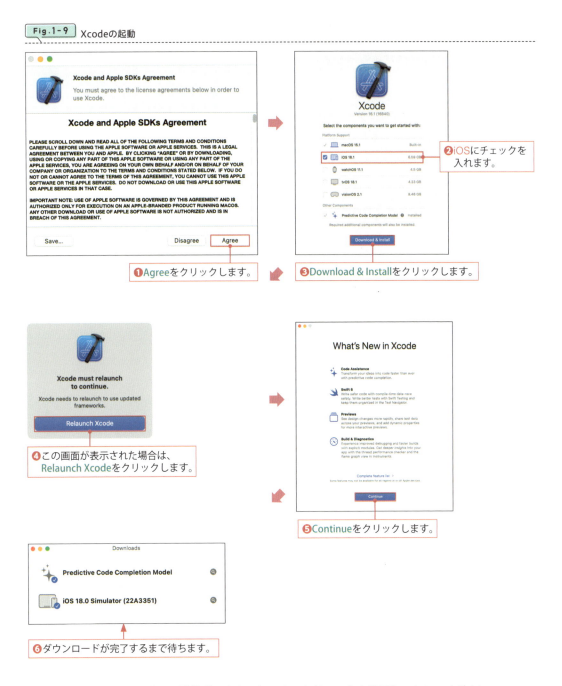

これでiPhoneで動かす準備ができました。Xcodeはいったん終了しておいてください。

Tips｜Unityのバージョンを選んでインストールする方法

Unity Hubでは複数バージョンのUnityをインストールできます。

Unity Hub画面の左側でインストールを選択し、画面右上のエディターをインストールボタンをクリックしてください。現在リリースされているUnityのバージョンが表示されるので、インストールしたいバージョンを選択してください。最新版のUnityがリリースされた時も、この手順でインストールできます。

Macをお使いの場合、M1 Mac以降の機種なら「シリコン」、それ以前の機種なら「Intel」を選択してインストールを行ってください。

Fig.1-10 最新版のインストール

❶インストールをクリックします。
❷エディターをインストールをクリックします。

古いバージョンが不要な場合は、以下の手順でアンインストールを行うことができます。

Fig.1-11 Unityのアンインストール

❶インストールをクリックします。
❷歯車のアイコンをクリックして、アンインストールを選択します。

> Tips< **モジュールの追加**

さまざまなプラットフォームで動作するゲームを作るためには、インストールしたUnityのバージョンごとに、プラットフォームに対応したモジュールを追加する必要があります。Unity Hubからインストールするバージョンを選択して、次図の手順で追加できます。

iPhone向けのゲームを作りたい場合は、「iOS Build Support」を追加します。Android向けのゲームを作りたい場合は「Android Build Support」「OpenJDK」「Android SDK & NDK Tools」を追加します（既にインストールされているモジュールは、チェックボックスが表示されません）。

Fig.1-12 モジュールの追加

❶歯車のアイコンをクリックして、モジュールを加えるを選択します。

❷インストールするモジュールをチェックして、インストールをクリックします。

1-4 Unityの画面構成を知ろう

すべてのインストールが終わったので、次はUnityの画面をざっと眺めながら、簡単にそれぞれのビューの役割を説明します。具体的な使い方は3章以降で説明するので安心してくださいね。

1-4-1 Unityの画面構成を見てみよう

Unityの画面構成は次のFig.1-13のように、大きく分けると「シーンビュー&ゲームビュー」「ヒエラルキーウィンドウ」「プロジェクトウィンドウ&コンソールウィンドウ」「インスペクターウィンドウ」の4つの画面からなっています。

それぞれ個別の役割があるので、それを簡単に見ていきます。一度には覚えきれないと思うので、実際に使いながら徐々に覚えていきましょう。

Fig.1-13 Unityの画面構成

シーンビュー

ゲームを組み立てるためのメイン画面です。素材を配置してゲームのシーンを作成するのが主な役割です。ビュー上部のタブで、ゲームビューに切り替えることができます。

ゲームビュー

ゲームを実行した時の見え方を確認するほか、ゲーム時の処理スピードや負荷のかかり方などを解析できます。

ヒエラルキーウィンドウ

シーンビューに配置したオブジェクトの名前を一覧で表示します。また、オブジェクト同士の階層構造を表示したり編集したりできます。

プロジェクトウィンドウ

ゲームで使う素材を管理します。このウィンドウに画像や音声などの素材をドラッグ＆ドロップすることで、Unityにゲームの素材として追加することができます。

コンソールウィンドウ

プログラムなどにエラーがある場合、その内容が表示されます。またプログラムによって、任意の数値や文字列を表示させることができます。

インスペクターウィンドウ

シーンビューで選択したオブジェクトの詳しい情報が表示されます。インスペクターでオブジェクトの座標・回転・スケール（サイズ）や色、形などを設定します。

操作ツール

シーンビューに配置したオブジェクトの座標や回転、サイズを調整したり、シーンビューの見え方を調整したりするためのツールです。

実行ツール

ゲームの実行や停止を行うツールです。

1-5 Unityに触れて慣れよう

　理屈を知るだけでは退屈なので、実際に手を動かしてUnityの使い方に慣れていきましょう。本節は3Dオブジェクトの配置と変形を行うだけの、簡単なチュートリアルです。Unityを使いこなすには必須の操作が多いので、ここで慣れておきましょう。

1-5-1 プロジェクトの作成

　Unityでゲームを作るために、まずはプロジェクトを作成します。Unityには「プロジェクト」と「シーン」というくくりがあります。プロジェクトはゲーム全体を表し、シーンは画面単位を表します。お芝居で言えば、**脚本に当たるのがプロジェクト**で、**場面に相当するのがシーン**です。

> Fig.1-14　プロジェクトとシーンの関係

　プロジェクト＝ゲームですので、プロジェクトを作成する時にはゲームタイトルをプロジェクト名にしておくとわかりやすいです。

　Unityを起動しましょう。macOSの場合はLaunchpadのUnity Hubをクリックしてください。Windowsの場合はデスクトップにあるUnity Hubのアイコンをダブルクリックしてください。

　画面が開いたら、プロジェクトをクリックしてプロジェクト画面を表示し、画面右上の新しいプロジェクトボタンをクリックしてください。

> Fig.1-15　Unity Hubの起動画面

❶プロジェクトをクリックします。
❷新しいプロジェクトをクリックします。

「新しいプロジェクト」をクリックすると、プロジェクトの設定画面になります。左カラムからすべてのテンプレートを選択します。ここでは3Dのサンプルを作るので、テンプレートの項目からUniversal 3Dを選択してください。プロジェクト名には「Test」と入力してください。プロジェクトを保存する場所を指定したい場合は、保存場所を選択してください。Unity Cloudに接続する必要はないので、Unity Cloudに接続のチェックを外してください。右下の青色のプロジェクトを作成ボタンをクリックしたときに、Fig.1-16の下図のような画面が表示されたらI have read and〜にチェックを入れて、Accept and Continueをクリックしてください。指定したフォルダにプロジェクトが作成され、Unityエディターが起動します。

　複数バージョンのUnityエディターをインストールしている場合は、画面上部のエディターのバージョンをクリックすることで、Unityエディターのバージョンを変更できます。

Fig.1-16　プロジェクトの設定画面

1-5-2 立方体を追加する

　Unityエディターの起動直後の画面はFig.1-17のようになっています（画面が異なる場合は、シーンビュー上部のSceneタブを選択してください）。
　画面中央のシーンビューには、カメラと太陽と立方体のアイコンが表示されています。カメラのアイコンはゲーム世界を映すカメラのオブジェクト、太陽のアイコンはゲーム世界を照らすライトのオブジェクト、立方体のアイコンはゲーム画面の見た目を調整するオブジェクトを表しています。また、**ヒエラルキーウィンドウにはこれらのオブジェクトに対応するリスト**（Main Camera、Directional Light、Global Volume）が表示されています。

Fig.1-17 シーンビューとヒエラルキーウィンドウの表示

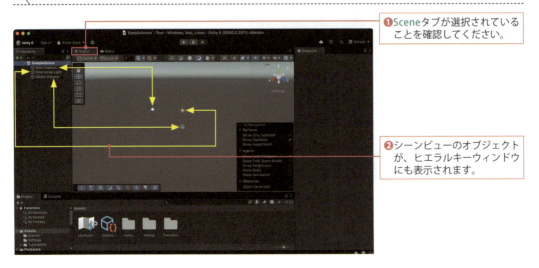

❶**Scene**タブが選択されていることを確認してください。

❷シーンビューのオブジェクトが、ヒエラルキーウィンドウにも表示されます。

　では、シーンビューに立方体のオブジェクトを1つ追加してみましょう。Unityには、立方体や球体など、ゲーム制作に利用できる素材が事前に用意されています。これらを組み合わせるだけでも、簡単なゲームステージを作ることができます。
　Fig.1-18のように、ヒエラルキーウィンドウ上部の**＋**をクリックして、**3D Object→Cube**を選択してください。
　シーンビューの中央付近に立方体が表示されます。それに対応して、ヒエラルキーウィンドウにもCubeが追加されます。追加した直後はオブジェクトの名前が編集状態なので、何もないところをクリックするか、**Enter**キーで確定してください。**シーンビューのオブジェクトとヒエラルキーウィンドウのオブジェクトは一対一で対応している**ことを覚えておいてください！

Fig.1-18 立方体の追加

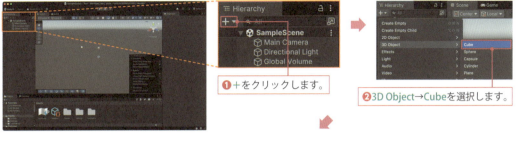

❶＋をクリックします。

❷3D Object→Cubeを選択します。

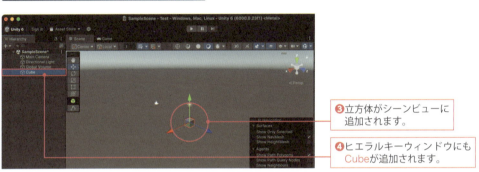

❸立方体がシーンビューに追加されます。

❹ヒエラルキーウィンドウにもCubeが追加されます。

　Fig.1-19のように、ヒエラルキーウィンドウでCubeを選択してください。画面右側のインスペクターウィンドウを見てみると、「Cube」の詳細情報が表示されています。このように、**ヒエラルキーウィンドウで選択したオブジェクトの詳細情報がインスペクターに表示されます。**

　地図上の場所が「緯度」と「経度」で決まるように、シーン中のオブジェクトの位置はX・Y・Zという3つの座標値を使って表します。インスペクターのTransform項目にあるPosition欄を見ると「X」「Y」「Z」が「0」「0」「0」になっています。これはオブジェクトの「X, Y, Z」の座標がそれぞれ「0」であることを意味しています。また、**X・Y・Zがすべて「0」の点を原点**と呼びます。

Fig.1-19 立方体の情報を確認する

❶ヒエラルキーウィンドウでCubeを選択します。

❷インスペクターにCubeの詳細情報が表示されます。

同様にしてカメラの座標も見てみましょう。ヒエラルキーウィンドウのMain Cameraを選択して、インスペクターのTransform項目のPosition欄を見てみましょう。カメラの座標は「0, 1, -10」のようですね。

Fig.1-20 カメラの情報を確認する

立方体の座標が「0, 0, 0」にあり、カメラの座標が「0, 1, -10」にあることがわかりました。この関係を図にすると、次のFig.1-21のようになります。

Fig.1-21 3Dの座標系と見え方のイメージ

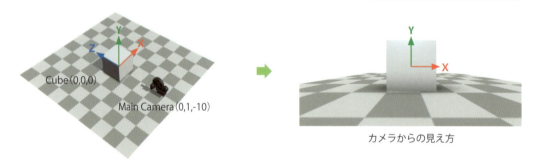

Unityで3Dゲームを作る時には、空間の把握が非常に大切です。**空間を把握する時に目印になるのが「原点」と「カメラの位置」です。**ゲームを作り始める前に、何をどこに配置するのかはしっかりと決めておきましょう。

なお、カメラやライトなどの詳しい説明は7章と8章で3Dゲームを作る際に行います。ここではイメージだけをつかんでおいてください。

1-5-3 ゲームを実行する

画面上部にある実行ツールを使用して、ゲームを実行してみましょう。実行ツールの各ボタンは左から「実行」「一時停止」「コマ送り」になります。

Fig.1-22 実行ツールの役割

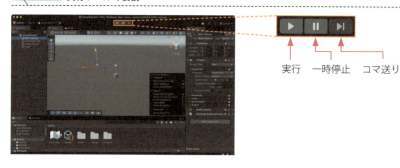

実行ツールの一番左の実行ボタンをクリックしてゲームを実行してください。すると、今までシーンビューだった部分がゲームビューに変わります。ゲームビューではシーンビューに配置されているカメラ（Main Camera）が撮影している映像が表示されます。実行画面の中央に先ほど追加した立方体が表示されていますね。

Fig.1-23 ゲームを実行してみる

ゲームの実行中は、実行ボタンだった場所が停止ボタンに変わります。停止ボタンをクリックすると、ゲームが停止されてシーンビューに戻ります。

このように、カメラで撮影した映像がゲームの実行画面になります。カメラを被写体から遠ざければ、ゲームの実行画面に映る被写体は小さくなります。逆にカメラを被写体に近づければ、実行画面の被写体は大きくなります。

Fig.1-24 カメラとゲーム画面の関係

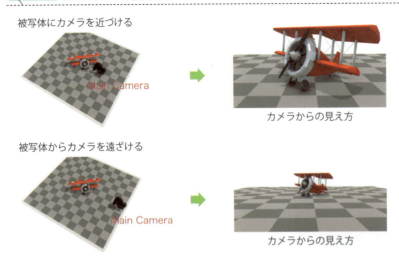

1-5-4 シーンを保存する

作成したシーンを保存しましょう。メニューバーからFile→Save Asを選択すると、シーン保存のウィンドウが表示されます。名前は何でもよいですが、ここではSave As欄に「TestScene」と入力してSaveボタンをクリックしてください（Windowsの場合はファイル名欄に入力して、保存ボタンをクリックします）。プロジェクトウィンドウにUnityのアイコンが出現し、「TestScene」という名前でシーンが保存されます。

Fig.1-25 シーンを保存する

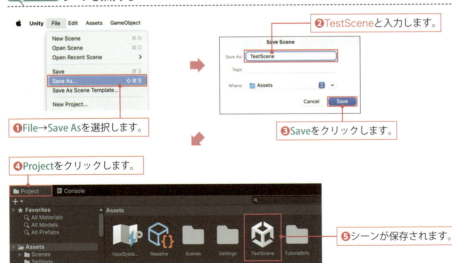

1-5-5 シーンビューで視点を操作する

　この項では視点を動かす方法（ズーム、平行移動、回転）を紹介します。**ここで動かすのは、あくまで開発者の視点なので、ゲームを実行した時の見た目には影響を与えない**ことに注意してください。

　視点を動かす前にシーンビューの右下に表示されているAI Navigationパネルを消しておきましょう。パネルの一番上の「AI Navigation」という文字付近を右クリックして、Hideを選択してください。

Fig.1-26　AI Navigationを非表示にする

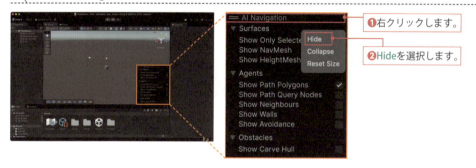

視点のズームイン・ズームアウト

　シーンのズームインとズームアウトはマウスホイールで行います。マウスのホイールを手前に回すとシーンビューのシーン全体をズームインして見ることができ、マウスホイールを奥側に回すとズームアウトして見ることができます（パソコンの設定によって逆になる場合があります）。

Fig.1-27　シーンビューでズームイン・ズームアウト

視点の平行移動

シーンビューで視点を平行移動するには、画面左上にある操作ツールのなかから画面移動のアイコンを選択します。画面移動ツールを選択すると、マウスのアイコンが手の形に変わります。この状態で画面上をドラッグすると、ドラッグした方向に画面が平行移動します（マウスホイールをクリックしたままドラッグしても同じ操作ができます）。

Fig.1-28 シーンビューで視点移動

視点の回転

シーンビューで視点の位置を回転させる場合は、macOSの場合は「option」キーを、Windowsの場合は「Alt」キーを、まず押してください。キーを押したまま画面上をドラッグすると視点が回転します。また、シーンの回転と同時に、画面右上に表示されているシーンギズモも回転していることに注目してください。シーンギズモは方位磁石のようなもので、自分がどちらを向いているのかを示してくれます。

Fig.1-29 シーンビューで視点の回転

1-5-6 オブジェクトを変形する

先ほど配置した立方体を変形してみましょう。1-5-5項では開発者の視点を移動しただけだったので、ゲームの見た目には影響しませんでした。今回は、**オブジェクトを直接操作するので、ゲーム実行時の見た目も変化する**ことに注意してください。シーンビュー上のオブジェクトを移動、回転、拡大・縮小するには、シーンビューの左上にある操作ツールまたは画面右側のインスペクターを使用します。ここでは操作ツールの使い方を紹介します。

移動ツール

オブジェクトを移動するには「移動ツール」を使います。画面左上の移動ツールを選択した状態でヒエラルキーウィンドウでCubeを選択すると、立方体に3色の矢印が表示されます。その矢印をドラッグすると、軸に沿ってオブジェクトを移動することができます。赤色の矢印はX軸、緑色の矢印はY軸、青色の矢印はZ軸に沿って移動します（矢印や線を選択すると、黄色で表示されます）。

Fig.1-30 オブジェクトを移動する

❶移動ツールを選択します。

❷ヒエラルキーウィンドウでCubeを選択します。

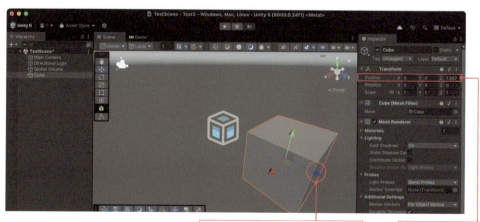
❸矢印をドラッグすると、軸方向にオブジェクトが移動します。
❹インスペクターの値も連動して変化します。

オブジェクトを移動すると、インスペクターに表示されているTransform項目のPosition欄の値が連動して変化します。また、**Positionに値を直接入力することで、オブジェクトの位置を指定することもできます。** オブジェクトを矢印の指す方向に移動すると、Positionの値はプラスされます。矢印とは逆向きに移動すると、Positionの値はマイナスされます。

回転ツール

オブジェクトを回転する場合には「回転ツール」を使います。回転ツールを選択した後、ヒエラルキーウィンドウからCubeを選択してください。すると立方体の周りに円形の線が3本表示されるので、そのなかの1つを選んでドラッグしてみてください。赤色の線はX軸を中心に回転、緑色の線はY軸を中心に回転、青色の線はZ軸を中心に回転します。

オブジェクトを回転する

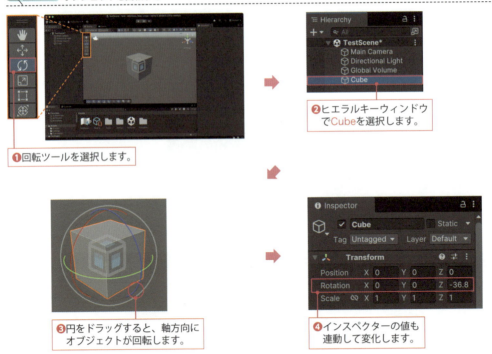

❶回転ツールを選択します。
❷ヒエラルキーウィンドウでCubeを選択します。
❸円をドラッグすると、軸方向にオブジェクトが回転します。
❹インスペクターの値も連動して変化します。

オブジェクトを回転させると、インスペクターに表示されているTransform項目のRotation欄の値が連動して変化します。「Position」と同様に、この値を変更することでオブジェクトを回転させることもできます。

拡大・縮小ツール

オブジェクトを拡大・縮小するには「拡大・縮小ツール」を使います。拡大・縮小ツールを選択した後、ヒエラルキーウィンドウからCubeを選択してください。すると立方体から、先端が四角形の線が現れます。先端の四角形をドラッグすることで軸に沿った1方向のみ拡大・縮小できます。**四角形を外向きにドラッグすると拡大、内向きにドラッグすると縮小されます。**3軸の中心の四角をドラッグすると、X・Y・Zの3方向を一度に拡大・縮小できます。

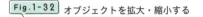

Fig.1-32 オブジェクトを拡大・縮小する

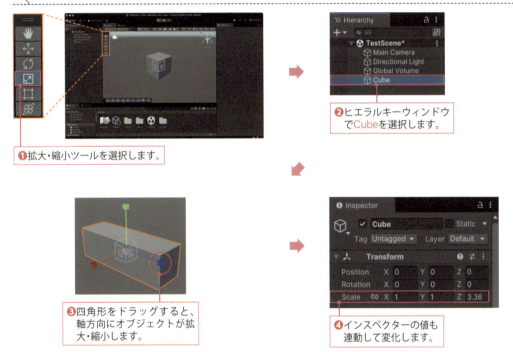

❶拡大・縮小ツールを選択します。
❷ヒエラルキーウィンドウでCubeを選択します。
❸四角形をドラッグすると、軸方向にオブジェクトが拡大・縮小します。
❹インスペクターの値も連動して変化します。

オブジェクトを拡大・縮小すると、Transform項目のScale欄の値が連動して変化します。オブジェクトの移動や回転と同様に、この値を変更することでも拡大・縮小できます。

1-5-7 その他の機能

最後に、ここまでで紹介できなかった、Unityのその他の機能を紹介します。

🐟 レイアウトの変更

Unityエディターのレイアウトを変更することができます。エディター画面右上の「Layout」と書かれたドロップダウンリストから、お好みのレイアウトを探してみてください。

Fig.1-33 画面レイアウトの種類

Default

2 by 3

4 Split

Tall

Wide

ゲームの画面サイズの変更

ゲームビューの左上のリストから、画面アスペクト比を選択することができます。iPhoneやAndroid向けのゲームを作る場合は、ここで目的のデバイスに合わせた画面サイズを選択します。選択した画面サイズに合わせて、カメラで映す範囲が設定されます。

Fig.1-34 画面サイズの設定

プロファイラ

ゲーム実行時のプロファイル（実行時情報）は、ゲームビュー右上のStatsボタンをクリックすると見ることができます。もう一度Statsボタンをクリックすると非表示になります。FPSや描画ポリゴン数、バッチ数、ドローコール数などを確認できます。3Dゲームで処理が極端に重くなる場合などの解析でよく使います。

Fig.1-35 プロファイラの表示

さらに詳しい情報が見たい場合には、専用のプロファイラも用意されています。メニューバーからWindow→Analysis→Profilerを選択すると、プロファイラウィンドウが開きます。

Fig.1-36 詳しいプロファイラの表示

❶Window→Analysis→Profilerを選択します。

❷プロファイラウィンドウが開きます。

　これで1章はおしまいです。ゲームビューを表示したままになっている場合は、Sceneタブをクリックしてシーンビューに戻しておきましょう。次の2章ではスクリプト（Unityでゲームを動かすためのプログラム）の基本的な文法について解説します。スクリプトは、最初はとっつきにくいですが、コツさえつかめば自由な表現が可能になります。ぜひマスターしてくださいね！

> Tips　Universal 2DとUniversal 3D

　1-5節では3Dのプロジェクトを作成して、Unityの使い方を紹介しました。Unityは3Dだけでなく、2Dのゲームも作れる環境を提供してくれています。といっても、まったく別のツールというわけではなく、ざっくり言うと「**2Dゲームは3Dゲームを真横から見たもの**」になっています。

Fig.1-37 2Dゲームと3Dゲームの見え方

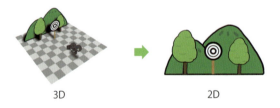

3D　　　　　2D

2Dの特徴としては、以下の2つが挙げられます。

・3Dのシーンを真横から見ている
・カメラが平行投影（物体をカメラから遠ざけても大きさは変わらない）

　基本的には2Dと3Dでエディターの操作が変わることは少ないため、2Dゲームを作れるようになれば3Dゲームも簡単に作れるようになります。本書では3章〜6章で2Dゲームの作成、7章〜8章で3Dゲームの作成を行います。本書のゲーム作りを通して、Unityを使えば2Dゲームと3Dゲームの作り方がほとんど変わらないことも実感できると思います。

Chapter 2
C#スクリプトの基礎

ゲームを動かすために必要なスクリプトの
書き方を学びましょう！

2章ではスクリプトの概要について学びます。Unityではスクリプトを作成する言語として「C#」を使用します。ここでC#の基礎を学んでおきましょう。ただし、最初から文法を完璧にマスターしようとすると途中で嫌になってしまうので、まずはUnityのスクリプトを動かすのに必要な知識だけを確実に身につけることを目指しましょう！

2-1 スクリプトとは？

　スクリプトとは、ゲーム中のオブジェクトを動かすための台本のようなものです。映画や舞台では役者さんの動き方を台本に書くように、Unityではオブジェクトの動き方をスクリプトに書きます。スクリプトを書き終えたら、オブジェクトに渡す（アタッチする）ことで、オブジェクトをスクリプト通りに動かすことができます。

2-1-1 スクリプトを習得する極意

　これから学習を始めるにあたって、スクリプトを習得するための極意を紹介しましょう。スクリプトも日本語や英語と同様に「言語」です。言語を習得する王道が「読んで、書いて、話す」ことであるように、スクリプトもこの3つがとても大切です。そして、マスターするには量をこなしてください。「話す」は冗談みたいですけど、誰かに言葉で説明することで自分の頭にも定着します。是非試してみてくださいね！

Fig.2-1　スクリプトとオブジェクト

> 🐾 **スクリプト言語習得の極意**
> できるだけ多くのスクリプトを読んで、書いて、話す！

2-2 スクリプトを作成しよう

ここから、実際にスクリプトを書いていきます。スクリプトを身につけるために、これから紹介するサンプルを実際に書いて、動作を確認してください。まずは、テスト用のプロジェクトを作成して、スクリプトファイルを準備するところから始めます。

2-2-1 プロジェクトの作成

まずはスクリプトをテストするためのプロジェクトを作成します。Unity Hubを起動して、最初に表示される画面の右上にある新しいプロジェクトをクリックしてください。

Fig.2-2　プロジェクトの作成画面

新しいプロジェクトをクリックします。

「新しいプロジェクト」をクリックすると、プロジェクトの設定画面に進みます。テンプレートの項目で「Universal 2D」を選択し、プロジェクト名は「Sample」と入力してください。また、プロジェクトの保存場所を決めて、Unity Cloudに接続のチェックを外します。右下の青色のプロジェクトを作成ボタンをクリックすると、指定したフォルダにプロジェクトが作成され、Unityエディターが起動します（Fig.2-3）。

Fig.2-3 プロジェクトの設定画面

❶Universal 2Dを選択します。
❷プロジェクト名をSampleとします。
❸プロジェクトの保存場所を決めます。
❹Unity Couldに接続のチェックを外します。
❺プロジェクトを作成をクリックします。

2-2-2 スクリプトの作成

　Unityエディターが起動したら、まずはSceneタブを選択しておきましょう。次にProjectタブを選択して、プロジェクトウィンドウ内で右クリックし、表示されるメニューからCreate→Scripting→MonoBehaviour Scriptを選択します。ファイルが生成された直後はファイル名が編集状態になるので、確定する前にファイル名を「Test」に変更して決定します。

Fig.2-4 スクリプトの作成

❶Sceneをクリックします。
❷Projectをクリックします。
❸プロジェクトウィンドウ内で右クリックし、Create→Scripting→MonoBehaviour Scriptを選択します。
❹作成されたファイルの名前をTestに変更します。

　作成したスクリプトを動かすためにゲームオブジェクトを追加します（ゲームオブジェクトが必要な理由は、次ページのTipsを参照してください）。Fig.2-5のようにUnityエディター左上のヒエラルキーウィンドウから＋→Create Emptyを選択し、Enterキーを押して名前を確定してください。ヒエラルキーウィンドウにGameObjectが作成されます。
　ここで作成したゲームオブジェクトは、中身は空っぽのもので、何も機能を持ちません。このようなゲームオブジェクトを空のオブジェクトと呼びます。

`Fig.2-5` ゲームオブジェクトの作成

❶ヒエラルキーウィンドウの＋をクリックします。　❷Create Emptyを選択します。　❸GameObjectが作成されます。

　作成した「Test」スクリプトを、ヒエラルキーウィンドウの「GameObject」にドラッグ＆ドロップします。これはアタッチという作業で、**スクリプトをゲームオブジェクトに結び付けることで、スクリプトを実行できるようにしています。** また、アタッチできているかどうかは、ヒエラルキーウィンドウでGameObjectを選択してインスペクターを見ると確認できます。

`Fig.2-6` スクリプトのアタッチ

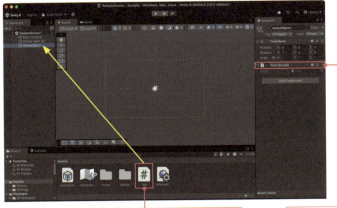

❶TestをGameObjectにドラッグ＆ドロップします。　❷「GameObject」に「Test」がアタッチされています。

> **>Tips<　スクリプトを動かすには「アタッチ」が必要**
>
> 　スクリプトを動かすには、何らかのゲームオブジェクトと結び付ける必要があります。例えば、キャラクターを動かすためのスクリプトは、キャラクターにしたいオブジェクトと結び付けることで動作します。また、カメラを操作するスクリプトはカメラオブジェクトと結び付けることで動作します。このように、作成したスクリプトを動かすためには「特定のオブジェクトにアタッチする」必要があります。

2-3 スクリプトの第一歩

先ほど作成したスクリプトファイルには、既にひな形となるスクリプトが記述されています。まずはスクリプトを開いて、中身を見ることから始めましょう。

2-3-1 スクリプトの概要

まずは、スクリプトがどのようなものかを簡単に見てみましょう。プロジェクトウィンドウのTestアイコンをダブルクリックすると、スクリプトを記述するためのVisual Studio※またはVisual Studio Codeが起動します（それ以外のテキストエディターが起動した場合は、64ページのTipsを参考に、起動するエディターを設定してください）。

Macの場合はFig.2-7を、Windowsの場合はFig.2-8を参考に、Test.csスクリプトを表示しましょう。また、これらのエディターの使用にあたっては、お手持ちのMicrosoftアカウント、あるいは新規にアカウントを作成してサインインを行ってください。

Fig.2-7 Macでスクリプトファイルを開く

❶Testをダブルクリックします。

❷チェックボックスにチェックを入れて、Yes, I trust the authorsをクリックし、プロジェクトのフォルダを信頼します。

❸このメッセージが画面右下に表示された場合、Get the SDKをクリックして、手順❹〜❼を行ってください。表示されていない場合は手順❽に進んでください。

❹Intel Macをお使いの方は.NET SDK x64をダウンロードするをクリック、M1 Mac以降をお使いの方は、.NET SDK Arm64をダウンロードするをクリックしてください。

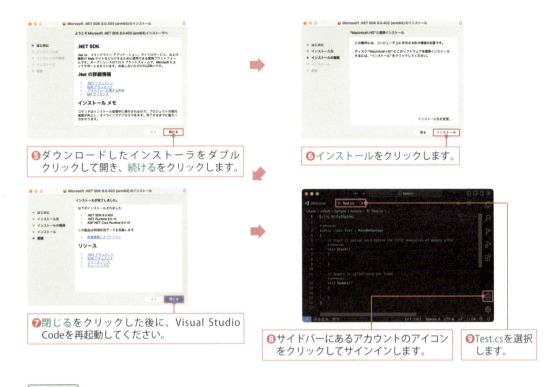

Fig.2-8 Windowsでスクリプトを開く

※Visual Studio
Visual StudioはMicrosoft社が提供する統合開発環境（Integrated Development Environment）です。統合開発環境とは、プログラム作成に必要なツール一式（テキストエディター・デバッグ機能・プロジェクト管理機能など）をひとまとめにしたアプリケーションです。

>Tips< Visual Studio以外のエディターが表示された場合

スクリプトのアイコンをダブルクリックした際にVisual Studio以外のエディターが起動した場合は、次のFig.2-9の手順にしたがってデフォルトで起動するエディターを変更してください。

Fig.2-9 デフォルトのエディターの設定

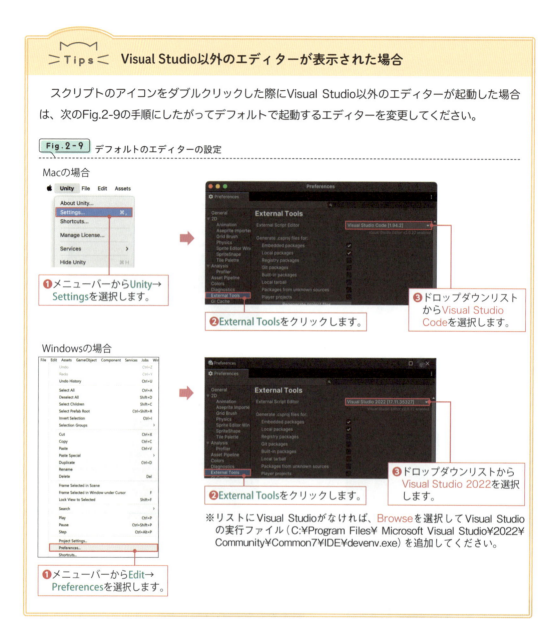

※リストにVisual Studioがなければ、Browseを選択してVisual Studioの実行ファイル（C:¥Program Files¥ Microsoft Visual Studio¥2022¥Community¥Common7¥IDE¥devenv.exe）を追加してください。

「Test」スクリプトファイルは、List 2-1のようになっています。

List 2-1 自動的に作成されるスクリプト

```csharp
1  using UnityEngine;
2
3  public class Test : MonoBehaviour
4  {
5      // Start is called once before the first execution of
       Update after the MonoBehaviour is created
6      void Start()
7      {
8
9      }
10
11     // Update is called once per frame
12     void Update()
13     {
14
15     }
16 }
```

usingとかpublicとかclassとか、謎の単語がたくさん並んでいて暗号のように見えますが、この章を読み終わる頃には理解できるようになるので安心してください！

1行目のUnityEngineは、Unityを動かすために必要な機能を提供してくれます。ここを書き換えることはほとんどないので、軽く見ておくだけにします。

3行目ではクラス名を決めています。C#で書かれたプログラムは、クラスという単位で管理します。Unityでは、スクリプトを作成する時に付けた名前がクラス名に反映されます。今回は「Test.cs」スクリプトを作ったので、クラスの名前も「Test」になっています。

スクリプトを実行した時に処理される内容は、4行目の「{」から、16行目の「}」の間に書きます。「{」と「}」で挟まれた部分をブロックと呼びます。「{」と「}」は必ず対になるようにしてください。{}や()を閉じ忘れると、エラーになります。また、「{」の位置は、次のように現在の行に続けて書くこともできます。

```csharp
public class Test : MonoBehaviour {
    ※ここにクラスの処理を書きます。
}
```

5行目と11行目の「//」で始まる行はコメントと言い、「//」の後に記述した文字はスクリプト実行時に無視されます。記述したスクリプトを消したくないけど無効にしたい時や、メモを残したい時などに便利です。「//」は行の途中に入れることもできます。その場合は、「//」から後ろの部分だけが無視されます。

6行目にStart、12行目にUpdateと書かれた部分があり、これらはそれぞれStartメソッド、Updateメソッドと呼ばれています。今はまだ何も処理が書かれていませんが、次のように、ブロック内に処理の内容を書いていきます。

```
void Start()
{
    ※ここに処理の内容を書きます。
}
```

「スクリプトを実行すると、StartやUpdateのブロック内に書かれた処理が実行されます」という風に今は覚えておきましょう。メソッドについては、後ほど詳しく解説します。

🐟 フレームと実行タイミング

ゲームの画面は、映画やアニメと同じく1コマ1コマの絵をパラパラ漫画方式で表示しています。この1コマ1コマの絵のことをフレームと呼び、1秒間に表示される枚数は「FPS(Frame Per Second)」という単位で数えます。基本的に映画では1秒間に24フレーム(24FPS)、ゲームでは1秒間に60フレーム(60FPS)の速度で絵を切り替えてアニメーションにします。

ただし、1秒間に60フレーム切り替えると設定されていても、実際にはユーザからの入力による表示内容の変化やシステムにかかる負荷などによって、フレーム間の時間は1/60秒より速くなったり遅くなったりします。実際に前のフレームから何秒たったのかは、Time.deltaTimeという仕組みで知ることができます。このTime.deltaTimeは後ほど本書内でも出てきます。今は詳しいことは知らなくても大丈夫ですので、フレームとTime.deltaTimeのイメージをつかんでおいてください。

Fig.2-10 フレームとは？

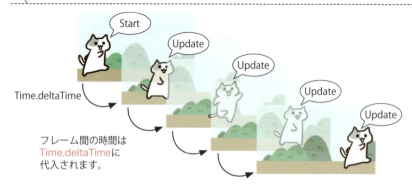

Fig.2-10のイラストに、StartやUpdateという吹き出しが付いていることに注目してください。スクリプトを起動すると、直後にStartメソッドの内容が一度だけ実行されます。続けて、フレームごとにUpdateメソッドが繰り返し実行されます。例えば、キャラクターが右に歩くアニメーションを作る場合には、最初にStartメソッドでキャラクターを表示し、その後はフレームごとにキャラクターを少し右の位置に移動させる、という感じで処理を行っていきます。

```
void Start()
{
    ※キャラクターを表示する処理
}

void Update()
{
    ※現在のキャラクターを少し右に移動する処理
}
```

　また、キャラクターの表示だけでなく、当たり判定やキー操作などの処理も、フレームごとに行います。この流れをまとめると、Fig.2-11のようになります。

Fig.2-11　スクリプトの大きな流れ

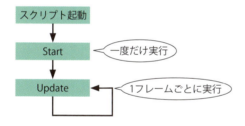

2-3-2 「Hello, World」を表示する

それでは実際に処理を行うスクリプトを書いてみましょう。

ここでは、「Hello, World」とUnityエディターでのコンソールウィンドウ※に表示する処理を作ります。List 2-2のようにスクリプトを記述してください（2章では、スクリプトを起動した直後に一度だけ実行されるStartメソッドを使ってスクリプトの練習をしていきます）。

List 2-2 「Hello, World」を表示するスクリプト

```csharp
using UnityEngine;

public class Test : MonoBehaviour
{
    void Start()
    {
        // Hello, Worldをコンソールウィンドウに表示する
        Debug.Log("Hello, World");
    }
}
```

今回のスクリプトでは、Startメソッドの7行目と8行目に記述を追加しています。7行目はコメントなので実行時に無視されます。また8行目のようにDebug.Log()と書くと、()のなかに書いた文字列（もじれつ）をコンソールウィンドウに表示してくれます。

```
Debug.Log("コンソールウィンドウに表示する文字列");
```

ここで「文字列」という言葉が出てきました。文字列とは複数の文字を連ねたものです。スクリプト内に文字列を記述する場合は、文字列の前後を「"」（ダブルクォーテーション）でくくります。もし、「"」でくくらずにDebug.Log(Hello, World);と書いてしまうとエラーになります。「1234」のような数字でも、「"1234"」のように「"」でくくるとスクリプト内では文字列として扱われます。

🐟 スクリプトの実行

スクリプトが記述できたら保存してUnityエディターに戻り、シーンビューの上にある実行ボタンをクリックしてください。そのうえで、ヒエラルキーウィンドウの下にあるConsoleタブをクリックして、プロジェクトウィンドウからコンソールウィンドウに切り替えてください。

※コンソールウィンドウ
エラーや警告を表示したり、スクリプト内で使用している値を表示したりすることができます。また、スクリプト中の任意のタイミングで指定した文字列を表示できるため、デバッグする際によく使います。

Fig.2-12 Debug.Logの表示確認

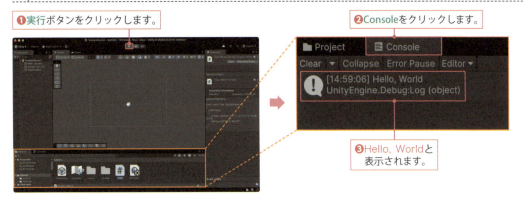

❶実行ボタンをクリックします。
❷Consoleをクリックします。
❸Hello, Worldと表示されます。

　ゲームを実行すると、**ヒエラルキーウィンドウに登録されたゲームオブジェクトがアクティブになり、それに結び付けられた(アタッチされた)スクリプトが起動します**。スクリプトが起動すると、クラスのなかにあるStartメソッドの処理が、最初に一度だけ実行されます。その後はゲームが終了するまで、1フレームごとにUpdateメソッドの処理が繰り返されます(67ページ)。停止ボタンをクリックしてゲームを停止します。

　コンソールウィンドウを見てみると、ちゃんと「Hello, World」と表示されていますね！ これでスクリプトを書くための第一歩が踏み出せました！ これからたくさんスクリプトを書いて、徐々に慣れていきましょう。

シーンの保存

　ここまでの作業内容を保存するために、シーンを保存しておきます。メニューバーからFile→Save Asを選択し、シーン名を「SampleScene」として保存してください。保存できるとUnityエディターのプロジェクトウィンドウに、シーンのアイコンが出現します。

> **Tips 「;」とは？**
>
> Debug.Log("Hello, World");の行の最後には「;」(セミコロン)が付いています。小さくて見落としやすいですが、コンピュータにスクリプトの区切りを教える大切な役割があります。これを忘れるとエラーになるので注意してください。

2-4 変数を使ってみよう

スクリプトでデータを扱うための便利な仕組みとして、変数（へんすう）というものが用意されています。ここでは、変数の使い方を学んでいきましょう。

2-4-1 変数の宣言

スクリプトで数字や文字列を扱うためには「変数」を使います。変数とはデータをしまっておく箱のようなものです。箱を作るためには、**どんな種類のものを入れるのか、何という名前の箱を使うのかを宣言**しなければなりません。

箱の種類の名前は「型名」と呼び、整数、小数、文字列やブール値[※]などがあります。また、箱の名前は「変数名」と呼び、スクリプト内で一意に決まる名前を自分で決めて使います。

型名にはTable 2-1のようなものがあります。一度にすべてを覚えるのは難しいので、よく使うものから覚えていくとよいでしょう。

Fig.2-13 変数の宣言

Table 2-1 変数の型

型名	型の説明	数値の取り得る範囲
int	整数型	-2,147,483,648 〜 2,147,483,647
float	浮動小数点型	-3.402823E+38 〜 3.402823E+38
double	倍精度浮動小数点型	-1.79769313486232E+308 〜 1.79769313486232E+308
bool	ブール型	trueまたはfalse
char	文字型	テキストで使用されるUnicode記号
string	文字列型	テキスト

※ブール値
ブール値とは、条件式が真（true）であるか偽（false）であるかを2値で表す論理型です。例えば、「"kyoto"と"tokyo"という2つの文字列は等しいか？」という条件式のブール値は偽（false）になります。

それではどのように変数を使うのかを見ていきましょう。先ほど記述したStartメソッドの中身を消して、List 2-3のように書き直して実行してみましょう。また、Updateメソッドはしばらく使わないので消しておきます。

List 2-3 変数を利用する

```csharp
1  using UnityEngine;
2
3  public class Test : MonoBehaviour
4  {
5      void Start()
6      {
7          int age;
8          age = 30;
9          Debug.Log(age);
10     }
11 }
```

出力結果

```
30
```

7行目の`int age;`が変数の宣言です。「int」は整数型を表し、「age」は箱の名前です。つまり、**「int型（整数型）のageという名前の箱を使いますよ！」** と宣言しています。

変数の宣言方法
型名 変数名;

8行目で「30」という値をageの箱に入れています。箱に値を入れることを代入（だいにゅう）と言います。代入する時は、**値を入れる変数を左、入れたい値を右にして、真ん中を「=」で結びます。**

変数の代入方法
変数名 = 代入する値;

「=」は代入演算子と呼ばれます。左辺と右辺の値が同じ（イコール）という意味ではないので注意してください。

最後に`Debug.Log`を使って箱の中身をコンソールウィンドウに表示します。このようにDebug.Logの()内に変数名を書くと、その変数の値（箱のなかに入っている値）を表示することができます。

> **Fig.2-14** 変数の宣言と代入

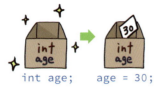

　　int age;　　age = 30;

🐟 変数の初期化と代入

　もう1つ別の例も見ておきましょう。次の例では**変数に変数を代入**していますが、考え方は同じです。Startメソッドの中身を書き換えて、実行してください。

> **List 2-4** 変数に変数を代入する

```
1  using UnityEngine;
2
3  public class Test : MonoBehaviour
4  {
5      void Start()
6      {
7          float height1 = 160.5f;
8          float height2;
9          height2 = height1;
10         Debug.Log(height2);
11     }
12 }
```

＼出力結果／

```
160.5
```

　7行目では変数の宣言と値の代入を一度に行っています。このことを変数の初期化と言います。ここでは、float型（浮動小数点型）の変数「height1」を「160.5f」という値で初期化しています。

> **変数の初期化方法**
> 型名　変数名　=　代入する値;

　代入する小数の後ろに「f」を付けると小数は浮動小数点型（float型）として扱われます。「f」を付けない場合は、倍精度小数点型（double型）として扱われます。スクリプトの7行目で「f」を付け忘れると、float型の変数にdouble型の値を代入するんだと解釈されてしまい、「変数の型と代入する値の型が違うよ！」とエラーになります。**float型に小数を代入する時は、必ず値の後ろに「f」を付けましょう。**

8行目でfloat型の「height2」という名前の変数を宣言し、9行目で「height1」の値を代入しています。このように同じ型の変数同士は代入することができます。なお、**代入はあくまでも値のコピーを行います。**データを移し替えるわけではないので、height1の中身が空になるわけではありません。

> 変数の代入
> 変数名 ＝ 代入する変数名；

Fig.2-15 変数同士の代入

float height1 = 160.5f;　　float height2;　　height2 = height1;

> ＞Tips＜ float型にdouble型を代入すると？
>
> 　Table 2-1にも書いた通り、float型に比べるとdouble型の方が広い範囲の値を扱うことができます。もしdouble型をfloat型に代入できてしまうと、float型に収まらない範囲は切り捨てられてしまうことになります。これは見つけにくいバグの原因になってしまうため、C#ではdouble型の値をfloat型に代入することを禁止しています。

変数で文字列を扱う

変数に文字列を代入する例も見ておきましょう。

List 2-5 変数に文字列を代入して表示する

```
1  using UnityEngine;
2
3  public class Test : MonoBehaviour
4  {
5      void Start()
6      {
7          string name;
8          name = "kitamura";
9          Debug.Log(name);
```

```
10      }
11 }
```

\出力結果/
```
kitamura
```

　文字列も数値と同様、変数に代入できます。文字列を扱う型はstring型です。スクリプト内で文字列を表す時は、「"」(ダブルクォーテーション)で文字をくくってください。ここでは、string型の変数「name」に「kitamura」という文字列を代入し、最後に変数の中身をコンソールウィンドウに表示しています。

文字列の代入
　変数名 = "代入する文字列";

Fig.2-16　文字列の変数

string name;　name = "kitamura";

> Tips　string型に数字を代入すると？

　string型の変数に「"1234"」を代入するとどうなるでしょうか? この結果をコンソールウィンドウで表示すると「1234」となります。int型の変数に「1234」を代入した時と同じ結果に見えますが、string型に代入されるのはあくまでも「文字列」であり、計算などに利用することはできません。**「"」でくくってあるものは文字列**だと覚えておきましょう。ちなみに、string型の変数にint型の数値を代入するとコンパイルエラーになります。

2-4-2 変数と計算

次は変数を使った計算方法を学びましょう。スクリプトで計算を記述する場合、加算は「+（プラス）」、減算は「-（マイナス）」、乗算は「*（アスタリスク）」、除算は「/（スラッシュ）」を使います。Startメソッドの中身を消して、List 2-6のように記述してください。

List 2-6 変数に加算の結果を代入する

```
1  using UnityEngine;
2
3  public class Test : MonoBehaviour
4  {
5      void Start()
6      {
7          int answer;
8          answer = 1 + 2;
9          Debug.Log(answer);
10     }
11 }
```

\出力結果/
```
3
```

7行目でint型の「answer」という名前の変数を宣言しています。8行目で「1+2」を計算し、その結果である「3」をanswer変数に代入しています。

計算結果の代入
変数名 = 数値 + 数値;

その他の四則演算ができることも確認しておきましょう。

List 2-7 四則演算を行う

```
1  using UnityEngine;
2
3  public class Test : MonoBehaviour
4  {
5      void Start()
6      {
7          int answer;
8          answer = 3 - 4;
```

```
 9            Debug.Log(answer);
10
11            answer = 5 * 6;
12            Debug.Log(answer);
13
14            answer = 8 / 4;
15            Debug.Log(answer);
16        }
17 }
```

＼出力結果／

```
-1
30
2
```

🐟 変数同士の演算

　数値同士の演算だけではなく、**変数同士で演算**することもできます。次の例は変数同士の加算を行うスクリプトです。

List 2-8 変数同士の計算例

```
 1 using UnityEngine;
 2
 3 public class Test : MonoBehaviour
 4 {
 5     void Start()
 6     {
 7         int n1 = 8;
 8         int n2 = 9;
 9         int answer;
10         answer = n1 + n2;
11         Debug.Log(answer);
12     }
13 }
```

＼出力結果／

```
17
```

7行目で「n1」という名前の変数を「8」で初期化し、8行目で「n2」という名前の変数を「9」で初期化しています。10行目では、「n1」の中身と「n2」の中身を加算して、「answer」という変数に代入しています。このように、「2」や「3」のような数値だけではなく、**変数に入っている値も四則演算で計算することができます**。

Fig.2-17　変数同士の加算

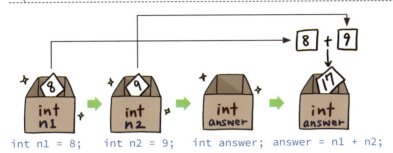

ちょっと便利な書き方その①

箱の中身に「5」を加えたい場合など、**変数の値を一定値分増やしたい（あるいは減らしたい）**場合がよく出てきます。この場合、次のように記述することで変数の値に「5」を加えることができます。

```
answer = answer + 5;
```

例えば変数「answer」の値が「10」だとすると、「10+5」の計算結果が再び「answer」に代入されます。

ただ、変数の中身を増やすたびにこのように記述するのは少し冗長です。そこで簡易記法として「+=」演算子が用意されています。「変数名 += 増やしたい値」と記述することで、変数の値を増やしたい数だけ増加させることができます。List 2-9のように記述して実行してみましょう。

List 2-9　変数の値を増加させる

```
1  using UnityEngine;
2
3  public class Test : MonoBehaviour
4  {
5      void Start()
6      {
7          int answer = 10;
8          answer += 5;
9          Debug.Log(answer);
10     }
11 }
```

\出力結果/
```
15
```

　7行目で変数「answer」を「10」で初期化しています。そして、8行目で「+=」演算子を使って、answerの中身に「5」を加算しています。これによりanswer変数の中身は15になり、コンソールウィンドウにも「15」と表示されます。

　もちろん、加算以外の計算でも同様の演算子が用意されています。減算、乗算、除算ではそれぞれ「-=」「*=」「/=」という記述になります。

Fig.2-18 簡易表記の加算

answer += 5;

ちょっと便利な書き方その②

　さらに特殊な場合として、**変数の値を「1」だけ増やしたい**、という場合もよくあります。C#には変数の値を「1」だけ増やすための、インクリメント演算子が用意されています。インクリメント演算子は「変数名++」と書いて使います。

List 2-10 「1」だけ値を増加させる

```
1  using UnityEngine;
2  
3  public class Test : MonoBehaviour
4  {
5      void Start()
6      {
7          int answer = 10;
8          answer++;
9          Debug.Log(answer);
10     }
11 }
```

\出力結果/
```
11
```

上記の例では、7行目でanswer変数を「10」で初期化した後、8行目でインクリメント演算子を使ってanswer変数の中身を「1」だけ増やしています。これにより「answer」の中身が「11」になります。

インクリメント演算子とは反対に、**「1」だけ減らす**デクリメント**演算子も用意されています。**「変数名--」と書きます。

Fig.2-19 インクリメント演算子

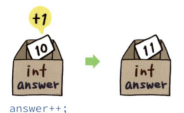

answer++;

「1」だけ増やすのなら、先ほどの「+=」演算子を使ってanswer += 1と書くこともできますし、加算の「+」演算子を使ってanswer = answer + 1と書くこともできます。ただ、変数に「1」を加える（減らす）という処理は、この後に出てくる制御文などでも頻繁に出てくるので、「++」や「--」という楽な書き方が用意されています。積極的に使っていきましょう。

文字列同士の連結

ここまで数値同士の演算を見てきましたが、**数字だけでなく文字列に対しても「+」演算子や「+=」演算子を使うことができます。**これらの演算子を使うことで、文字列同士を連結することができます。List 2-11のスクリプトを入力してみてください。

List 2-11 文字列同士の連結①

```
1  using UnityEngine;
2
3  public class Test : MonoBehaviour
4  {
5      void Start()
6      {
7          string str1 = "happy ";
8          string str2 = "birthday";
9          string message;
10
11         message = str1 + str2;
12         Debug.Log(message);
13     }
14 }
```

\出力結果/

```
happy birthday
```

　7行目と8行目でそれぞれ初期化した文字列を、11行目で「+」演算子を使って連結しています。連結した文字列をmessage変数に代入し、12行目で表示しています。
　また、上のスクリプトは「+=」演算子を使ってList 2-12のように書くことで、同じ結果を得ることができます。

List 2-12 文字列同士の連結②

```csharp
1  using UnityEngine;
2
3  public class Test : MonoBehaviour
4  {
5      void Start()
6      {
7          string str1 = "happy ";
8          string str2 = "birthday";
9
10         str1 += str2;
11         Debug.Log(str1);
12     }
13 }
```

\出力結果/

```
happy birthday
```

　7行目と8行目でそれぞれ初期化した文字列を、10行目で「+=」演算子を使って連結しています。「+」演算子を使った場合、str1やstr2の文字列自体は変化しませんが、「+=」演算子を使った場合は、str1の文字列にstr2の文字列を直接連結するため、str1の文字列が変化する点に注意してください。

文字列と数値の連結

「+」演算子や「+=」演算子は数値同士の加算や、文字列同士の連結だけでなく、**数値と文字列を連結**することもできます。文字列と数値を連結する場合、数値は文字列として扱われます。

List 2-13 文字列と数値の連結

```
1  using UnityEngine;
2
3  public class Test : MonoBehaviour
4  {
5      void Start()
6      {
7          string str = "happy ";
8          int num = 123;
9
10         string message = str + num;
11         Debug.Log(message);
12     }
13 }
```

＼出力結果／

```
happy 123
```

　7行目で初期化したstring型のstr変数と8行目で初期化したint型のnum変数を、10行目で連結してmessage変数に代入しています。文字列との足し算では、num変数は文字列として扱われるため、message変数の出力結果は「happy 123」という文字列になります。

> **Tips　Hello, Worldとは？**
>
> 　2-3節では、コンソールウィンドウに「Hello, World」と表示するスクリプトを作成しました（68ページ）。大半のプログラミング言語入門書では、最初の例題で「Hello, World」を表示するプログラムを作成します。日本だけでなく世界的にも使われており、「Hello, World」を表示するプログラムは「世界で一番有名なプログラム」と呼ばれています。

2-5 制御文を使ってみよう

2-5節では制御文について説明します。ここまでのスクリプトは上の行から順番に書かれている処理を実行するだけでした。制御文を使うことで、ある条件の時にだけ処理を実行したり、繰り返し実行したりすることができます。

2-5-1 if文で条件分岐

「もし薬草を1つ持っていたら、HPを50回復する」という動作は、これまで学んだスクリプトだけでは実現できません。**特定の条件の時にだけ処理を実行したい場合は、if文**を使います。

if文の書き方にはいくつかのバリエーションがあるのですが、最もシンプルな書式が以下のパターンです。

```
if （条件式）
{
    処理
}
```

この流れを図にすると、次のFig.2-20のようになります。条件式に示した条件を満たした場合（条件が「真」の場合）には、{}内に書かれた処理を実行します。条件式を満たさなかった場合（条件が「偽」の場合）には、{}内の処理は実行せずに次に進みます。

Fig.2-20 if文の流れ

if文の条件式は関係演算子を使って書くことができます。関係演算子には、次のTable 2-2のものがあります。「==」演算子は左辺と右辺の値が等しい場合に「真」、そうでなければ「偽」になります。代入の「=」と混同しないように気をつけてください。

「!=」は「==」の逆で、左辺と右辺の値が等しい場合に「偽」、そうでなければ「真」になります。それ以外は数学でもよく使う不等号と同じ感覚で使うことができます。

Table 2-2 関係演算子

演算子	比較結果
==	左辺と右辺が等しい場合に真
!=	左辺と右辺が等しくない場合に真
>	左辺が右辺より大きい場合に真
<	左辺が右辺より小さい場合に真
>=	左辺が右辺以上の場合に真
<=	左辺が右辺以下の場合に真

実際にif文を使ったスクリプトを動かして、動作を確かめてみましょう。スクリプトのStartメソッドのなかを、List 2-14のように書き直して実行してください。

List 2-14 if文の使用例

```
1  using UnityEngine;
2
3  public class Test : MonoBehaviour
4  {
5      void Start()
6      {
7          int herbNum = 1;
8          if (herbNum == 1)
9          {
10             Debug.Log("HPが50回復");
11         }
12     }
13 }
```

出力結果
```
HPが50回復
```

このサンプルは、薬草の数（herbNum）が「1」の時だけHPを回復するスクリプトです。8行目の条件式で変数「herbNum」の値が「1」かどうかをチェックしています。7行目でherbNumに「1」を代入しているので8行目の条件式は「真」になり、続く{}のなかの処理が実行されて、コンソールウィンドウに「HPが50回復」と表示されます。

なお、このスクリプトでは、条件が「偽」の時はコンソールウィンドウにメッセージを表示せずに終了します。

| やってみよう！
7行目を「herbNum = 5;」に変更すると、HPが回復しないことを確認しましょう。

2-5-2 if-else文で条件分岐

if文の応用として、if-else文があります。これは「もしHPが100以上ならば攻撃する、そうでなければ防御する」など、**条件式を満たした場合と、満たさなかった場合にそれぞれ別の処理を実行したい時**に使用します。

```
if (条件式)
{
    処理A
}
else
{
    処理B
}
```

if-else文の流れを図にすると、次のFig.2-21のようになります。

Fig.2-21 if-else文の流れ

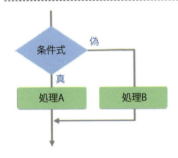

if-else文を使ったサンプルスクリプトは、List 2-15のようになります。変数「hp」の値が「100」以上の時は攻撃、それ以外の場合には防御します。

List 2-15 if-else文の使用例①

```
1  using UnityEngine;
2
3  public class Test : MonoBehaviour
4  {
5      void Start()
6      {
7          int hp = 200;
8          if (hp >= 100)
9          {
10             Debug.Log("攻撃！");
11         }
12         else
13         {
14             Debug.Log("防御！");
15         }
16     }
17 }
```

＼出力結果／

攻撃！

　変数「hp」の値が「100」以上かどうかで処理を分岐するため、8行目の条件式は「hp >= 100」としています。「>=」は数学の「≧」と同様の意味を持つ関係演算子です。7行目でhpの値を「200」に設定しているので条件式は「真」になり、コンソールウィンドウに「攻撃！」と表示されます。

やってみよう！

7行目を「int hp = 0;」に変更すると、「防御！」と表示されることを確認しましょう。

2-5-3　if文を追加する

　ここまでは1つの条件文だけで処理を分けるパターンを説明しましたが、例えば「hpが『50』以下の時には逃走、『200』以上の時には攻撃、それ以外は防御」などのように、**2つ以上の条件がある場合**はどうすればよいでしょうか。そこでif文の最終パターンの登場です！
　といっても新しい要素はありません。if-else文の後に、さらにif-else文をつなげることができるのです。書式は次のようになります。

```
    if (条件式a)
    {
        処理A
    }
    else if (条件式b)
    {
        処理B
    }
        ⋮
    else if (条件式y)
    {
        処理Y
    }
    else
    {
        処理Z
    }
```

　この条件文の流れを図にすると、次のFig.2-22のようになります。上から順番に条件をチェックし、条件を満たした場合は続く{}内の処理を実行し、その後ろにまだif elseやelseが続いていても条件分岐を終了します。すべての条件式を満たさない場合は、最後のelseに続く{}内の処理を実行します。

　先頭のifと最後のelseの間にあるelse if文はいくつ書いても構いませんし、最後のelseは省略することもできます。

Fig.2-22 連続したif-else文の流れ

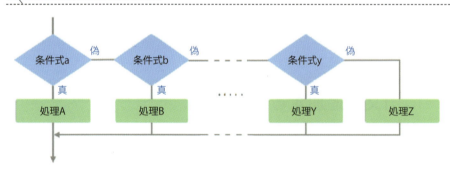

　if-else文を複数つなげたサンプルは、List 2-16のようになります。

List 2-16 if-else文の使用例②

```csharp
using UnityEngine;

public class Test : MonoBehaviour
{
    void Start()
    {
        int hp = 180;
        if (hp <= 50)
        {
            Debug.Log("逃走！");
        }
        else if (hp >= 200)
        {
            Debug.Log("攻撃！");
        }
        else
        {
            Debug.Log("防御！");
        }
    }
}
```

\出力結果/

```
防御！
```

　ここでは8行目のif文で「hpが50以下か？」をチェックし、12行目のelse if文で「hpが200以上か？」をチェックしています。7行目でhpに「180」を代入しているので、最後のelse文が実行され、「防御！」と表示されます。

2-5-4 変数のスコープ

　if文などのブロック内で定義した変数は、使える範囲が決まっています。以下のサンプルを見ながらそれを確認してみましょう。

List 2-17 変数の使用範囲の例

```csharp
using UnityEngine;

public class Test : MonoBehaviour
{
```

```
5      void Start()
6      {
7          int x = 1;
8          if (x == 1)
9          {
10             int y = 2;
11             Debug.Log(x);
12             Debug.Log(y);
13         }
14         Debug.Log(y);
15     }
16 }
```

　実行ボタンでスクリプトを実行しようとすると、Unityエディターの左下に「The name 'y' dose not exsit in the current context」とエラーが表示されます。どうやら14行目で使用している変数「y」が宣言されていないと怒られているようです。でも、ちゃんと10行目で変数「y」を宣言しているのに不思議ですね…。

　実は、**変数は宣言した行を含む{}内でしか使うことができません**。これを変数のスコープ（使える範囲）と言います。変数「x」は7行目で定義した後から15行目の「}」の間で使うことができます。一方で変数「y」は10行目で定義した後から13行目の「}」の間でしか使うことができません。

Fig.2-23 スコープとは？

```
5      void Start()
6      {
7          int x = 1;
8          if (x == 1)
9          {
10             int y = 2;
11             Debug.Log(x);
12             Debug.v(y);
13         }
14         Debug.Log(y);
15     }
```
変数xのスコープ

```
5      void Start()
6      {
7          int x = 1;
8          if (x == 1)
9          {
10             int y = 2;
11             Debug.Log(x);
12             Debug.Log(y);
13         }
14         Debug.Log(y);
15     }
```
変数yのスコープ

　これで、エラーの原因がわかりましたね。変数「y」のスコープはif文のブロック内だけなので、14行目では「変数yが宣言されていない」とエラーが出てしまったのです。14行目をコメントアウト（行の最初に「//」を入れてコメントにする）すると、エラーが消えて実行できるようになります。

　このサンプルのように、**if文の内側で宣言した変数はif文の外側では使えない**ので注意してください。

2-5-5 for文で繰り返し

スクリプトを書いていると、同じ処理を何度も繰り返したい時があります。例えば、50回同じ処理を繰り返したい時に、50回分の処理を手で書くとなると面倒です。この手間を省くため、**繰り返す回数を指定すれば自動的に処理を繰り返すfor文**があります。for文の処理の流れは、簡単に書くと次のようになります。

```
for (繰り返し回数)
{
    処理
}
```

ただ、繰り返し回数は「for(3)」のように単純に書くことはできません。実際にスクリプトで書くには、次のような書式になります。

```
for (変数初期化; ループ条件式; 変数の更新)
{
    処理
}
```

Fig.2-24 for文の流れ

for文の()のなかには、繰り返す条件が書いてあるのですが、なんだかややこしいですね。実際にスクリプトを書いてみれば理解しやすいと思います。List 2-18のようにスクリプトを記述して動きを確認しましょう。

> **List 2-18** for文の例

```csharp
1  using UnityEngine;
2
3  public class Test : MonoBehaviour
4  {
5      void Start()
6      {
7          for (int i = 0; i < 5; i++)
8          {
9              Debug.Log(i);
10         }
11     }
12 }
```

\出力結果/

```
0
1
2
3
4
```

これはfor文を使って処理を5回繰り返すサンプルです。処理の流れは次のFig.2-25のようになります。❶が一度だけ実行され、❷は6回、❸〜❺は5回繰り返されます。

❶変数iを「0」で初期化します。

❷繰り返しの条件（i < 5）を満たす場合はステップ❸へ、満たさない場合はループを終了します。

❸コンソールウィンドウに「i」の値を表示します。

❹「i」をインクリメント（iの値を「1」増やす）します。

❺ステップ❷に戻ります。

> **Fig.2-25** for文の処理の流れ

```
        ①変数を      ②iが5未満なら  ⑤    ④iを
        初期化       処理を実行         1増やす
for (int i = 0; i < 5; i++)
{
    処理  ◁③処理を実行
}
```

これだけでは感覚がつかめないかもしれないので、for文を使ったサンプルをいくつか載せておきます。スクリプトを書いて実行し、理解を深めてください。

List 2-19 偶数だけを表示するサンプル

```
1  using UnityEngine;
2
3  public class Test : MonoBehaviour
4  {
5      void Start()
6      {
7          for (int i = 0; i < 10; i += 2)
8          {
9              Debug.Log(i);
10         }
11     }
12 }
```

＼出力結果／
```
0
2
4
6
8
```

　このサンプルは偶数を表示するスクリプトです。前のサンプルでは7行目で「i++」だったところを「i += 2」に変更しています。ループするごとに変数「i」の値は「2」ずつ増加するので、コンソールウィンドウには10未満の偶数のみが表示されます。

List 2-20 特定の範囲だけを表示するサンプル

```
1  using UnityEngine;
2
3  public class Test : MonoBehaviour
4  {
5      void Start()
6      {
7          for (int i = 3; i <= 5; i++)
8          {
9              Debug.Log(i);
10         }
11     }
12 }
```

＼出力結果／
```
3
4
5
```

このサンプルでは、「3〜5」の範囲だけを表示しています。for文の条件式で使う変数の初期値を「3」、ループの条件を「i <= 5」にしているので、「3〜5」が表示されます。このように初期値と条件式を変えることで、特定の範囲の値だけを抜き出すこともできます。

List 2-21 カウントダウンするサンプル

```csharp
using UnityEngine;

public class Test : MonoBehaviour
{
    void Start()
    {
        for (int i = 3; i >= 0; i--)
        {
            Debug.Log(i);
        }
    }
}
```

＼出力結果／
```
3
2
1
0
```

このサンプルは、「3〜0」までカウントダウンするスクリプトです。初期値を「3」に設定し、ループするごとに変数「i」の値をデクリメント（値を1減らす）しています。ループ条件を「i >= 0」とすることで、「3, 2, 1, 0」とカウントダウンした後にループを抜けます。

List 2-22 合計値を求めるサンプル

```csharp
using UnityEngine;

public class Test : MonoBehaviour
{
    void Start()
    {
        int sum = 0;
        for (int i = 1; i <= 10; i++)
        {
            sum += i;
        }
        Debug.Log(sum);
    }
}
```

\出力結果/
55

　このサンプルは、「1〜10」の合計値を表示するスクリプトです。「sum」という変数を用意し、for文のなかで「i」の値をsumに加算しています。ループの1周目はsumは「1」になり、2周目では「1」に「2」を加えるので「3」、3周目では「3」に「3」を加えて「6」になります。iは1〜10まで足したいので、iを「1」で初期化して、条件式を「i <= 10」にしています。

> Tips　スクリプトにエラーはつきもの

　スクリプトを書いて「よっしゃ、これでゲームが動くぞっ！」と思った矢先にエラーメッセージが出てしまうことはよくあります。このとき「ああ、スクリプトって難しい…」と思ってしまうかもしれません。でも、一発でコンパイルが通ることはそんなにありません。あせらずにエラーコードを読んで、該当箇所を見てみてください。

2-6 配列を使ってみよう

スクリプトを書いていると、複数の値（ゲームのランキングと点数など）をひとまとめにして扱いたい場面があります。その場合、1つひとつ変数を作るのは手間がかかります。例えば100人の点数を扱おうとした場合、変数を100回宣言しなければいけません。100個程度なら忍耐と腕力で乗り切れるかもしれませんが、これが1000個、10000個と増えるとさすがに面倒ですし、うっかりミスも増えてしまいます。

```
int point_player1;
int point_player2;
int point_player3;
  ⋮
int point_player783;
int point_player784;
もういやだ！
```

2-6-1 配列の宣言とルール

そこで配列（はいれつ）の出番です。配列は変数の箱を横一列にくっつけた、1つの細長い箱のイメージです。

Fig.2-26 配列のイメージ

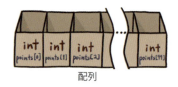

変数　　　　　　　配列

 配列の準備

配列を使えば変数の箱をわざわざ100個用意しなくても、1つの長細い箱を用意すればよいので、扱いやすいですし、作るのも簡単ですね。配列を宣言するには次のように書きます。

```
int[] points;
```

intが整数型を表すように、int[]は整数の配列型を表します。ただ、これだけでは変数の箱を何

個つなげたいのかがわかりません。そこで上記の宣言に続けて、用意する箱の数を以下のように書きます。今回は5つの箱を用意したいので、右辺にnew int[5]と書いています。

```
int[] points = new int[5];
```

右辺にnewというキーワードが出てきました。英語では「新しい」という意味ですが、スクリプトでは「作る」に近い意味合いになります。ここではnew int[5]と書くことでint型の箱を5つ作っています。このように、配列を作るためには、**配列の宣言に続けて「new」で配列に必要な箱の個数を指定する**必要があります。

配列の値の利用

これで、5つの箱をつなげた配列ができました。この配列に値を代入したり、取り出したりするには、次のように箱の番号を指定します。「先頭から3つ目」の箱から値を取り出したい時には、

```
points[2]
```

と書きます。points[3]の間違いじゃないの？ と思うかもしれませんが、**配列は0番から数える決まり**です。先頭の番号は「0」、先頭から2番目の番号は「1」と続き、最後の箱の番号は「4」となります。また、配列では箱に入れる値のことを要素、箱の総数を要素数と呼びます。

Fig.2-27 配列の決まり

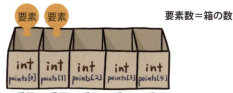

要素数＝箱の数

0番目 1番目 2番目 3番目 4番目

2-6-2 配列の使い方

配列を扱ううえで大切なことは一通り説明したので、実際にスクリプトを書いて理解を深めましょう。

List 2-23 配列の例

```
1  using UnityEngine;
2
3  public class Test : MonoBehaviour
4  {
```

```
 5      void Start()
 6      {
 7          int[] array = new int[5];
 8
 9          array[0] = 2;
10          array[1] = 10;
11          array[2] = 5;
12          array[3] = 15;
13          array[4] = 3;
14
15          for (int i = 0; i < 5; i++)
16          {
17              Debug.Log(array[i]);
18          }
19      }
20  }
```

\出力結果/

```
2
10
5
15
3
```

　7行目で要素数「5」のint型の配列「array」を宣言しています。9〜13行目で[ ]を使って各配列の要素に数値を代入しています。配列の1つ目の要素は「0番」であることに注意してくださいね！15〜18行目で配列の中身を表示しています。Debug.Logを5回記述しなくても、for文を使うことで配列の全要素を表示できます。このように、**配列と繰り返し文は相性がよいので、常にセットで考えられるようにしておきましょう。**

　ところで、配列の要素に値を代入する際、9〜13行目のように1つひとつの要素を書き上げていくのは少し面倒です。そこで配列を初期化する簡易記法として、

```
int[] array = {2, 10, 5, 15, 3};
```

という書き方が用意されています。この書き方の場合、配列に入れる個数が明らかなので「new」を使って配列の要素数を指定する必要はありません。この書き方もよく使うので覚えておいてください。

　for文と同様、配列についてもいくつかのサンプルを参考にして理解を深めましょう。

List 2-24 条件を満たす要素だけ表示するサンプル

```
1  using UnityEngine;
2
3  public class Test : MonoBehaviour
4  {
5      void Start()
6      {
7          int[] points = {83, 99, 52, 93, 15};
8
9          for (int i = 0; i < points.Length; i++)
10         {
11             if (points[i] >= 90)
12             {
13                 Debug.Log(points[i]);
14             }
15         }
16     }
17 }
```

＼出力結果／

```
99
93
```

　このサンプルは、配列に含まれる数値のうち「90」以上のものを表示するスクリプトです。

　9～15行目では、for文を使って配列の要素を0番目から順番に見ていきます。そのループ内でif文を使って、値が「90」以上のものだけを表示しています。

　for文のループ条件を見ると、「0」から「points.Length」までとなっています。points.Lengthとは文字通り「points」配列の持つ長さ（要素数）になります。「配列型の変数名.Length」と書くことで、配列の長さ（今回のサンプルでは5）を取得できます。この「.」の意味はクラスの節（107ページ）で説明するので、ここでは書き方のみを覚えておきましょう。

List 2-25 平均値を求めるサンプル

```
1  using UnityEngine;
2
3  public class Test : MonoBehaviour
4  {
5      void Start()
6      {
7          int[] points = {83, 99, 52, 93, 15};
8
```

```
 9            int sum = 0;
10            for (int i = 0; i < points.Length; i++)
11            {
12                sum += points[i];
13            }
14
15            int average = sum / points.Length;
16            Debug.Log(average);
17        }
18 }
```

＼出力結果／

```
68
```

　このサンプルでは、配列に含まれる値の平均値を求めています。平均値を求める手順は、①配列内のすべての要素の合計値を求めて、②その合計値を配列の要素数で割ります。

　まずは配列内の要素の合計値を求めるために、9行目で「sum」という変数を用意し、10～13行目で配列内の要素をsumに足していきます（配列内の合計値の求め方はfor文のサンプルでも出てきましたね！）。15行目で合計値を配列の要素数の「5」で割って平均値を計算し、average変数に代入しています。

> **Tips** 整数同士の割り算

　平均値を求めるスクリプトでは、平均値を整数で計算していました（int型のaverage変数を宣言しました）が、平均値を小数点まで計算したい場合もあると思います。小数点で表示するために、List 2-25の15行目を次のように書き換えて実行してみてください。

```
float average = sum / points.Length;
```

　平均値は「68.4」が正解なのですが「68」と表示されています。これは、C#では**整数同士の割り算をした場合、小数点以下が切り捨てられて結果は整数になってしまう**ことが原因です。つまり10÷4だと「2」になり、17÷3だと「5」になります。

　小数点で表示したい場合には整数同士の割り算にしなければよいので、最初に「1.0f」を掛けます。裏ワザっぽいですが、この法則を知らないと計算結果を小数点で求めたい時に困るので覚えておいてください。

```
float average = 1.0f * sum / points.Length;
```

2-7 メソッドを作ってみよう

　ここまで、Startメソッドのなかにすべての処理を書いてきました。しかし、処理が長くなると読みにくくなったり、デバッグが大変になったりと問題が出てきます。そこで、処理のまとまりごとに名前を付けて、別のブロックとして記述できる「メソッド」の出番です。この章ではメソッドの作り方と使い方を紹介します。

2-7-1 メソッドの概要

　必要な処理を思いつくままに書いていくと、スクリプトがだらだらと長くなってしまうことがよくあります。スクリプトの行数が増えると、どこに何を書いたか忘れることも多くなります。そこで、長くなった処理を**意味のある処理ブロックごとに分解して名前を付ける**仕組みがあります。この分解したそれぞれの処理のことをメソッドと呼びます。メソッドの具体的な作り方は次の項で説明します。

Fig.2-28 メソッドの概要

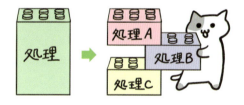

　メソッドには処理を機能単位でまとめる役割の他にも、メソッドに値を渡して計算してもらったり、計算結果を返してもらったりできます。**メソッドに渡す値のことを引数**（ひきすう）、**メソッドから返してもらう値のことを返り値**と呼びます。**引数は複数個渡せますが、返り値は1つだけ**と決まっています。「引数」と「返り値」は今後も出てくるのでしっかりと理解しておいてください。

　なお、スクリプトに最初からある「Start」や「Update」もメソッドです。

Fig.2-29 引数と返り値

2-7-2 メソッドの作り方

少し説明が抽象的だったので「結局どうやってメソッドを作ったり使ったりすればよいんだろう?」と感じているかもしれません。

Fig.2-29に書いたAddメソッドの例を、次のFig.2-30に示します。具体的なメソッドの作り方は2-7-3項から例を挙げながら説明していくので、ここではメソッドの雰囲気だけつかんでおいてください。

Fig.2-30 メソッドの具体例

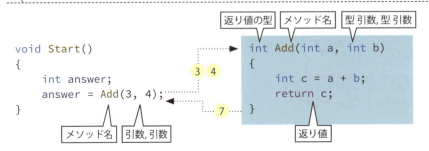

メソッドの書き方はFig.2-31の左側の緑色のブロックの通りです。**返り値の型**には、呼び出し元の**メソッドに渡す値の型名を指定します**。値を返さないメソッドの場合は「void」を指定します。voidとは「返り値なし」の意味です。

引数は、メソッドの呼び出し元から受け取る値です。**メソッドは、引数の値を使って処理を実行します**。また、引数を持たないメソッドも存在します。その場合は、メソッド名の後ろの()は空白になります。

作ったメソッドの呼び出し方はFig.2-31の右側(オレンジのブロック)の通りです。呼び出すメソッドの名前に続けて、()のなかにはメソッドに渡す引数を記述します。複数の引数がある場合は「,」で区切って記述します。

Fig.2-31 メソッドの書式

メソッドの書き方
```
返り値の型  メソッド名(型 引数, 型 引数 …)
{
    メソッドの処理;
    return 返り値;
}
```

メソッドの呼び出し方
```
メソッド名(引数, 引数 …);
```

2-7-3 引数も返り値もないメソッド

ここからはいくつかの例を示しながら説明していきます。まずはコンソールウィンドウに「Hello」と表示するだけのメソッド「SayHello」を作ってみましょう。

List 2-26 コンソールウィンドウに「Hello」と表示するメソッド

```
1  using UnityEngine;
2
3  public class Test : MonoBehaviour
4  {
5      void SayHello()
6      {
7          Debug.Log("Hello");
8      }
9
10     void Start()
11     {
12         SayHello();
13     }
14 }
```

\出力結果/
```
Hello
```

メソッドの作り方

5～8行目がコンソールウィンドウに文字を表示するSayHelloメソッドです。このメソッドは、呼び出し元に値を返さない(返り値を持たない)ので、返り値の型に「void」を指定しています。引数もないため、メソッド名の後ろの()の中身は空白になります(Fig.2-32)。

Fig.2-32 返り値も引数もないメソッド

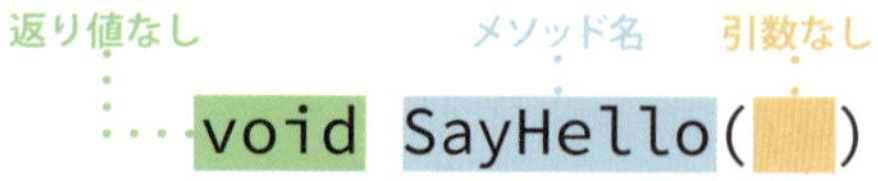

返り値なし　　メソッド名　　引数なし

void SayHello( )

続く{}内に実行する処理を書きます。ここではDebug.Logを使ってコンソールウィンドウに「Hello」と表示します。SayHelloメソッドを書く位置は、Startメソッドの上でも下でも「Test」クラスの{}のなか(5〜13行目)ならどこでも問題ありません。

メソッドの呼び出し方

StartメソッドのなかでSayHelloメソッドを呼び出しています(12行目)。メソッドを呼び出すには、メソッド名に続いて渡したい引数を書きます。このサンプルでは、SayHelloメソッドに引数はないので()のなかは空白です。メソッド呼び出しの流れをまとめたものが、次のFig.2-33になります。

Fig.2-33 返り値と引数のないメソッドの呼び出し方

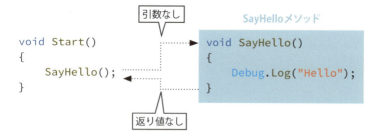

なお、ここで作成したSayHelloメソッドは、StartメソッドかUpdateメソッド内から呼び出されるまで処理は実行されません。**作成したメソッドは呼び出して使用する**ということを覚えておきましょう。

> **Tips　エラーコードが英語で読みたくない！**
>
> わかります。そんな人におすすめの方法。エラーログは「Assets/xxxxx.cs(5:12) 難解な英文・・・」という構造になっています。この()のなかの数字がキモで、「5行目の12文字目が間違っているよ」と教えてくれています。この行(とその付近)を見にいけば、何かエラーが見つかるはずです。何度もエラーをなおしていくうちに、どんなエラーなのか見当がつくようになっていきます。

2-7-4 引数のあるメソッド

次は引数があるメソッドの例を紹介します。先ほど作成したSayHelloメソッドと似ていますが、今回は「Hello」に続けて引数に渡した文字列を表示します。

List 2-27 引数を表示するメソッド

```
1  using UnityEngine;
2
3  public class Test : MonoBehaviour
4  {
5      void CallName(string name)
6      {
7          Debug.Log("Hello " + name);
8      }
9
10     void Start()
11     {
12         CallName("Tom");
13     }
14 }
```

＼出力結果／
```
Hello Tom
```

メソッドの作り方

5〜8行目がCallNameメソッドです。CallNameメソッドには返り値がないので「void」を指定しています。また、引数として文字列を受け取るので、メソッド名に続く()のなかにstring型の変数「name」を宣言しています。

Fig.2-34 返り値なし引数ありのメソッド

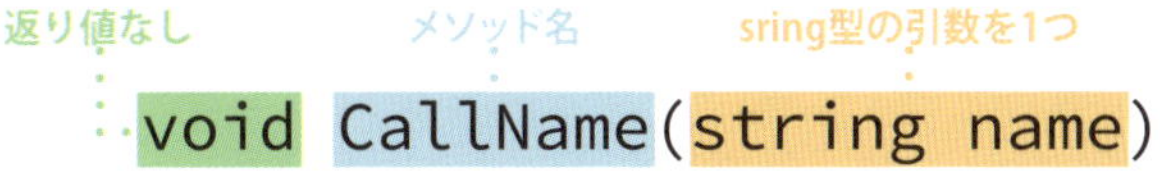

返り値なし　　メソッド名　　sring型の引数を1つ

`void CallName(string name)`

🐟 メソッドの呼び出し方

　12行目でCallNameメソッドを呼び出しています。メソッド名のCallNameに続けて()のなかにメソッドに渡す名前（文字列）を書いています。メソッド呼び出しの流れをまとめたものが、次のFig.2-35になります。

　CallNameメソッドを呼び出すと、引数の文字列("Tom")が自動的にメソッド内のname変数に代入されます。name変数は、メソッド内で通常の変数と同じように使うことができるので、Debug.Logを使ってname変数の値を表示しています。

Fig.2-35 引数のあるメソッドの呼び出し方

```
                        引数1つ              CallNameメソッド
void Start()                          void CallName(string name)
{                       Tom           {
    CallName("Tom");                      Debug.Log("Hello " + name);
}                                     }
                        返り値なし
```

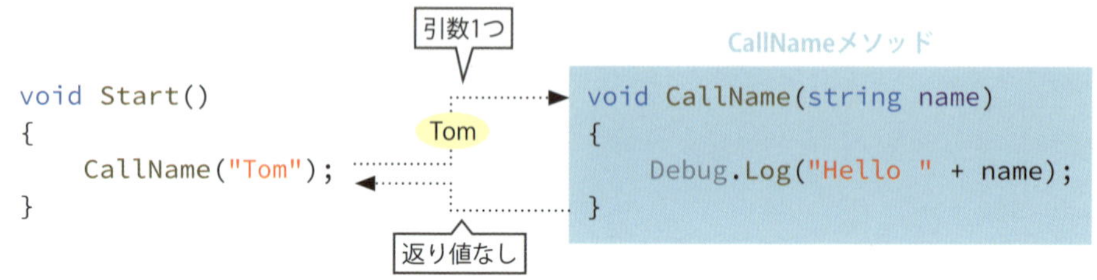

やってみよう！

　12行目の引数に渡す文字列を変えてみてください。コンソールウィンドウに表示される名前も変わりましたか？

> **Tips** 引数の数には注意する

　12行目を`CallName();`として引数を指定せずにメソッドを呼び出すとどうなるでしょうか？　この場合はエラーとなってしまいます。基本的には、引数の数は呼び出される側と呼び出す側で一致している必要があります。

2-7-5 引数と返り値のあるメソッド

最後に引数と返り値の両方を利用するメソッドを紹介します。今回作成するサンプルは引数に2つの変数を受け取り、その合計値を返すAddメソッドです。

List 2-28 2つの値の合計を返すメソッド

```
1  using UnityEngine;
2
3  public class Test : MonoBehaviour
4  {
5      int Add(int a, int b)
6      {
7          int c = a + b;
8          return c;
9      }
10
11     void Start()
12     {
13         int answer;
14         answer = Add(2, 3);
15         Debug.Log(answer);
16     }
17 }
```

＼出力結果／

```
5
```

🐟 メソッドの作り方

5〜9行目が今回作成したAddメソッドです。メソッドの返り値はint型の引数を合計したものなので、int型を指定しています。また、Addメソッドは2つの引数を持つので、それぞれの引数を「,」で区切って宣言します。

Fig.2-36 返り値と引数のあるメソッド

int型の返り値　メソッド名　int型の引数が2つ

`int Add(int a, int b)`

返り値として引数の合計値を返すため、8行目でreturn文を使っています。returnの後に空白を挟んで変数名を書くことで、その変数の値をメソッドの呼び出し元に返すことができます。

メソッドの呼び出し方

　Addメソッド呼び出しの流れをまとめたものが、次のFig.2-37になります。メソッドの呼び出し側では、メソッド名に続けて2つの引数(2と3)を渡しています。メソッドの呼び出しと同時に、変数「a」に「2」が代入され、変数「b」に「3」が代入されます。**変数「a」と「b」にはメソッドの呼び出し元で指定した順番で値が代入されます。**したがってAdd(2, 3)ではなく、Add(3, 2)と書くと、変数「a」に「3」が代入され、変数「b」に「2」が代入されます。

　メソッド内では変数「a」と「b」の合計値を変数「c」に代入し、return文を使って合計値を呼び出し元に返します。

　メソッドを実行した後は、メソッドの呼び出し部分が返り値に置換されるイメージです。今回の場合はAdd(2, 3)の部分が返り値「c」の値に置換されるため、answer=Add(2, 3);は「answer=c;」となり、「answer」に「c」の値が代入されます。

Fig.2-37 複数の引数のあるメソッドの呼び出し方

```
void Start()
{
    int answer;
    answer = Add(2, 3);
}
```

引数2つ　2　3

Addメソッド
```
int Add(int a, int b)
{
    int c = a + b;
    return c;
}
```

返り値1つ　5

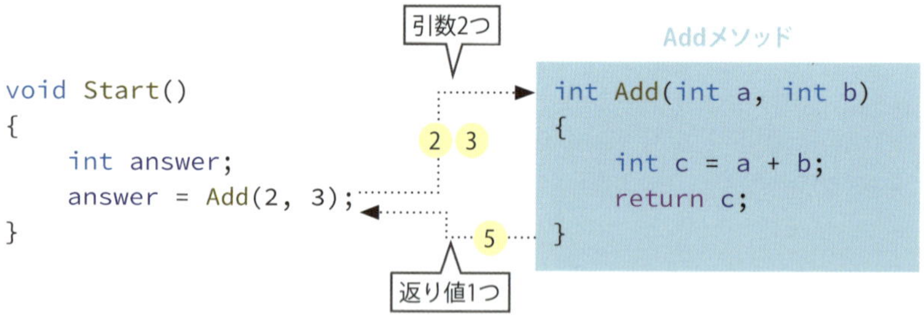

　サンプルで見てきたように、メソッドはスクリプトを構成する部品であり、作っておけば必要な時に何度でも呼び出すことができます。メソッドを上手に作って管理しやすいスクリプトにしましょう。

やってみよう!

引数には、数値だけでなく変数を指定することもできます。変数の呼び出し部分を次のように変更しても結果が表示されることを確認しましょう。

```
void Start()
{
    int answer;
    int num1 = 2;
    int num2 = 3;
    answer = Add(num1, num2);
    Debug.Log(answer);
}
```

2-8 クラスを作ってみよう

メソッドは処理をまとめたものでしたが、クラスは**メソッドと変数をまとめたもの**です。メソッドと変数をまとめると、どのようなよいことがあるのか？ それを理解していきましょう。

2-8-1 クラスとは？

Unityでゲームを作る場合、プレイヤ、敵、武器、アイテムなどの「モノ」ごとに、その動きを定義するスクリプトを作成します。この場合、メソッドのような「処理単位」ではなくて「モノ単位」でスクリプトを作れた方が便利です。

具体的に、プレイヤのスクリプトを作る場合を考えてみましょう。プレイヤにはHPやMPなどのステータス（変数）や、攻撃や防御、魔法などのアクション（メソッド）が必要です。

Fig.2-38 クラスはモノ単位

これらの変数とメソッドをひとまとめにせず、バラバラに実装してしまうと、どの変数とどのメソッドが関連しているのかわからなくなってしまいます。**クラスを使えば関係のある変数とメソッドをひとまとめにできるので、スクリプトを管理しやすくなる**のです。

クラスの書式を単純化したものは下記の通りです。classというキーワードに続けてクラス名を書き、そのなかにクラスで使う変数とメソッドを記述します。クラスで使う変数をメンバ変数、クラスで使うメソッドをメンバメソッドと呼びます。

```
class クラス名
{
    メンバ変数の宣言;
    メンバメソッドの実装;
}
```

作成したクラスはintやstringなどと同様に、型のように使えます。つまり、Playerクラスを作ればPlayer型を使うことができるようになります（厳密にはクラスと型は別物です。詳しくはC#の文法書を参照してください）。

　`int num;`と書けばint型のnum変数を作れるように、`Player myPlayer;`と書けばPlayer型のmyPlayer変数を作ることができます。この状態ではmyPlayer変数の箱のなかは空っぽです。

　int型のnum変数には「2」や「1500」などの数値を代入するように、Player型のmyPlayer変数には「プレイヤの実体」を代入します。この「実体」のことをインスタンスと呼びます。インスタンスを生成する例は2-8-3項で説明します。

Fig.2-39 インスタンスの意味

`int num;`　　`Player myPlayer;`

　myPlayer変数が持つメンバメソッドやメンバ変数を使うには、「myPlayer.メンバメソッド名（またはメンバ変数名）」と記述します。この先「.」でつながった記述がたくさん出てきます。「〇〇.××」を見たら**「〇〇クラスが持つ××メソッド（または変数）を使っている」**と理解しておきましょう。

Fig.2-40 メンバメソッドの使い方

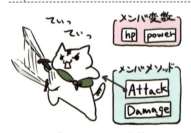

`myPlayer.Attack();`

> **Tips　Unityが用意してくれているクラスもある！**
>
> 　クラスは自分で作る以外に、Unityに最初から用意されているものもあります。2-9節で紹介するVectorクラスや、ログの表示などに使うDebugクラスなどです。Unityを使いこなすためには、クラスの概念をしっかりと理解することが大切です。

2-8-2 クラスを作成する

説明ばかりだったので、まだイメージがわきにくいと思います。ここでは具体的にFig.2-40で示したPlayerクラスを実装しながら理解していきましょう。ここまで使用してきた「Test」スクリプト（Test.cs）に、Playerクラスを追加しましょう。Playerクラスは、Testクラスの外側に追加していることに注意してください。

List 2-29 Playerクラスの作成

```csharp
using UnityEngine;

public class Player
{
    private int hp = 100;
    private int power = 50;

    public void Attack()
    {
        Debug.Log(this.power + "のダメージを与えた");
    }

    public void Damage(int damage)
    {
        this.hp -= damage;
        Debug.Log(damage + "のダメージを受けた");
    }
}

public class Test : MonoBehaviour
{
    void Start()
    {
        Player myPlayer = new Player();
        myPlayer.Attack();
        myPlayer.Damage(30);
    }
}
```

＼出力結果／

```
50のダメージを与えた
30のダメージを受けた
```

3〜18行目が今回作成したPlayerクラスです。ざっとクラスの構成を眺めると、3行目でPlayerクラスを宣言し、5〜6行目でプレイヤのHPと攻撃力を表すメンバ変数を宣言しています。8〜17行目では攻撃するAttackメンバメソッドとダメージを受けるDamageメンバメソッドを作成しています。メソッドの中身は、後ほど詳しく見ていきます。

2-8-3 クラスの使い方

次に、作成したPlayerクラスを使う部分を見ていきましょう。List 2-29のStartメソッド内の24〜26行目で、先ほど作ったPlayerクラスのインスタンスを生成して使っています。

まず24行目の左辺で`Player myPlayer`と書いてPlayer型のmyPlayer変数を宣言しています。この段階ではPlayer型の箱を作っただけなので、Player型の実体である**インスタンス**を作成して代入する必要があります。

インスタンスを作るため、「`new`」キーワードに続けて「クラス名()」と書きます（24行目の右辺）。これによりPlayerクラスのインスタンスが作られ、myPlayer変数のなかに代入されます。

Fig.2-41 インスタンスの作成方法

25行目でインスタンスが持つAttackメソッドを`myPlayer.Attack()`として、「変数名.メンバメソッド名()」の書式で呼び出しています。同様に26行目ではDamageメソッドを呼び出しています。

実行ボタンを押して、コンソールウィンドウに結果が表示されることを確認してください。

2-8-4 アクセス修飾子

List 2-29に示したPlayerクラスのメンバ変数とメンバメソッドの先頭には、「public」か「private」というキーワードが付いています。これはアクセス修飾子といって、「○○.××」という書き方で他のクラスからメンバにアクセスできるかどうかを表しています。

publicの付いているメンバは他のクラスから呼び出すことができますが、privateの付いているメンバは他のクラスから呼び出すことはできません。Attackメソッドにはpublicが付いているので、myPlayer.Attack()のようにAttackメソッドを呼び出すことができます。しかし変数hpにはprivateが付いているので、myPlayer.hpと書いてhp変数を呼び出すことはできません。

Fig.2-42 アクセス修飾子

クラス内の変数やメソッドは、すべてpublicを付けてアクセスできるようにしておけばいいんじゃないの？ と思うかもしれません。もちろん、それでもスクリプトは動きますし、ゲームも作れます。それでもprivateがあるのは、他の人に自分が作ったクラスを使ってもらう際、「**privateメソッドは使わないでね、private変数は書き換えないでね**」という意思表示ができるからです。逆に、他の人が作ったクラスを使う時は、publicの付いた変数とメソッドだけを見ればよいのです。

Fig.2-43 クラスはpublicを見て使う

なお、アクセス修飾子を省略するとprivateであると見なされます。したがって、公開したい変数やメソッドにpublic修飾子を付けるだけでも動作としては問題ありません。
アクセス修飾子の一覧をTable 2-3にまとめておきます。

Table 2-3 アクセス修飾子

アクセス修飾子	アクセス可能クラス
public	すべてのクラスからアクセス可能
protected	同じクラスとそのサブクラスからアクセス可能
private	同じクラスからのみアクセス可能

2-8-5 thisキーワード

AttackメソッドやDamageメソッド内で使用しているhpやpowerなどのメンバ変数の前にthisというキーワードが付いていることに気がつきましたか？「this」は自分自身のインスタンスを指すキーワードです。つまり`this.power`は自分自身のインスタンスが持つpower変数（Playerクラスのインスタンスが持つpower変数）を表します。

thisを付けなくても自身のクラスのメンバ変数を使うことはできます。ただ、List 2-29のAttackメソッド内で、次のようにメンバ変数と同じ名前の変数を宣言した場合、powerとだけ書くとメソッド内で宣言した変数の値が優先的に使われます。そこで、メンバ変数を使う時は明示的に「this」を付けておくことで、バグを防ぐことができます。

```csharp
public void Attack()
{
    int power = 9999;
    Debug.Log(power + "のダメージを与えた");
    // Attackメソッド内で宣言した変数が優先され、9999のダメージを与えることになる
}
```

2-8節で説明した内容は、プログラミングの世界ではオブジェクト指向と呼ばれるものです。オブジェクト指向の3大要素には「継承」「アクセス修飾子によるカプセル化」「ポリモーフィズム」があります。ここではpublicやprivateなどのアクセス修飾子を使った「カプセル化」を紹介しました。今回は本書を読むために必要な事項だけを説明しましたが、興味のある方は拙著『確かな力が身につくC#「超」入門』などの文法書を参考にしてください。

> Tips < 継承

　Testクラスの宣言部分（List 2-29の20行目）の後ろに付いている「: MonoBehaviour」は継承（けいしょう）と呼ばれ、Unityが事前に用意したMonoBehaviourクラスの機能をTestクラスに取り込むことを宣言しています。

　MonoBehaviourクラスは、ゲームオブジェクトを構成するための基本的な機能がメンバ変数・メンバメソッドとして用意されているクラスです。したがってゲームオブジェクトにアタッチするスクリプトは、MonoBehaviourクラス（あるいはMonoBehaviourを元にしたクラス）を継承する必要があります。

> Tips < Debug.Logはインスタンスなしで使える？

　この節ではPlayerクラスのインスタンスを作り、「インスタンス変数名.メンバメソッド名」という形でメンバメソッドを呼び出していました。一方でここまで何度も使っているDebug.Logメソッドは、「クラス名.メンバメソッド名」という形でメンバメソッドを直接呼び出しています。これはDebug.Logがstaticメソッド（インスタンスを作らなくても使うことのできるメソッド）として宣言されているからです。内容が少々高度になるため、最初のうちは「そういう特殊なメソッドもあるんだ」と考えておくのがよいでしょう。

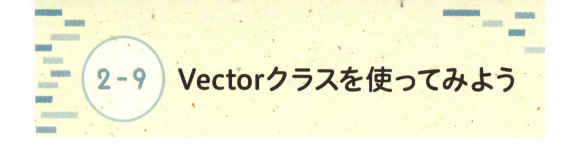

2-9 Vectorクラスを使ってみよう

この章の最後に、これからゲームを作るうえでよく使うVectorクラスを紹介します。Vectorクラスは、キャラクターなどを動かす場合によく使うので、ここでイメージをつかんでおきましょう。

2-9-1 Vectorとは？

3Dゲームを作る場合、空間上のどこにオブジェクトを置くのか、どちらの方向に移動するのか、どちらに力を加えるのかなどを決めるため、**float型の「x, y, z」の3つの値**を扱います。

Fig.2-44 Vector型の使われ方

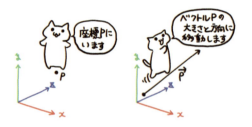

そこで、これらの値をひとまとめに扱えるようにしたVector3クラス（正確には構造体※と呼ばれるものです）が用意されています。また、2Dゲーム用には、float型の「x, y」の値を持つVector2クラスが用意されています。Vector3クラスを擬似的に書くと、次のような感じになります。

```
public class Vector3
{
    public float x;
    public float y;
    public float z;

    // 以下Vector用のメンバメソッドが続く
}
```

※ 構造体
構造体（こうぞうたい）はクラスと同じく、変数とメソッドをひとまとめにする仕組みです。ただしクラスと比べると使える機能が制限されています。そのかわりに、クラスより高速に動作します。

このように、Vector3クラスにはメンバ変数として「x」「y」「z」、またVector2クラスには「x」「y」が用意されており、座標やベクトルとして使うことができます。

例えばVector2を座標として使う場合、「x = 3」「y = 5」とすると(3, 5)の位置にオブジェクトが配置されることを意味します。一方でベクトルとして使う場合は、現在の位置から「x方向に3」「y方向に5」進むことを意味します。

Fig.2-45 座標としてのVector2とベクトルとしてのVector2

座標としてのVector2　　ベクトルとしてのVector2

2-9-2 Vectorクラスの使い方

では、Vector2クラスの簡単な使い方のサンプルを見ておきましょう。まずはVector2クラスのメンバ変数に数値を加算するサンプルです。

List 2-30 Vector2クラスの持つメンバ変数に加算する

```
1  using UnityEngine;
2
3  public class Test : MonoBehaviour
4  {
5      void Start()
6      {
7          Vector2 playerPos = new Vector2(3.0f, 4.0f);
8          playerPos.x += 8.0f;
9          playerPos.y += 5.0f;
10         Debug.Log(playerPos);
11     }
12 }
```

＼出力結果／

```
(11.00, 9.00)
```

7行目の左辺でVector2クラスの変数「playerPos」を宣言しています。続けて`new Vector2(3.0f, 4.0f)`として、Vector2クラスのインスタンスを作成して代入しています。「`new クラス名()`」でクラスのインスタンスが作成できるのでしたね（110ページ）。

Vector2クラスでは「new」を使ってインスタンスを作る際に、引数を渡すことでメンバ変数を初期化することができます。ここではxを「3.0f」、yを「4.0f」で初期化しています（前述のように、Vector2クラスはメンバ変数としてfloat型の「x」と「y」を持っています）。

Fig.2-46 Vector2のインスタンスの生成

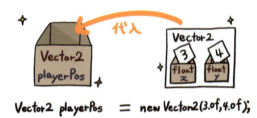

クラスのところで説明した通り、メンバ変数である「x」や「y」の値にアクセスするには「変数名.x」「変数名.y」と記述します（108ページ）。これを利用して、8～9行目でプレイヤのいるX座標を「8」、Y座標を「5」増加しています。

Fig.2-47 Vector2のメンバ変数への加算

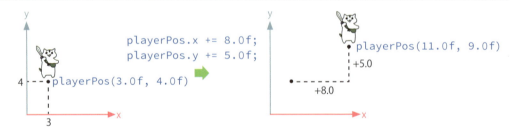

Vector2クラスの変数をゲームオブジェクトの座標として使っている場合、値を増加させることで画面上のゲームオブジェクトを正の方向（右あるいは上）に移動できます。逆に値を減少させると、負の方向（左あるいは下）に移動します。

Vector2クラスのメンバ変数（xとy）に対して加算ができることは上記の例で確認できました。次にVector2クラス同士で減算を行うサンプルを紹介します。

List 2-31 Vector2同士の減算

```
1  using UnityEngine;
2  
3  public class Test : MonoBehaviour
4  {
5      void Start()
6      {
7          Vector2 startPos = new Vector2(2.0f, 1.0f);
8          Vector2 endPos = new Vector2(8.0f, 5.0f);
9          Vector2 dir = endPos - startPos;
10         Debug.Log(dir);
11  
12         float len = dir.magnitude;
13         Debug.Log(len);
14     }
15 }
```

＼出力結果／

```
(6.00, 4.00)
7.211102
```

　このサンプルでは「startPos」から「endPos」に向かうベクトル「dir」を求めています。2点の座標からベクトルを求めるため、9行目で「endPos」から「startPos」を減算しています。このように、Vector2同士の減算もできます。

Fig.2-48 Vector2同士の減算

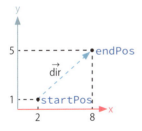

　12行目では、「startPos」から「endPos」の間の距離を求めています。この距離は、Fig.2-48のベクトル「dir」の長さに等しいので、Vector2クラスが持つmagnitudeメンバ変数を使い、ベクトル「dir」の長さを求めています。

　このようにVectorクラスにはベクトル計算に便利なメンバ変数がいくつか用意されています。一度リファレンスに目を通しておくとよいでしょう。

2-9-3 Vectorクラスの応用

　ここまでの例はVectorクラスを座標やベクトルとして扱ってきました。この他にもVectorクラスを加速度や力、移動速度など物理的な数値として使うこともできます。例えばプレイヤの移動速度を、Vector2クラスを使って`Vector2 speed = new Vector2(2.0f, 0.0f);`と書いたとしましょう。この`speed`をプレイヤの座標に毎フレーム加算することで、フレームごとにプレイヤをX方向に2ずつ移動させることができます。この具体的な使用例は、3章以降で紹介します。

Fig.2-49 Vector2を速度として使う

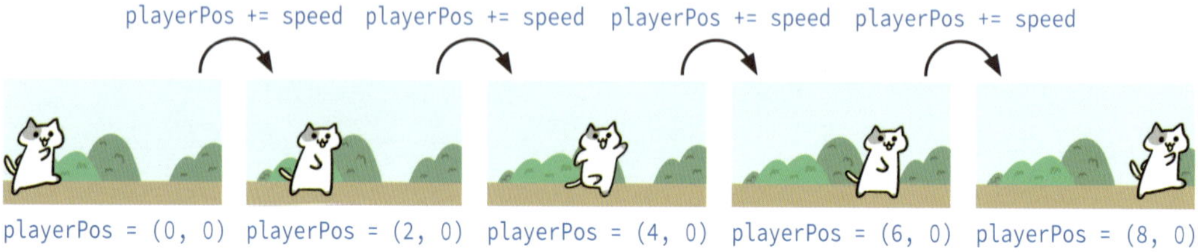

```
playerPos += speed  playerPos += speed  playerPos += speed  playerPos += speed

playerPos = (0, 0)  playerPos = (2, 0)  playerPos = (4, 0)  playerPos = (6, 0)  playerPos = (8, 0)
```

　3章以降、ゲームを作るためにさまざまなスクリプトを作成します。舞台の脚本家になったつもりで、それぞれのオブジェクトに関して「こんな動きをして欲しい！」と考えながらスクリプトを書いていきましょう。

> **Tips　Visual Studioの挙動**
>
> たまにVisual Studioの予測変換機能がきかなくなったり、スクリプト全体に赤い波線が表示されることがあります。その場合は一度、Visual Studioを再起動してみてください。

Chapter 3
オブジェクトの配置と動かし方

キャラクターなどのオブジェクトを配置して
ゲーム画面を作りましょう！

この章では「占いルーレット」を作ります。ゲームの作り方、スクリプトでオブジェクトを動かす方法などを学んでいきましょう。

この章で学べる項目
- ゲーム設計の考え方
- スクリプトの作成方法
- スマートフォンに向けたビルド方法

 ゲームの設計を考えよう

　3章ではこれからの学習のウォーミングアップとして、簡単なゲームを作ってみましょう。最初から、あれもこれも詰め込んだ大規模なゲームを作ろうとすると、途中で挫折してしまうかもしれません。そこで最初は簡単なゲームから作り始めて、少しずつ複雑なゲーム作りに挑戦していきましょう。この章ではオブジェクトの動かし方から学び始めます！

3-1-1 ゲームの企画を作る

　簡単といっても、ただ画面に画像が表示されているだけではゲームと言えません。ゲームには最低限、**ユーザの入力によって動くもの**が必要です。そこで3章では、タップで占いができる「占いルーレット」を作ってみましょう。

　Fig.3-1が、これから作るゲームのイメージです。画面上に大きなルーレットが表示されており、画面をタップするとルーレットが回転を始め、時間が経つにつれて回転速度が遅くなり最後に停止します。

Fig.3-1　これから作るゲームの画面

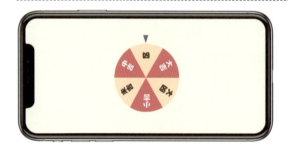

3-1-2 ゲームの部品を考える

　Fig.3-1のゲームイメージをもとに、ゲームの設計を考えてみましょう。本書でゲーム設計をする際には、次の5ステップで考えていきます。このステップにしたがって設計を考えることで、さまざまなゲームが機械的に設計ができます。

なお、3章で作るゲームは単純なのでステップ③とステップ④は不要です。ここでは軽く確認しておき、この後の章で必要に応じて詳しく説明します。

Step❶　画面上のオブジェクトをすべて書き出す
Step❷　オブジェクトを動かすためのコントローラスクリプトを決める
Step❸　オブジェクトを自動生成するためのジェネレータスクリプトを決める
Step❹　UIを更新するための監督スクリプトを用意する
Step❺　スクリプトを作る流れを考える

ステップ① 画面上のオブジェクトをすべて書き出す

このステップでは画面上にあるオブジェクトを書き出します。Fig.3-1のゲームイメージを見ながら、ゲームに出てくるオブジェクトを探します。ゲームの画面上には「ルーレット」と「針」がありますね。3章のゲームは単純なのでこの2つしかありませんが、大きなゲームになると、ここで書き出す個数も増えます。

Fig.3-2　画面上のオブジェクトを書き出す

ルーレット

針

ステップ② オブジェクトを動かすためのコントローラスクリプトを決める

次に、ステップ①で書き出したオブジェクトのなかから、動くオブジェクトを探してみましょう。ルーレットは回転するので動くオブジェクトに含めてよさそうです。針は動かないので動くオブジェクトには含めません。

Fig.3-3　動くオブジェクトを書き出す

ルーレット

針

動くオブジェクトには、オブジェクトの動きを制御する台本が必要です。オブジェクトを動かすための台本を、本書ではコントローラスクリプトと呼びます。今回のゲームでは、動くオブジェクトとして「ルーレット」があるので、「ルーレットの台本（ルーレットコントローラ）」を用意します。

Fig.3-4 コントローラスクリプトとは？

必要なコントローラスクリプト
・ルーレットコントローラ

ステップ③ オブジェクトを自動生成するためのジェネレータスクリプトを決める

このステップでは、ゲーム中に生成されるオブジェクトを探します。敵キャラやステージの足場など、**プレイヤの移動や時間経過によって出現するもの**がこれに当てはまります。ゲーム中にオブジェクトを生成するスクリプトを、本書ではジェネレータスクリプトと呼びます。ジェネレータスクリプトは**オブジェクトを生成する工場**のようなものです。この章で作成するゲームでは、該当するものはありません。5章で出てくるので、その時に詳しく説明します。

ステップ④ UIを更新するための監督スクリプトを用意する

ゲームのUI（ユーザインターフェイス）を操作したり進行状況を判断したりするために、ゲーム全体を見渡せるスクリプトが必要となります。本書ではこれを監督スクリプトと呼びます。この章で作成するゲームにはUIがなく、ゲームの流れもシンプルなので監督スクリプトは用意しません。

ステップ⑤ スクリプトを作る流れを考える

ステップ④までに書き出した各スクリプトから、どのようにゲームを作っていくかを考えます。基本的には「**コントローラスクリプト**」→「**ジェネレータスクリプト**」→「**監督スクリプト**」の順番で作っていきます（Fig.3-5）。

3章で作る必要があるスクリプトは、ルーレットコントローラだけですね。オブジェクトの配置方法などUnityの基本操作を除けば、「**ルーレットコントローラさえ作成できればゲームが動く**」ということです。なんとなくできる気になってきませんか？

Fig.3-5 スクリプトを作る流れ

　それでは、ルーレットコントローラにどのような動きをさせるのかを、簡単に確認しておきましょう。

ルーレットコントローラ

　ルーレットはタップすると回転を始めて、徐々に減速します。この動作をルーレットコントローラに記述します。具体的な方法はスクリプトに記述する項（134ページ）で考えましょう。

　「この段階でしっかり設計をしなきゃ！」と堅苦しく考えてしまうと、ゲームを作り始める前からいやになってしまいます。**大切なのは、「どんなスクリプトを作るのか」「どういう手順で作るのか」の全体像が見渡せることです。**個々のスクリプトについては「こんな動作を実現したい」ぐらいのフワッとした感じで考えておくとよいと思います。

　ここまで、理論的なお話ばかりでした、いよいよ次からは、実際に手を動かしながら占いルーレットを作っていきます！　ゲーム作成の手順は、Fig.3-6のようになります。

Fig.3-6 ゲームを作る流れ

　作ろうとしているゲームが単純なので、5ステップに沿って考えるのは面倒に感じたかもしれません。しかし、作るゲームの規模が大きくなった場合、このステップに沿ってゲーム設計をすることで、設計が後から破綻することが少なくなります。ゲームの規模が小さいうちに、この設計方法に慣れておきましょう！

3-2 プロジェクトとシーンを作成しよう

①プロジェクトの作成

②オブジェクトの配置

③スクリプトの作成

④スクリプトのアタッチ

3-2-1 プロジェクトの作成

まずはプロジェクトを作成します。プロジェクトを作成するには、Unity Hubを起動した時に表示される画面から新しいプロジェクトをクリックしてください。

Fig.3-7 プロジェクトの作成画面

新しいプロジェクトをクリックします。

「新しいプロジェクト」をクリックすると、プロジェクトの設定画面に進みます。

ここでは2Dゲームを制作するので、テンプレートの項目は「Universal 2D」を選択します。また、プロジェクト名は「Roulette」と入力してください。そしてプロジェクトの保存場所を決め、Unity Cloudに接続のチェックを外してください。画面右下にある青色のプロジェクトを作成ボタンをクリックすると、指定したフォルダにプロジェクトが作成され、Unityエディターが起動します。

Fig.3-8 プロジェクトの設定画面

❶Universal 2Dを選択します。
❷プロジェクト名をRouletteとします。
❸プロジェクトの保存場所を決めます。
❹Unity Cloudに接続のチェックを外します。
❺プロジェクトを作成をクリックします。

プロジェクトに素材を追加する

Unityエディターが起動したら、今回のゲームで使用する素材をプロジェクトに追加しましょう。本書のサポートページからダウンロードした素材データの「chapter3」フォルダを開いて、中身の素材をプロジェクトウィンドウにドラッグ&ドロップしてください（ドラッグ&ドロップする際には、プロジェクトウィンドウの左上の「Project」タブが選択されていることを確認してください）。

URL 本書のサポートページ
https://isbn2.sbcr.jp/28192/

Fig.3-9 素材を追加する

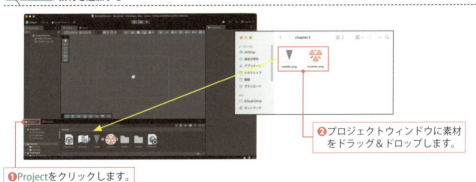

❶Projectをクリックします。
❷プロジェクトウィンドウに素材をドラッグ&ドロップします。

各ファイルの役割は、以下の通りです。

Table 3-1 使用する素材の形式と役割

ファイル名	形式	役割
needle.png	pngファイル	針の画像
roulette.png	pngファイル	ルーレットの画像

Fig.3-10 使用する素材

needle.png

roulette.png

3-2-2 スマートフォン用に設定する

本書では、**スマートフォン（iPhoneやAndroid）で動作するゲーム**を作ることを目標としています。そのための設定を行っていきましょう。

ビルドの設定

まずは、スマートフォン用にビルドするための設定を行いましょう。メニューバーから**File→Build Profiles**を選択してください。Build Profilesウィンドウが開くので、左側の**Platforms**欄から「**iOS**（Android用にビルドする場合は**Android**）」を選択して、**Switch Platform**ボタンをクリックします。

Fig.3-11 ビルド設定を変更する

❶File→Build Profilesを選択します。

❷iOS（Android用の場合はAndroid）を選択します。

❸Switch Platformをクリックします。

このようにビルド先を「iOS」あるいは「Android」に指定することで、それぞれのスマートフォン向けにプロジェクトをビルドできるようになります。設定が終わったら、Build Profilesウィンドウは閉じておいて大丈夫です。

画面サイズの設定

続けて、ゲームの画面サイズを設定しましょう。Gameタブをクリックし、ゲームビュー左上にあるFree Aspectのドロップダウンリストを開きます。**スマートフォンによって画面のサイズが異なるので、対象となるスマートフォンの画面サイズに合ったものを選択してください。**本書では、「iPhone 12 Pro 2532×1170 Landscape」を選択します。

Fig.3-12 画面サイズを設定する

Sceneタブをクリックしてシーンビューに戻り、画面サイズが変更されていることを確認します。シーンビュー内で、白の四角で表示されている範囲が、ゲーム画面の範囲です。

Fig.3-13 画面サイズを確認する

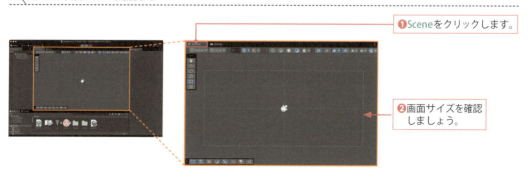

3-2-3 シーンを保存する

シーンを作成します。メニューバーからFile→Save Asを選択すると、シーン保存のウィンドウが表示されます。ここではSave As欄に「GameScene」と入力してSaveボタンをクリックしてください。プロジェクトウィンドウにUnityのアイコンが出現し、「GameScene」という名前でシーンが保存されます。

また、メニューバーでFile→Saveを選択すると、作業中のシーンを保存することができます。ゲームの作成中は、随時セーブを行いながら作業を進めていきましょう。

Fig.3-14 シーンを保存する

ここまででゲームを作るための下準備が整いました。ついに次の節からゲーム本体の作成を開始します。お楽しみに！

> **Tips　Global Light 2Dとは?**
>
> ヒエラルキーウィンドウにあるGlobal Light 2Dとは、シーンビュー上に配置したスプライトを照らすライトです。Light Typeには「Freeform（自由形状のライト）」、「Spot（円形のライト）」、「Sprite（指定したスプライト形状のライト）」、「Global（画面全体を照らすライト）」があり、デフォルトではGlobalが設定されています。

3-3 シーンにオブジェクトを配置しよう

①プロジェクトの作成

②オブジェクトの配置

③スクリプトの作成

④スクリプトのアタッチ

3-3-1 ルーレットの配置

　シーンビューにルーレットの画像を配置します。先ほどプロジェクトウィンドウに追加した**roulette**をシーンビューにドラッグ＆ドロップしてください。Unityの2Dゲーム用のプロジェクトでは、シーンビューに配置した画像は**スプライト**と呼ばれます。

　シーンビューとヒエラルキーウィンドウのオブジェクトは一対一で対応しているため、ヒエラルキーウィンドウの一覧には「roulette_0」と、配置したオブジェクトの名前の末尾に「_0」が追加された形で表示されます。

Fig.3-15 ルーレットをシーンに追加する

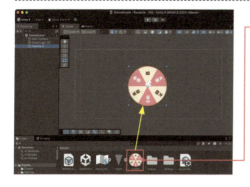

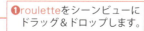
❶rouletteをシーンビューにドラッグ＆ドロップします。

❷ヒエラルキーウィンドウにroulette_0が表示されます。

オブジェクトの位置を調節する

　次にルーレットの位置を決めます。1章では画面上部の操作ツールを使ってオブジェクトを移動する方法を紹介しましたが、ここでは**インスペクター**を使って座標を指定する方法を説明します。インスペクターはオブジェクトの詳細情報を編集できるツールです。**座標を特定の位置に合わせたい時は、インスペクターを使う方が便利です。**

> **Fig.3-16** オブジェクトの移動方法

大まかな移動は操作ツール　　細かな移動はインスペクター

　インスペクターを使ってルーレットの座標を指定してみましょう。まず、ヒエラルキーウィンドウでroulette_0を選択してください。すると、ルーレットの詳細情報がインスペクターに表示されるので、Transform項目のPosition欄の「X」「Y」「Z」をそれぞれ「0」に設定します。

> **Fig.3-17** ルーレットを配置する

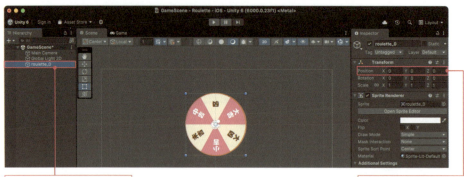

❶roulette_0を選択します。　　❷Positionを0, 0, 0に設定します。

　これはルーレットのスプライトのX座標とY座標とZ座標を、それぞれ「0」の位置に配置するという意味になります。**X座標とY座標を「0」にすることで、シーン（ゲーム画面）の中央にスプライトを配置することができます**（Z座標については、次のTipsをご参照ください）。

> **Tips　座標の方向とカメラの位置**
>
> 　Unityの2Dプロジェクトでは、初期状態で画面の左右方向がX軸、上下方向がY軸、奥行き方向がZ軸になります。2Dゲームの場合、基本的にZ座標の値は「0」にしておきます。これは、シーンを撮影するカメラが「Z = -10」の位置に置かれているためです。もしスプライトのZ座標がカメラの位置より小さいとカメラに映らなくなってしまい、ゲーム画面にも表示されなくなってしまいます。

3-3-2 針の配置

針の画像をシーンビューに配置します。針の配置手順はルーレットの場合と同様です。針の画像をシーンビューにドラッグ＆ドロップした後に、インスペクターで座標を指定します。

プロジェクトウィンドウから、針の画像「needle」をシーンビューにドラッグ＆ドロップしてください。そして、ヒエラルキーウィンドウでneedle_0を選択し、インスペクターのTransform項目のPositionを「0, 3.2, 0」に設定します。

Fig.3-18 針を配置する

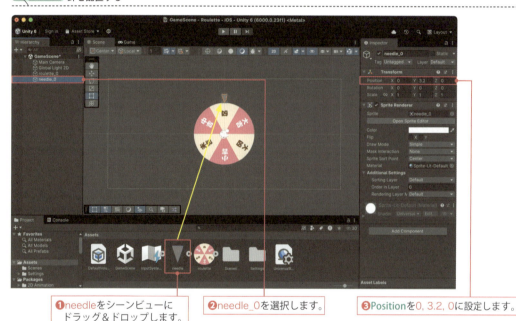

❶needleをシーンビューにドラッグ＆ドロップします。　❷needle_0を選択します。　❸Positionを0, 3.2, 0に設定します。

先に配置したルーレットのスプライトの上部分に、針のスプライトを配置することができました。

ここまでできたら、ゲームを実行してみましょう。Unityエディター上部の実行ボタンをクリックしてください。画面がゲームビューに切り替わって、ゲーム画面が表示されます。ルーレットと針がちゃんと表示されていますね（Fig.3-19）。

ついにゲーム作りの第一歩を踏み出しました！　なお、ゲームを終了するには、停止ボタンをクリックします。

Fig.3-19 ゲームを実行してみる

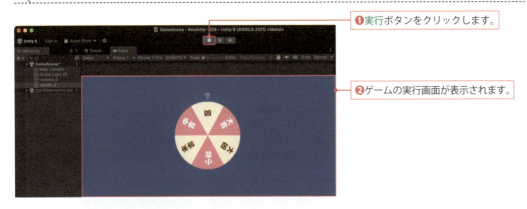

❶実行ボタンをクリックします。
❷ゲームの実行画面が表示されます。

3-3-3 背景色を変更する

　背景が青色だと少し印象が強すぎるので、背景色を淡い色にしましょう。**背景色を変えるには、カメラオブジェクトのパラメータを変更します。**

　ヒエラルキーウィンドウでMain Cameraを選択し、インスペクターからCamera項目の▶Environmentをクリックして項目を展開し、Backgroundのカラーバーをクリックしてy Colorウィンドウを表示します。ここではルーレットの色に合うように、Hexadecimalを「FBFBF2」にしました。

　ここでHexadecimalに指定した「FBFBF2」は、色を16進数の数値で表したカラーコードと呼ばれるものです。「000000」が黒、「FFFFFF」が白を表します。その他の色は、その中間の数値で表します。詳しくはWebなどで調べてみてください。

Fig.3-20 背景色を変更する

❶Main Cameraを選択します。
❷▶Environmentをクリックして展開します。
❸Backgroundのカラーバーをクリックします。
❹HexadecimalをFBFBF2に設定します。

もう一度ゲームを実行してみて、背景色が指定した色になったことを確認しましょう。

Fig.3-21 背景色が変更されたことを確認する

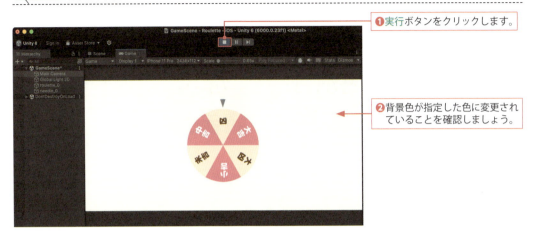

❶実行ボタンをクリックします。

❷背景色が指定した色に変更されていることを確認しましょう。

　インスペクターで色を選ぶだけで簡単に背景色を変えることができました！ このように、Unityを使えばスクリプトを書くことなく、さまざまな設定をエディターで視覚的に変更できるのです。

　Unityで画像を表示するのは、思ったよりも簡単だったのではないでしょうか。一昔前まではスクリプトを数百行書いてようやく画像が表示されるという状態でした。それが、Unityを使えばスクリプトを1行も書くことなく、ゲーム画面に画像を表示できるのです。まさに夢のようなツールですね。Unityの使い方を覚えて面白いゲームをどんどん作っていきましょう！

　3-3節ではゲームで使う部品を配置しました。次の3-4節ではルーレットを回転させるために、コントローラスクリプトを作成します。

> Tips < **デザインには理由がある**

　「デザイン」と聞くと、「センス」と「直感」で作り出すもの、というイメージがあるようですが、そうではありません。「design」には「設計」という意味があることからもわかるように、デザインはエンジニアリングの分野です。よいデザインには「なぜこの色なのか？」「なぜこのレイアウトなのか？」など、1つひとつの要素に理由があるものです。

　背景色ひとつとってみても、「なぜその色を使うのか？」を考えてから色を決めることで、最終的な見栄えが違ってきます。

3-4 スクリプトの作り方を学ぼう

①プロジェクトの作成

②オブジェクトの配置

③スクリプトの作成

④スクリプトのアタッチ

3-4-1 スクリプトの役割

　3-4節では**マウスのクリックに応じてルーレットを回転させ、減速して止まる仕組み**を作成します。オブジェクトを動かすためには、オブジェクトの動かし方を書いた「台本」が必要になります。Unityでは、この台本のことを「スクリプト」と呼ぶことは、既に2章で解説しましたね。この章ではルーレットを回すためのコントローラスクリプトを作っていきましょう。

Fig.3-22 台本を作る

　スクリプトを作成するにあたって、まずは「クリックすると一定の速さで回転する」スクリプトを考えます。減速して止まる部分は後で考えましょう。一見難しそうなものでも、**単純な動作に分解すると、思いのほか簡単に実現できる**ものです。

3-4-2 ルーレットのスクリプトを作る

プロジェクトウィンドウ内で右クリックし、メニューからCreate→Scripting→MonoBehaviour Scriptを選択します。ファイル作成直後はファイル名が編集状態になるので、確定する前にファイル名を「RouletteController」に変更して決定します。

Fig.3-23 スクリプトの新規作成

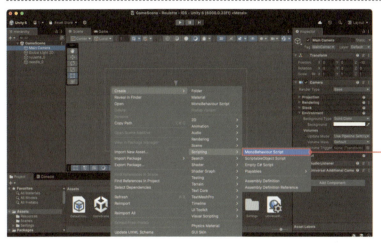

❶プロジェクトウィンドウ上で右クリックし、Create→Scripting→MonoBehaviour Scriptを選択します。

❷作成されたファイルの名前をRouletteControllerに変更します。

ファイルが作成できたら、ダブルクリックして開いてみましょう。Visual Studioが起動します。開いたファイルに、List 3-1のスクリプトを入力・保存してください。

List 3-1 「クリックすると一定の速さで回転する」スクリプト

```
1  using UnityEngine;
2  using UnityEngine.InputSystem;   // 入力を検知するために必要!!
3
4  public class RouletteController : MonoBehaviour
5  {
6      float rotSpeed = 0;   // 回転速度
7
8      void Start()
9      {
```

```
10            // フレームレートを60に固定する
11            Application.targetFrameRate = 60;
12        }
13
14        void Update()
15        {
16            // マウスが押されたら回転速度を設定する
17            if (Mouse.current.leftButton.wasPressedThisFrame)
18            {
19                this.rotSpeed = 10;
20            }
21
22            // 回転速度ぶん、ルーレットを回転させる
23            transform.Rotate(0, 0, this.rotSpeed);
24        }
25    }
```

　ルーレットコントローラでは、StartメソッドのなかでApplication.targetFrameRateに60を代入してフレームレートを60に固定しています。これは、どのような性能のパソコンで動かしても同じ速度で動くようにするための処理です。また、毎フレーム実行されるUpdateメソッドのなかで少しずつルーレットを回転させることで、回転アニメーションを実現しています（フレームについては66ページを確認してください）。

　ルーレットを少しずつ回転させるには、Rotateメソッドを使います（23行目）。Rotateの前にあるtransform.については4章で説明するので、ここでは「**Rotateメソッドを使えば、オブジェクトを回転できる**」ことだけ覚えておいてください！

　このRotateメソッドは、ゲームオブジェクトを**現在の角度から引数に与えた量だけ回転する**機能を持っています。Rotateメソッドに渡す引数は順番にX軸方向、Y軸方向、Z軸方向を中心とした回転量です。ここではZ軸（画面奥に向かう軸）を中心に回転させたいので第3引数に回転量を指定しています。

　引数に与える回転量がプラスの場合には反時計回り、マイナスの数値を与えた場合は時計回りに回転します。

Fig.3-24 軸ごとの回転の向き

X軸回転

Y軸回転

Z軸回転

List 3-1では、ルーレットの回転速度をメンバ変数（rotSpeed）で定義しています。Updateメソッドのなかで`Rotate(0, 0, this.rotSpeed);`とすることで、フレームごとにrotSpeedで設定した角度ずつ回転します。

Fig.3-25 Rotateの回転量

　マウスをクリックした時に回転し始めるように、**最初は変数「rotSpeed」の値を「0」にしておき（6行目）、マウスをクリックした時に回転量を「10」に設定**しています（16〜20行目）。

Fig.3-26 「rotSpeed」で回転速度を調整する

　マウスのクリックやキーボードの入力などのユーザの入力を検知するため、2行目に`using UnityEngine.InputSystem;`を追加しています。

　マウスがクリックされたことを検知するため、Mouse.current.leftButton.wasPressedThisFrameの値を見ています（17行目）。この値は、マウスが左クリックされた瞬間に一度だけ「true」になります（trueは「真」を意味する値です。70ページ）。

　if文（82ページ）でMouse.current.leftButton.wasPressedThisFrameの値をチェックし、左クリックされた場合は、「rotSpeed」の値を「10」に設定しています。これにより、マウスがクリックされると、ルーレットは毎フレーム10度の速度で回転し続けるようになります。

　以上で、スクリプトの作成と説明はおしまいです。書いたスクリプトでちゃんとルーレットが回転するのか不安だと思うので、さっそく実行してルーレットを動かしてみたいところです。でもルーレットを回転させるには、今書いたスクリプトをルーレットのオブジェクトに渡す（アタッチする）必要があります。この方法を次の3-5節で説明します。

> **Tips** マウスからの入力を取得しよう

マウスの左クリック入力を取得する方法について紹介します。Mouse.current.leftButton.wasPressedThisFrameはマウスが左クリックされた瞬間にtrueを返すのに対して、Mouse.current.leftButton.wasReleasedThisFrameはマウスの左ボタンが離された瞬間に一度だけtrueを返します。また、Mouse.current.leftButton.isPressedは、マウスが左クリックされている間は、ずっとtrueを返します。

Fig.3-27 マウスを左クリックしたときの働き

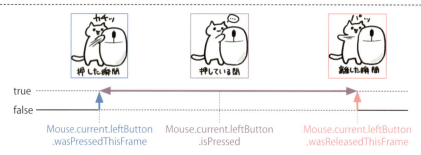

> **Tips** マウスの認識をチェックする

マウスの左クリックを検知するために、List3-1で、

`if (Mouse.current.leftButton.wasPressedThisFrame)`

と書きました。ただ、マウスの情報が取れなかった場合はMouse.currentが「null」となり、エラーが出ます(nullとは「情報がない」ということを意味します)。よって、次のようにMouse.currentがnullではないことを調べておくと、実行時にエラーが出ないので安心です。

```
if (Mouse.current != null &&
    Mouse.current.leftButton.wasPressedThisFrame)
```

この条件はMouse.currentがnullでない場合だけ、クリックされたかどうかを調べています。あとの章で出てくるKeyboard.currentやTouchscreen.currentも同様のチェックを指定しておいたほうが安心です。本書ではわかりやすさを優先してnullのチェックは省略しています。

3-5 スクリプトをアタッチしてルーレットを回そう

①プロジェクトの作成

②オブジェクトの配置

③スクリプトの作成

④スクリプトのアタッチ

3-5-1 ルーレットにスクリプトをアタッチする

　3-5節では、3-4節で作成したルーレットコントローラを、ルーレットのスプライトにアタッチします。**スクリプトをアタッチすることで、ルーレットはスクリプトの指示通りに動くようになります。** 役者さんに台本を渡して、その台本通り動いてもらうイメージです。

Fig.3-28 役者に台本を渡す

　スクリプトをルーレットにアタッチするには、Fig.3-29のようにプロジェクトウィンドウにあるスクリプト「RouletteController」を、ヒエラルキーウィンドウの「roulette_0」オブジェクトにドラッグ&ドロップします。これで、ルーレットを動かすことができるようになります。
　ルーレットのスプライトにコントローラスクリプトがアタッチできた（役者に台本が渡せた）ので、ゲームを実行してみましょう（Fig.3-30）。画面上でクリックするとルーレットが回転するはずです！

Fig.3-29 ルーレットにスクリプトをアタッチする

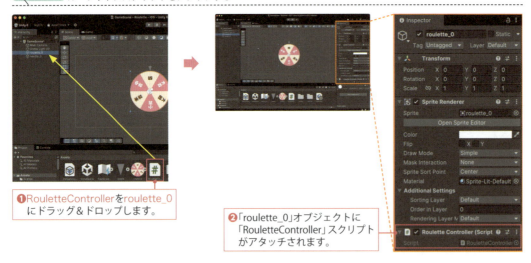

❶RouletteControllerをroulette_0 にドラッグ＆ドロップします。

❷「roulette_0」オブジェクトに「RouletteController」スクリプトがアタッチされます。

Fig.3-30 ルーレットが回転することを確認する

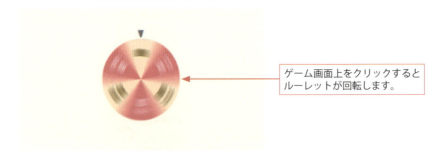

ゲーム画面上をクリックするとルーレットが回転します。

ここで、ルーレットの動かし方をおさらいしておきましょう。Unityで動くオブジェクトを作る時は、いつでも下記の方法を使うので、しっかりと復習しておいてください。

> 🐾 動くオブジェクトの作り方 重要!
> ❶シーンビューにオブジェクトを配置します。
> ❷オブジェクトの動かし方を書いたスクリプトを作成します。
> ❸作成したスクリプトをオブジェクトにアタッチします。

> やってみよう!
> ルーレットコントローラ（135ページのList 3-1）の19行目で、「this.rotSpeed」を「10」に設定している部分を「5」に変更してください。変更するとルーレットの回転速度が半分になることを確認してみましょう！

3-6 ルーレットの回転が止まるようにしよう

今のままでは、一度マウスをクリックしてルーレットを回転させると、止まることなく回り続けてしまいます。これでは占いになりませんね（笑）。そこで、だんだん回転が遅くなって、最後には停止するようにスクリプトを修正しましょう。

3-6-1 回転速度を遅くする方法を考える

ルーレットの回転速度をだんだん遅くするには、回転速度用のメンバ変数「rotSpeed」の値を少しずつ小さくしていけばよさそうです。ただ、**rotSpeedを少しずつ減算していくだけだと、一定の速さ（線形）で減速するため不自然な動きになってしまいます。**そこで、フレームごとにrotSpeedに減衰係数（例えば0.96）を掛けてみましょう。

この方法の場合、線形ではなく指数関数的に減速するので、自然に減速しているように見せることができます。**減衰係数を変更するだけで減速のスピードを簡単に変えられるので、空気抵抗での減速やバネ振動の減衰など、さまざまな場面で使われています。**

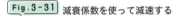 減衰係数を使って減速する

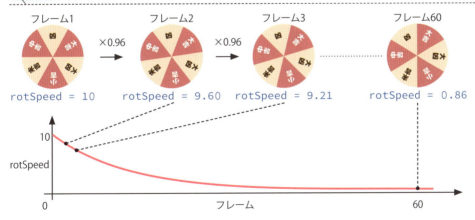

3-6-2 ルーレットのスクリプトを修正する

この方法をスクリプトに追記しましょう。プロジェクトウィンドウのRouletteControllerをダブルクリックして開き、List 3-2のようにスクリプトを追加してください。

List 3-2 ルーレットを減速させる処理を追加する

```
 1  using UnityEngine;
 2  using UnityEngine.InputSystem;
 3
 4  public class RouletteController : MonoBehaviour
 5  {
 6      float rotSpeed = 0;   // 回転速度
 7
 8      void Start()
 9      {
10          // フレームレートを60に固定する
11          Application.targetFrameRate = 60;
12      }
13
14      void Update()
15      {
16          // マウスが押されたら回転速度を設定する
17          if (Mouse.current.leftButton.wasPressedThisFrame)
18          {
19              this.rotSpeed = 10;
20          }
21
22          // 回転速度ぶん、ルーレットを回転させる
23          transform.Rotate(0, 0, this.rotSpeed);
24
25          // ルーレットを減速させる (追加)
26          this.rotSpeed *= 0.96f;
27      }
28  }
```

26行目にルーレットを減速させるための処理を追加しています。Updateメソッドのなかでrot Speedに減衰係数 (0.96) を掛けることで、Fig.3-31のように、繰り返しrotSpeedが0.96倍されることになります。このスクリプトでは、マウスクリック時にrotSpeedに「10」が代入されます (19行目)。その1フレーム後には0.96倍されて「9.60」、2フレーム後にはさらに0.96倍され「9.216」となり、回転速度が時間とともに減衰していきます。最終的にはrotSpeedは限りなく「0」に近づいていきます。rotSpeedが0になることはありませんが、非常に小さな数のため、見た目上はルーレットが停止したように見えます。

ルーレットが回転している途中で画面をクリックすれば、再度rotSpeedに「10」が代入されるので、回転速度が最高速度に戻ります。

スクリプトを保存したら再度実行してみてください（先ほどルーレットにスクリプトをアタッチしたので、今回はアタッチの作業は不要です）。ルーレットの回転がだんだん遅くなって止まりましたね！1行追加しただけで、いきなり動きが本物っぽくなりました！

Fig.3-32 ルーレットが減速して止まる

ルーレットの回転が遅くなり、最終的に停止することを確認しましょう。

やってみよう！

もし減速スピードが気に入らない場合は、減衰係数を変更して、気持ちよい止まり方になるように修正してみてください。簡単に修正＆実行できるのはUnityの強みです。気軽にどんどん修正しましょう！

Tips ショートカットキーでツールを切り替える

シーンビューでオブジェクトを移動・回転・拡大する時、「移動ツール：Wキー」「回転ツール：Eキー」「拡大・縮小ツール：Rキー」でツールを切り替えることができます。ショートカットキーの操作を覚えると、ツールバーから選択しなくても素早くツールを切り替えることができ、作業の効率がよくなるので便利です。

> Tips< **デバイスの性能による実行結果の違いをなくす**

　Updateメソッドが1秒間に呼ばれる回数のことをFPSと呼ぶことは66ページで紹介しました。スマートフォンであればFPSは60程度になりますが、高速なPCではFPSが300になることもあります。

　デバイスの性能差があるとゲームの挙動に影響が出てしまう場合があります。例えば、Updateメソッドのなかで「プレイヤの位置をx=1ずつ右に動かす」という処理をしていたとしましょう。FPS=60のスマートフォンでは、1秒間に60回Updateメソッドが呼ばれるので、1秒後には「x=60」の位置にいることになります。一方、FPS=300のPCでは「x=300」にいることになります。

Fig.3-33 デバイスの性能による実行結果の違い

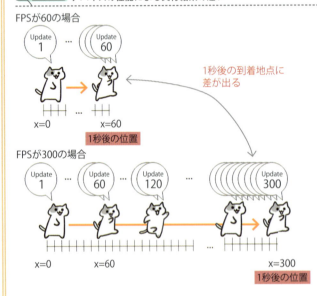

　このような、デバイスの性能による実行結果の違いをなくすため、本書ではどんな性能のデバイスでもFPSが60になるように「Application.targetFrameRate=60」としてFPSを固定しています。

3-7 スマートフォンで動かしてみよう

パソコン上でちゃんと動くゲームができたので、スマートフォン（以下、実機）でも動かしてみましょう。Unityでは実行する環境を簡単に切り替えられるので、開発の90％くらいまではパソコンで作り込んで、最後に実機で動作を確認する、という方法をよく使います。実機にインストールする回数を減らすことで、開発のしやすさやデバッグの速度が飛躍的に高まります。

3-7-1 スマートフォンの操作に対応させる

パソコンでは、マウスをクリックするとルーレットが回転するように作りました。スマートフォンでは、**クリックのかわりに画面をタップするとルーレットが回転する**ように変更します。

画面のタップに対応するため、RouletteControllerの17行目のif分の条件を、次のように書き換えてください。

List 3-3 スマートフォンの操作に対応させる

```
17        if (Touchscreen.current.primaryTouch.press.wasPressedThisFrame)
```

Touchscreen.current.primaryTouch.press.wasPressedThisFrameはスマートフォンの画面をタップした時に一度だけtrueになります。マウスが押された時の判定と同じ感覚で使えますね。**実機で検証するために、まずはUSBケーブルでパソコンとスマートフォンを接続してください。**

3-7-2 iPhoneビルドの方法

iOSの場合、実機にインストールして実行するには、UnityのプロジェクトをいったんiOS用のプロジェクトへと変換し、iOS用のコンパイラ（Xcode）を使ってiPhoneなどに書き込む必要があります。なお、iPhone向けにビルドする場合、Macが必要になります。Xcodeの準備（36ページ）については既にできているものとします。

プロジェクトの作成時に、Platforms欄で「iOS」を選択してあるものとします（126ページ）。

iOSの実行ファイルには**端末上で一意の名前を付ける必要があるため**、まずはその設定を行います。メニューバーからFile→Build Profilesを選択し、Build ProfilesウィンドウのPlayer Settingsボタンをクリックします。

実行ファイルに名前を付ける

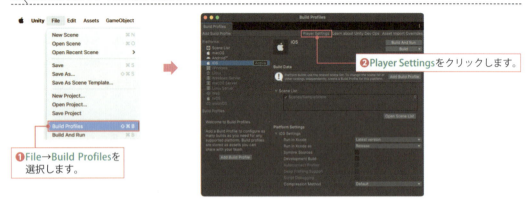

iOS端末に書き込むための設定ウィンドウが開くので、一番上のCompany Nameに英数字でご自身のお名前などを入力してください。作成したアプリは、ここで設定したCompany Nameとプロジェクト名のProduct Nameを合わせた「com.(Company Name).(Product Name)」というIDが付きます。このIDは他の誰とも重複しないユニークなものにする必要があります。

Fig.3-35 Company Nameを入力する

入力できたらBuild Profilesウィンドウに戻り、左側のPlatforms欄からScene Listを選択し、右側のScene Listにプロジェクトウィンドウの GameScene をドラッグ＆ドロップしてください。また、Scene Listにある Scenes/SampleScene のチェックを外してください。これにより、作成したGameSceneのゲームがインストール対象になります。Scene Listの設定ができたら、左側からiOSを選択してBuildボタンをクリックしてください。

Fig.3-36 iOSプロジェクトへの書き出しを行う

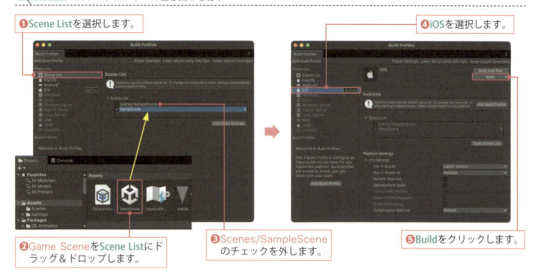

❶Scene Listを選択します。
❷Game SceneをScene Listにドラッグ&ドロップします。
❸Scenes/SampleSceneのチェックを外します。
❹iOSを選択します。
❺Buildをクリックします。

Buildボタンをクリックすると保存先の選択画面が表示されます。左下のNew Folderをクリックし、フォルダ名の欄に「Roulette_iOS」と入力してCreateボタンを押してください。ここで作成したフォルダが保存先になります。続けて右下のChooseボタンをクリックしてください。iOS向けのプロジェクトの書き出しが始まります。

Fig.3-37 フォルダ名を付けて保存する

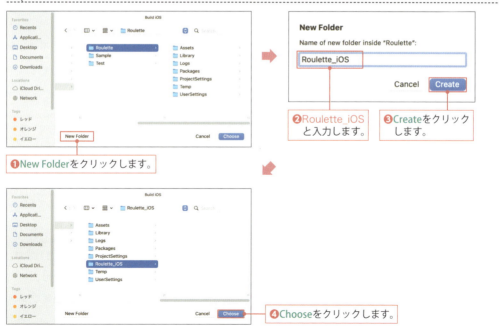

❶New Folderをクリックします。
❷Roulette_iOSと入力します。
❸Createをクリックします。
❹Chooseをクリックします。

3-7 スマートフォンで動かしてみよう

147

iOS向けプロジェクトがUnityのプロジェクトフォルダ内に作成されます。そのなかの「Roulette_iOS」フォルダのUnity-iPhone.xcodeprojをダブルクリックしてXcodeを開いてください。

Fig.3-38 Xcodeを開く

Xcodeが開いたら、左カラムでプロジェクト名（ここではUnity-iPhone）を選択し、中央の画面からSigning & Capabilitiesタブをクリックしてください。次にAutomatically manage signingにチェックを入れ、Teamの項目にあるAdd Accountボタンをクリックしてください。

Fig.3-39 アカウントを登録する

Accountsウィンドウが表示されるので、Apple AccountとPasswordを入力してNextボタンをクリックしてください。

Fig.3-40 アカウントでサインインする

サインインできると、Accountsウィンドウの左側（Apple IDs）にアカウントが表示されます。これでXcodeにアカウントが登録できたので、Accountsウィンドウは閉じておきましょう。

Xcodeの画面に戻ると「Signing」のTeamが「None」になっているので、ドロップダウンメニューから先ほど登録した自分のアカウント名を選択します。ここでRegister Deviceボタンが表示される場合は、そのボタンをクリックします。

`Fig.3-41` アカウントを選択する

Noneをクリックしてドロップダウンメニューを開き、アカウントを選択します。

　プロジェクトを転送する実機を選択します。Xcode画面の**Any iOS Device**をクリックし、PCに接続した実機を選択してください。「Any iOS Device」が表示されない場合は、**Get**をクリックしてデバイスを取得してください。
　iPhoneがロック画面のままだと選択肢に表示されないことがあるので解除しておきましょう。また、iPhone上に「このコンピュータを信頼しますか?」という画面が出た場合は、「信頼」をタップしてください。

`Fig.3-42` 実行するスマートフォンを選択する

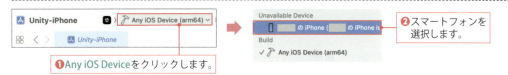

❶**Any iOS Device**をクリックします。
❷スマートフォンを選択します。

　「Signing」のStatusで「Device "xxx" isn't registered on the developer portal.」というエラーが出た場合は、**Register Device**ボタンをクリックしてください。また、「Revoke certificate」というエラーが出た場合は、**Revoke Certificate**ボタンをクリックしてください。

`Fig.3-43` エラーが出た場合

このエラーが出た場合は、**Register Device**をクリックします。

このエラーが出た場合は、**Revoke Certificate**をクリックします。

　「Signing」のStatusで「Failed to register bundle identifier」というエラーが出た場合は、Fig.3-35で設定したIDが使えない状態なので、IDを再設定してみてください。

`Fig.3-44` IDを再設定する

これでiOS用の設定は完了です。実行ボタンをクリックすると実機にインストールできます。

Fig.3-45 実機に転送する

実行ボタンを押した直後に次図のようなエラーが表示されたら、iPhoneで設定→プライバシーとセキュリティ→デベロッパモードを選択して、デベロッパモードをオンにしてください。

Fig.3-46 デベロッパモードをオンにする

また、「The run distination ●●のiPhone is not valid〜」というポップアップが出た場合、iPhoneのホーム画面を開き、「このコンピュータを信頼しますか?」という質問に対して信頼をタップしてください。実行中に次図のようなポップアップが出た場合は、パスワードを入力し、許可をクリックしてください。

Fig.3-47 アクセスを許可する

実行中、iPhoneの画面に「信頼されていないデベロッパ」と表示されるか、Xcodeに「Could not launch "アプリ名"」と表示された場合、設定→一般→VPNとデバイス管理を選択し、デベロッパAPPの欄から使用しているApple Accountを選択して、信頼ボタンをタップしてください。

iPhoneにロックが掛かっていると実機転送ができないので、解除しておきましょう。画面を縦方向に固定していると横向きの画面で表示されません。画面の固定は解除しておきましょう。

なお、インストールしたXcodeとUnityのバージョンによっては、上記の方法で動かない場合があります。解決方法は本書のサポートページ「https://isbn2.sbcr.jp/28192/」をご覧ください。

3-7-3 Androidビルドの方法

　Androidの場合もiOSと同様、UnityのプロジェクトからAndroid用の実行ファイルである「apkファイル」を作成し、それを実機に書き込みます。

　なお、プロジェクトの作成時に、Platforms欄で「Android」を選択してあるものとします（126ページ）。画面サイズもスマートフォンに合わせて設定してあるものとします（127ページ）。

　apkファイルには端末上で一意の名前を付ける必要があるため、その設定を行います。メニューバーからFile→Build Profilesを選択し、Build Profilesウィンドウの上部のPlayer Settingsボタンをクリックします。

Fig.3-48　Androidへの書き出し設定

❶File→Build Profilesを選択します。

❷Player Settingsをクリックします。

　Android端末に書き込むための設定ウィンドウが開くので、一番上のCompany Nameに英数字でご自身のお名前などを入力してください。作成したアプリは、ここで設定したCompany Nameとプロジェクト名のProduct Nameを合わせた「com.（Company Name）.（Product Name）」というIDが付きます。このIDは他の誰とも重複しないユニークなものにする必要があります。

Fig.3-49 Company Nameを入力する

❶Playerを選択します。　❷Company Nameにご自身のお名前などを英数字で入力します。

　入力できたらBuild Profilesウインドウに戻り、左側のPlatforms欄からScene Listを選択し、右側のScene Listにプロジェクトウィンドウの GameScene をドラッグ＆ドロップしてください。また、Scene ListにあるScenes/SampleSceneのチェックを外してください。これにより、作成したGameSceneのゲームがインストール対象になります。Scene Listの設定ができたら、左側からAndroidを選択してBuild And Runボタンをクリックしてください。これによりapkファイルの作成とAndroidへの書き込みを一括して行えます。

Fig.3-50 Androidプロジェクトへの書き出しを行う

❶Scene Listを選択します。　❹Androidを選択します。
❷Game SceneをScene Listにドラッグ＆ドロップします。　❸Scenes/SampleSceneのチェックを外します。　❺Build & Runをクリックします。

　「Build And Run」ボタンをクリックすると保存の画面が表示されるので、Save As欄に「Roulette_Android」（これがapkファイル名になります）と入力し、保存先に「Roulette」のプロジェクトフォルダを選択してください（Fig.3-51）。保存先はAssetsフォルダ以外であれば大丈夫です。右下のSaveボタンをクリックすると、apkファイルの作成と実機への書き込みがスタートします。Saveボタンを押した直後に「Unsupported Input Handling」という画面が表示された場合は、Yesをクリックして実機への書き込みを待ちます。

ビルドと書き込みが成功すると、自動的にAndroidアプリが起動します。一度パソコンで動くものを作ってしまえば、iOSとAndroid用にビルドするのは非常に簡単ですね！

Fig.3-51 実機へインストール

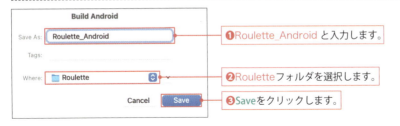

❶Roulette_Android と入力します。
❷Rouletteフォルダを選択します。
❸Saveをクリックします。

Fig.3-52 実機への書き込みを待つ

Yesをクリックしてください。

実機転送に失敗する場合は、Android本体側で開発者向けオプションを設定する必要があります。開発者向けオプションをオンにするためには、設定→デバイス情報を開き、ビルド番号 を複数回タップしてください。「デベロッパになりました」という文章が出てきたら、設定画面に戻り次の設定を行ってください。

・開発者向けオプションをオンにする
・USBデバッグをオンにする

Androidにロックが掛かっていると実機転送ができないので、解除してホーム画面を表示しておきましょう。実機への転送の際に「Android SDK is outdated」メッセージが表示された場合は、「Use Highest Installed」を選択して先に進んでください。

なお、インストールしたUnityのバージョンによっては、上記の方法で動かない場合があります。解決方法は本書のサポートページ「https://isbn2.sbcr.jp/28192/」をご覧ください（パソコンと実機をつないだけれども実機を認識しない、という場合の解決方法も載せています）。

3章では占いルーレットの作成を通して、Unityの使い方、スクリプトの作り方、動くオブジェクトの作成方法などを学びました。4章ではUIなどの要素も考慮した、もう少しゲーム性の高いものに挑戦しますので、お楽しみに！

> Tips < 作ったゲームが実機で表示されない

作成したゲームが実機で表示されない場合、Scene ListのScenes/SampleSceneのチェックを外し忘れていないか、GameSceneを追加しているかを確認してください。SampleSceneにチェックが入っていると、このシーンがインストールされるため、Unityのデフォルト画面が表示されてしまいます。

> Tips < コンポーネントに慣れよう

詳しくは4章で説明しますが、Unityを理解するには「コンポーネント」を理解する必要があります。コンポーネントは、ゲームオブジェクトをアップグレードするパーツのようなもので、ゲームオブジェクトにコンポーネントをくっつけることで、さまざまな機能を追加することができます。3章で作っている「スクリプト」もコンポーネントの一種です。スクリプトをルーレットオブジェクトにくっつけることで回るようになりましたね。

Fig.3-53 スクリプトをアタッチする

これと同様に、「Audio Sourceコンポーネント」をルーレットオブジェクトにくっつけると音楽が鳴るようになり、「パーティクルコンポーネント」をくっつけるとキラキラとエフェクトが表示されるようになります。

Fig.3-54 コンポーネントで機能追加

ここでは、Unityに用意されているコンポーネントを使えば簡単に機能追加ができることと、スクリプトもコンポーネントの一種であることを覚えておいてください。

Chapter 4
UIと監督オブジェクト

ゲームの進行や状態を表示する
メッセージなどの作り方を学びましょう！

この章では「寸止めゲーム」を作ります。得点などを表示するUI
や効果音など、ゲームらしい要素の作り方を紹介していきます。

> この章で学べる項目

- UIの作り方
- 効果音の鳴らし方
- コンポーネントの役割
- スワイプ操作の作り方

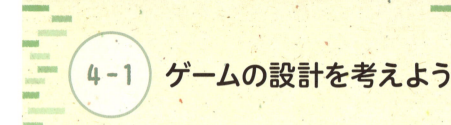

4-1 ゲームの設計を考えよう

　3章はサンプル要素が強かったので、4章からはもう少しゲームっぽくするために、UIを表示したり、効果音を鳴らしたりと、さまざまな要素を取り入れていきます。ただし、一度にすべてを学ぶのは大変です。そこで、この章では3章よりも少し複雑なサンプルを作りながら、UIの表示や監督オブジェクトの作成方法などを一歩ずつ学びましょう。

4-1-1 ゲームの企画を作る

　4章では、車を旗のぎりぎり手前で止める「寸止めゲーム」を作ります。完成図はFig.4-1のようになります。ゲーム開始直後、画面左下に車が表示されており、画面をスワイプすると車が走り始め、徐々に減速して止まります。スワイプの長さを変えることで、車の走行距離を変えることができます。画面右下には旗を表示して、画面中央には車と旗の距離を表示します。

Fig.4-1　これから作るゲームの画面

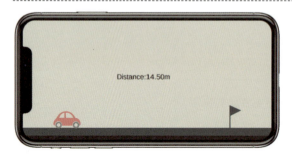

4-1-2 ゲームの部品を考える

　Fig.4-1のゲームイメージをもとに、ゲームの設計を考えてみましょう。今回も3章と同様に、次の5ステップで考えていきます。

- Step❶　画面上のオブジェクトをすべて書き出す
- Step❷　オブジェクトを動かすためのコントローラスクリプトを決める
- Step❸　オブジェクトを自動生成するためのジェネレータスクリプトを決める

Step❹　UIを更新するための監督スクリプトを用意する

Step❺　スクリプトを作る流れを考える

🐟 ステップ① 画面上のオブジェクトをすべて書き出す

まずは画面上にあるオブジェクトを書き出します。Fig.4-1を見て、どのようなオブジェクトがあるかを考えてみましょう。ここでは「車」と「旗」、見落としがちですが「地面」、「距離を表示するUI」が挙げられます。

Fig.4-2　画面上のオブジェクトを書き出す

🐟 ステップ② オブジェクトを動かすためのコントローラスクリプトを決める

次に、ステップ①で書き出したオブジェクトのなかから、動くオブジェクトを探しましょう。車は走るので動くオブジェクトに分類できそうです。旗と地面は動きません。車と旗の距離を表示する**UIの表示内容は変化しますが、表示場所が移動するわけではないので、動くオブジェクトには含めません。**

Fig.4-3　動くオブジェクトを探す

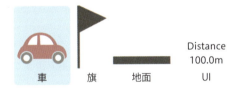

3章でも書いた通り、動くオブジェクトには、オブジェクトの動きを制御する台本（スクリプト）が必要です。ここでは車の動きを制御するため、「車コントローラ」が必要になります。

必要なコントローラスクリプト
・車コントローラ

ステップ③ オブジェクトを自動生成するためのジェネレータスクリプトを決める

このステップではゲーム中に生成されるオブジェクトを探します。今回もゲームを実行している時に生成されるオブジェクトはなさそうです。

ステップ④ UIを更新するための監督スクリプトを用意する

演劇の場合、監督が劇の進行状況を把握して俳優達に指示を出します。これと同様に、ゲームを滞りなく進めるためには監督スクリプトが必要です。監督スクリプトは**ゲーム全体に目を通してUIを書き換えたり、ゲームオーバを判定したりします**。今回のゲームでは、車と旗の距離をUIに表示する必要があるため、監督スクリプトを作成します。

Fig.4-4 監督スクリプトの役割

必要な監督スクリプト
・UIを書き換えるための監督

ステップ⑤ スクリプトを作る流れを考える

3章と同様、各スクリプトをもとにして、どのようにゲームを作っていくかを考えます。基本的には「**コントローラスクリプト**」→「**ジェネレータスクリプト**」→「**監督スクリプト**」の順番で作っていくのでしたね。

Fig.4-5 スクリプトを作る流れ

4章で作るスクリプトは「車コントローラ」と「ゲームシーン監督」の2つです。**この2つのスクリプトさえ作れば、本章のゲームが動くようになります。**

車コントローラ

スワイプで走り始めるようにし、徐々に減速して停止させます。また、スワイプの長さによって走る距離が変化するようにします。

ゲームシーン監督

「車」と「旗」の座標を調べて、その差分を距離としてUIに表示します。

4章で作成する「車」は、見た目は違いますが3章で作成したルーレットとほぼ同じ手順で作ることができます。**動くオブジェクトの作り方は、どのようなオブジェクトでも変わらないので、繰り返し練習して流れを覚えましょう！** 今回作るゲームは動くオブジェクトに加えて、UIも使っています。UIの作成手順も動くオブジェクトと同様、ゲームによって変わることはないので、しっかりと覚えましょう。全体の流れをまとめるとFig.4-6のようになります。

Fig.4-6　ゲームを作る流れ

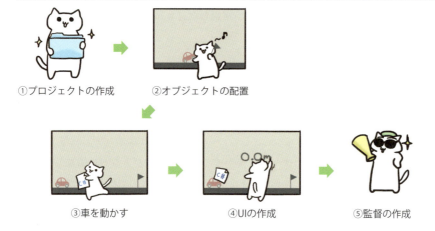

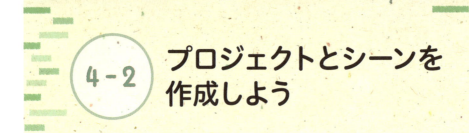
4-2 プロジェクトとシーンを作成しよう

①プロジェクトの作成　②オブジェクトの配置　③車を動かす　④UIの作成　⑤監督の作成

4-2-1 プロジェクトの作成

　プロジェクトの作成から始めましょう。Unity Hubを起動した時に表示される画面から新しいプロジェクトをクリックしてください。

　テンプレートの項目は「Universal 2D」を選択し、プロジェクト名は「SwipeCar」と入力してください。また、保存場所を決めて、Unity Cloud に接続のチェックを外してください。画面右下の青色のプロジェクトを作成ボタンをクリックすると、指定したフォルダにプロジェクトが作成され、Unityエディターが起動します。

テンプレートの選択→Universal 2D
プロジェクトの作成→SwipeCar

🐟 プロジェクトに素材を追加する

　Unityエディターが起動したら、今回のゲームで使用する素材をプロジェクトに追加しましょう。ダウンロードした素材データの「chapter4」フォルダを開いて、中身の素材をすべてプロジェクトウィンドウにドラッグ＆ドロップしてください。

> **URL** 本書のサポートページ
> https://isbn2.sbcr.jp/28192/

`Fig.4-7` 素材を追加する

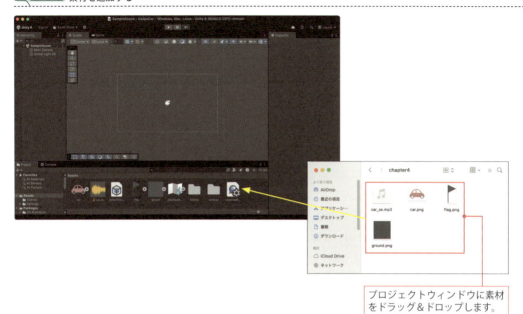

プロジェクトウィンドウに素材をドラッグ＆ドロップします。

使用する各ファイルの役割は以下の通りです。

`Table 4-1` 使用する素材の形式と役割

ファイル名	形式	役割
car.png	pngファイル	車の画像
ground.png	pngファイル	地面の画像
flag.png	pngファイル	旗の画像
car_se.mp3	mp3ファイル	車の効果音

`Fig.4-8` 使用する素材

car.png

car_se.mp3

flag.png

ground.png

4-2-2 スマートフォン用に設定する

スマートフォン用にビルドするための設定をします。メニューバーからFile→Build Profilesを選択します。Build Profilesウィンドウが開くので左側のPlatforms欄から「iOS（Android用にビルドする場合はAndroid）」を選択して、Switch Platformボタンをクリックします。詳しい手順は3章を参照してください（126ページ）。

画面サイズの設定

続けて、ゲームの画面サイズを設定しましょう。Gameタブをクリックし、ゲームビュー左上にある画面サイズ設定のドロップダウンリストを開き、**対象となるスマートフォンの画面サイズに合ったもの**を選択してください。本書では「iPhone 12 Pro 2532×1170 Landscape」を選択しています。詳しい手順は3章を参照してください（127ページ）。

4-2-3 シーンを保存する

続いてシーンを作成します。メニューバーからFile→Save Asを選択し、シーン名を「GameScene」として保存してください。保存できるとプロジェクトウィンドウに、シーンのアイコンが出現します。詳しい手順は3章を参照してください（128ページ）。

シーンの作成→GameScene

Fig.4-9 シーンの作成までを行った状態

シーンが保存されます。

4-3 シーンにオブジェクトを配置しよう

①プロジェクトの作成　②オブジェクトの配置　③車を動かす　④UIの作成　⑤監督の作成

4-3-1 地面の配置

4-3節では、ゲームに必要なオブジェクトをシーンに配置していきます。ここで配置するのは、「地面」「車」「旗」の3つです。スプライトの配置の流れは3章と同じですので、サクッと進めましょう（2Dゲームで使う画像のことを「スプライト」と呼びます）。

まずはシーンに地面を配置します。Sceneタブをクリックして、プロジェクトウィンドウから地面の画像「ground」をシーンビューにドラッグ＆ドロップしてください。シーンビューにスプライトが表示され、ヒエラルキーウィンドウに「ground_0」と表示されます。

Fig.4-10 地面をシーンに追加する

❶Sceneをクリックします。
❷groundをシーンビューにドラッグ＆ドロップします。
❸ヒエラルキーウィンドウに「ground_0」が表示されます。

続いて**地面の位置と大きさをインスペクターで調整します**。ヒエラルキーウィンドウでground_0を選択すると詳細情報がインスペクターに表示されるので、配置する座標と大きさを指定します。Transform項目のPositionに「0, -5, 0」と設定し、Scaleに「18, 1, 1」と設定します（Fig.4-11）。

インスペクターの値に合わせて、シーンビュー上の地面の位置と大きさが変わります。

Fig.4-11 地面の座標と大きさを変更する

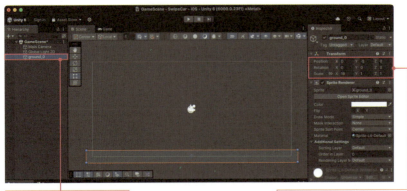

❶ground_0を選択します。
❷Positionを0, -5, 0、Scaleを18, 1, 1に設定します。

4-3-2 車の配置

次に「車」を配置します。車の画像「car」をシーンビューにドラッグ&ドロップしてください。シーンビューに車のスプライトが表示され、ヒエラルキーウィンドウに「car_0」と表示されます。

Fig.4-12 車をシーンに追加する

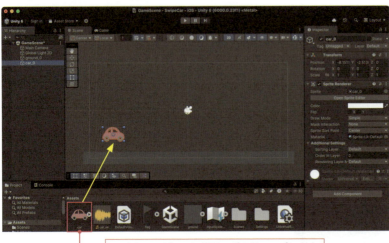

carをシーンビューにドラッグ&ドロップします。

続いて車の位置をインスペクターで調整します。先ほどと同様に、ヒエラルキーウィンドウでcar_0を選択し、インスペクターから座標を指定します。Transform項目のPositionを「-7, -3.7, 0」に設定します。

Fig.4-13 車の座標を変更する

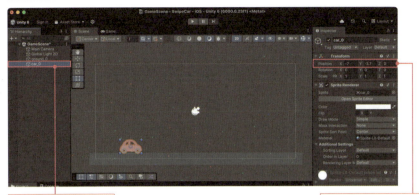

❶car_0を選択します。
❷Positionを-7, -3.7, 0に設定します。

4-3-3 旗の配置

最後に「旗」を配置します。旗の画像「flag」をシーンビューにドラッグ＆ドロップしてください。旗のスプライトに対応する「flag_0」がヒエラルキーウィンドウに表示されます。

続いて旗の位置をインスペクターで調整します。ヒエラルキーウィンドウでflag_0を選択して、インスペクターで座標を指定します。Transform項目のPositionを「7.5, -3.5, 0」に設定します。

Fig.4-14 旗をシーンに追加して座標を調整する

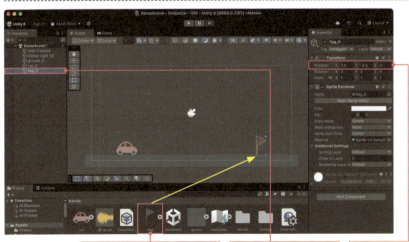

❶flagをシーンビューにドラッグ＆ドロップします。
❷flag_0を選択します。
❸Positionを7.5, -3.5, 0に設定します。

4-3-4 背景色の変更

背景色が青色だと美しくないので、もう少し淡い色にしましょう。**背景色はカメラオブジェクトのインスペクターから変更する**ことができました（132ページ）。ヒエラルキーウィンドウでMain Cameraを選択し、インスペクターからCamera項目の▶Environmentをクリックして展開し、Backgroundのカラーバーをクリックしてやりウィンドウを表示します。今回は背景色に「DEDBD2」を指定しましょう。

Fig.4-15 背景色を変更する

ここまでできたら、ゲームを実行して結果を確認してみましょう。Unityエディター上部の実行ボタンを押してください。配置したオブジェクトと設定した背景色がちゃんと表示できていますね！

Fig.4-16 ゲームを実行してみる

4-3節ではゲームに必要な画像を配置して、背景色も変更しました。さすがに3回も「画像の配置」→「インスペクターで座標設定」を繰り返すと、Unityの操作にも慣れてきたのではないでしょうか。この調子で次は車を動かしてみましょう！

4-4 スワイプで車を動かす方法を考えよう

① プロジェクトの作成　② オブジェクトの配置　③ 車を動かす　④ UIの作成　⑤ 監督の作成

4-4-1 車のスクリプトを作る

4-4節では車を動かします。車を動かすには、車の動かし方を書いた台本（コントローラスクリプト）が必要です。そこで「動くオブジェクトの作り方」にしたがって、車の台本を作成して車オブジェクトにアタッチしましょう。

> 🐾 **動くオブジェクトの作り方** 重要！
> ❶ シーンビューにオブジェクトを配置します。
> ❷ オブジェクトの動かし方を書いたスクリプトを作成します。
> ❸ 作成したスクリプトをオブジェクトにアタッチします。

ここまでの手順でオブジェクトの配置はできているので、スクリプトの作成から行います。

Fig.4-17 車の台本を作る

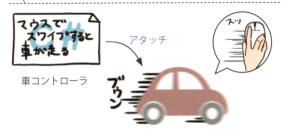

最終的にはスワイプした長さに応じて車の移動距離を決めたいのですが、最初から難しいことをしようとすると、何から始めてよいかわからなくなってしまいます。そこで、**まずは画面をクリックすると車が動き出し、徐々に減速して止まる**ところまで作成します。車が走り出して止まるという動作は、3章のルーレットが回転して止まる動作と同様の仕組みで作れそうですね！

では、「マウスをクリックすると車が走り出して止まる」スクリプトを作成しましょう。

プロジェクトウィンドウ内で右クリックし、Create→Scripting→MonoBehaviour Scriptを選択してスクリプトファイルを作成します。作成したスクリプトのファイル名は「CarController」に変更します。

スクリプトの作成→CarController

ファイル名を変更したらプロジェクトウィンドウのCarControllerをダブルクリックして開き、開いたファイルにList 4-1のスクリプトを入力・保存してください。

List 4-1 「マウスをクリックすると車が走り出して止まる」スクリプト

```
1  using UnityEngine;
2  using UnityEngine.InputSystem;   // 入力を検知するために必要!!
3
4  public class CarController : MonoBehaviour
5  {
6      float speed = 0;
7
8      void Start()
9      {
10         Application.targetFrameRate = 60;
11     }
12
13     void Update()
14     {
15         if (Mouse.current.leftButton
               .wasPressedThisFrame)             // マウスがクリックされたら
16         {
17             this.speed = 0.2f;                // 初速度を設定
18         }
19
20         transform.Translate(this.speed, 0, 0);  // 移動
21         this.speed *= 0.98f;                    // 減速
22     }
23 }
```

List 4-1のスクリプトは3章で作ったルーレットの回転の仕組みとほぼ同じです。2行目では、ユーザの入力を検知するため、using UnityEngine.InputSystem;を追加しています。車の速度はspeed変数で管理します。ゲーム開始時はspeedが「0」なので車は動きませんが、マウスをクリックするとspeedに値が設定され車が移動を始めます(Fig.4-18)。車の移動にはTranslateメソッドを使い、speedに設定された速さで車が移動しています。

Translateは、ゲームオブジェクトを現在の座標から引数に与えた量だけ移動させるメソッドです。**引数は座標を直接示しているわけではありません。現在の座標からの「相対的な移動量」を示しています。**つまり、Translate(0, 3, 0)と書いた場合、「0, 3, 0」の座標に移動するのでは

なく、現在の地点からY方向に「3」進みます（Fig.4-19）。

Fig.4-18 車の移動の仕組み

Fig.4-19 Translateの働き

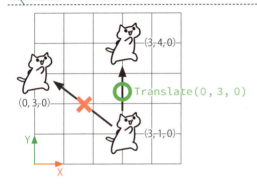

車を徐々に減速させるために、21行目で減速の処理を行っています。速度の変数に「0.98」を掛けて、フレームごとに徐々に速度を落としています。この処理も3章のルーレットの減速方法と同じですね。

また今回も、Startメソッドでフレームレートを60に固定することで、ゲームの実行速度がパソコンの性能によらないようにしています。

> やってみよう！
> 初速度の「0.2」（17行目）や減衰係数の「0.98」（21行目）の値を変えることで、車の挙動が大きく変わります。通常のゲーム作りでは最後に、**ゲームを手触りのよいものにするため、これらのパラメータをすべて調整します**。この段階で自分の好みにパラメータを調整してみるのもよいでしょう。

4-4-2　スクリプトを車オブジェクトにアタッチする

先ほど作成した車コントローラを、車のオブジェクトにアタッチします（アタッチとは役者さんに台本を渡すようなことでしたね）。プロジェクトウィンドウのCarControllerをヒエラルキーウィンドウのcar_0にドラッグ＆ドロップします（Fig.4-20）。

Fig.4-20 「car_0」にスクリプトをアタッチする

❶CarControllerをcar_0に
ドラッグ&ドロップします。

❷「car_0」オブジェクトに「CarController」
スクリプトがアタッチされます。

車にスクリプトがアタッチできた（役者に台本が渡せた）ので、クリックで車が動くことを確認しましょう。ゲームを実行して、画面上でクリックすると車が走り出します！

Fig.4-21 ゲームを実行してみる

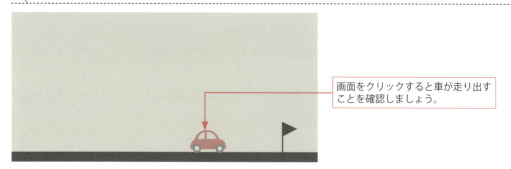

画面をクリックすると車が走り出すことを確認しましょう。

4-4-3 スワイプの長さに応じて車の移動距離を変える

　車は動くようになりましたが、移動距離が毎回同じなので、これではゲームになりません。そこで、スワイプの長さに応じて車の移動距離が変わるようにしましょう。なお、ここでは、スマートフォンでのスワイプと整合性を取るために、**マウスのドラッグ動作をスワイプとします。**

　スワイプの長さ（＝ドラッグの長さ）に応じて車の移動距離を変えるためには、**スワイプの長さを車の初速度（List 4-1の17行目）に設定**すればよさそうです。

スワイプが短いと初速度が小さくなって少しの距離だけ走り、スワイプが長いと初速度が大きくなって長距離走ります。

Fig.4-22 スワイプの長さと走行距離

では、スワイプの長さをどうやって計算するか考えてみましょう。**クリックを開始した座標と、クリックが終わった座標がわかれば、その差がスワイプの長さとして使えそうです。**クリック開始と終了時のタイミングは、Mouse.current.leftButton.wasPressedThisFrame と Mouse.current.leftButton.wasReleasedThisFrame（138ページ）で取得できます。それぞれのタイミングでマウスの座標（Mouse.current.position.value）を取得して、これらの差分を計算することで、スワイプの長さを求めます。

Fig.4-23 スワイプの長さの求め方

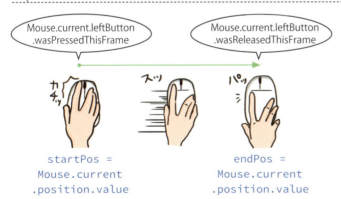

スワイプの長さを求める処理をスクリプトに実装しましょう。プロジェクトウィンドウのCarControllerをダブルクリックして開き、スクリプトをList 4-2のように修正してください。

List 4-2 「スワイプの長さで移動距離を決める」スクリプト

```csharp
using UnityEngine;
using UnityEngine.InputSystem;

public class CarController : MonoBehaviour
{
    float speed = 0;
    Vector2 startPos;

    void Start()
    {
        Application.targetFrameRate = 60;
    }

    void Update()
    {
        // スワイプの長さを求める
        if (Mouse.current.leftButton.wasPressedThisFrame)
        {
            // マウスをクリックした座標
            this.startPos = Mouse.current.position.value;
        }
        else if (Mouse.current.leftButton.wasReleasedThisFrame)
        {
            // マウスを離した座標
            Vector2 endPos = Mouse.current.position.value;
            float swipeLength = endPos.x - this.startPos.x;

            // スワイプの長さを初速度に変換する
            this.speed = swipeLength / 500.0f;
        }

        transform.Translate(this.speed, 0, 0);
        this.speed *= 0.98f;
    }
}
```

　Updateメソッドのなかで、クリックの開始地点（Mouse.current.leftButton.wasPressedThisFrame）と終了地点（Mouse.current.leftButton.wasReleasedThisFrame）の座標を検出し、開始点の座標を「startPos」、終了点の座標を「endPos」に代入します。Mouse.current.position.valueには、Mouse.current.leftButton.wasPressedThisFrameやMouse.current.leftButton.wasReleasedThisFrameが「true」になった時点のマウスの座標が入っています。

　26行目では、この2点間のX軸方向の距離をスワイプの長さとしています。29行目で、このスワイプの長さを車の速度に変換しています。

　画面上部の実行ボタンを押してゲームを実行し、スワイプの長さに応じて車の走行距離が変わることを確認しましょう。

Fig.4-24 スワイプの長さによって走行距離が変わる

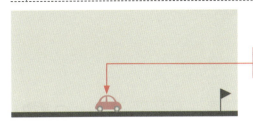

スワイプの長さに応じて走行距離が変化することを確認しましょう。

　コントローラスクリプトを使って車が動くようになりました！ スクリプトを作る時のコツは、**「簡単な動きから始めて、徐々に機能追加」**です！ 複雑処理が必要なスクリプトでも、最初は単純な実験スクリプトから始めて機能追加していけば、比較的簡単に作成できます。次の4-5節では、車が旗の手前で停止したのか、通り過ぎたのかがわかるように、旗と車の距離を表示するUIを作成します。

> やってみよう！
>
> 　29行目で、スワイプの長さを初速度に設定する時に「500.0」で割っていますが、この値を変えると車の初速度が変化します。車の速度や移動距離を変えたい時は、この数値を変更してみてください。

Tips　ワールド座標系とローカル座標系

　ワールド座標系とは、ゲーム世界のどこにオブジェクトがあるのかを示すための座標系です。これまでインスペクターで設定していた座標はワールド座標系です。一方、ローカル座標系とは、ゲーム中のオブジェクトが個別に持つ座標系のことです。

　Translateメソッドを使った場合の移動方向はワールド座標系ではなく、ローカル座標系で計算されます。したがって、オブジェクトが回転している場合には、回転した座標系で方向が計算されます。オブジェクトの回転と移動を同時に行う場合には注意してください。

Fig.4-25 ワールド座標系とローカル座標系

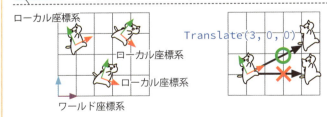

4-5 UIを表示しよう

4-5-1 UIの設計方針

UI（ユーザインターフェイス）は**ゲームの状態や進行状況を表示する**もので、ユーザが気持ちよくゲームを進めるために重要な役割を果たします。UnityではUI部品のパッケージ（Unityでよく使う機能をまとめたもの）が提供されており、簡単にUIの設計が行えます。本節ではUI部品を使って、**車から旗までの距離を表示**します。UIの作成手順は次の通りです。

> 🐾 **UIの作り方** 重要!
> ❶UIの部品をシーンビューに配置します。
> ❷UIを書き換える監督スクリプトを作成します。
> ❸監督オブジェクトを作り、作成したスクリプトをアタッチします。

まずは、使用するUI部品を画面上に配置します。今回は**車と旗の距離をテキストで表示**するので、TextMeshPro（テキスト表示用のパッケージ）のTextを使います。Textが配置できたら、Textの表示を更新する監督スクリプトを作成し、監督オブジェクトにアタッチします。

4-5節では❶のUI部品を配置する手順を説明し、4-6節で❷と❸の手順を説明します。

4-5-2 テキストを使って距離を表示する

車と旗の距離を表示するテキストのUIを作成します。ヒエラルキーウィンドウの＋→UI→Text - TextMeshProを選択します。TMP Importerというウィンドウが表示されるので、Import TMP Essentialsボタンクリックし、インポートが終わったらウィンドウを閉じてください。ヒエラルキーウィンドウにCanvasという名前のオブジェクトが追加され、そのCanvasの下にText（TMP）が作成されます。

Fig.4-26 テキストを作成する

UIの設計画面は、**通常のゲーム設計画面のサイズよりもはるかに大きい**ので、追加したテキストがシーンビュー上で見当たらない場合があります。その場合は、ヒエラルキーウィンドウで「Text(TMP)」をダブルクリックしてみてください。すると「New Text」の文字がシーンビューの中央に表示されます。

UIの設計画面は、シーンビュー上では非常に大きく表示されますが、**実際の大きさはゲーム画面と対応しています**。実行してみるとUIだけ画面からはみ出してしまうということはありません。

Fig.4-27 ゲームの設計画面とUIの設計画面の大きさの違い

ヒエラルキーウィンドウでText(TMP)の名前を変更して「distance」にしておきましょう。ヒエラルキーウィンドウでText(TMP)を選択し、再度クリックすると名前の編集状態になります。その状態で「distance」に変更します。編集した後に、Enterキーを押すと名前を確定できます。

Fig.4-28 「Text(TMP)」の名前を変更する

続いて、distanceの位置とサイズを調整します。ヒエラルキーウィンドウでdistanceを選択し、インスペクターからRect Transform項目のPosを「0, 0, 0」、Width・Heightを「900, 80」、Font Sizeを「64」、Vertex ColorのカラーバーをクリックしてHexadecimalを「292020」、Alignmentの横方向をCenter、縦方向をMiddleで設定します。

Fig.4-29 距離表示用のUIの設定

Text(TMP)を配置する際、Rect Transformの「Width」と「Height」の値が、表示する文章に必要なサイズよりも小さいと、画面にテキストが正しく表示されないので注意してください。

UIの部品をシーンに配置できたので、ゲームを実行してみて画面中央に「New Text」と表示されていることを確認しましょう。次の4-6節では「New Text」の部分に車と旗の距離を表示します！

Fig.4-30 UIの配置結果

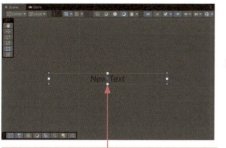

❶シーンビューはこのように表示されています。

❷ゲームを実行して、「New Text」が画面中央に表示されることを確認してください。

> Tips EventSystemとは？

UIオブジェクトを追加すると、ヒエラルキーウィンドウにCanvasと一緒にEventSystemが追加されます。このEventSystemはユーザの入力をUI部品へと中継するオブジェクトで、UI部品を使う時は必ず1つ必要になります。EventSystemを使うことで、入力の割り当てや無効化など、キーやマウスの設定の変更ができます。

> Tips Rect Transformとは？

UIでは部品の座標を表すために、TransformではなくRect Transformが使われています。これらの違いは、Transformが「位置」「回転」「サイズ」を変更できるのに対して、Rect Transformは「位置」「回転」「サイズ」に加えて、ピボットとアンカーを変更できます。ピボットとは回転や拡大・縮小時に使う中心座標です。また、アンカーとはUI部品を置く時に基準となる位置を指定するものです。詳しくは5章で説明します。

4-6 UIを書き換える監督を作ろう

① プロジェクトの作成　② オブジェクトの配置　③ 車を動かす　④ UIの作成　⑤ 監督の作成

4-6-1 UIを書き換えるスクリプトを作る

　UIテキストは配置できましたが、常に「New Text」と表示していても意味がありません。そこで「New Text」の部分に「車」と「旗」の距離を表示するための監督スクリプトを作成しましょう。監督スクリプトはシーンビュー上の「車」と「旗」の座標を調べて、その距離を先ほど作成したUIテキストに表示します。

Fig.4-31 監督スクリプトの役割

　まずは監督スクリプトを作成しましょう。プロジェクトウィンドウを右クリックしてCreate→Scripting→MonoBehaviour Scriptを選択し、作成されたスクリプトファイルの名前を「GameDirector」に変更します。

スクリプトの作成→GameDirector

　続いて、作成したGameDirectorをダブルクリックして開き、List 4-3のスクリプトを入力・保存してください。

List 4-3 「距離情報を表示する」スクリプト

```csharp
using UnityEngine;
using TMPro;   // TextMeshProを使うために必要！

public class GameDirector : MonoBehaviour
{
    GameObject car;
    GameObject flag;
    GameObject distance;

    void Start()
    {
        this.car = GameObject.Find("car_0");
        this.flag = GameObject.Find("flag_0");
        this.distance = GameObject.Find("distance");
    }

    void Update()
    {
        float length = this.flag.transform.position.x -
            this.car.transform.position.x;
        this.distance.GetComponent<TextMeshProUGUI>().text =
            "Distance:" + length.ToString("F2") + "m";
    }
}
```

2行目に`using TMPro;`を追加しています。これはTextMeshProを扱う時には必要になります。

監督スクリプトは、「車」と「旗」の位置を調べて距離を計算し、その結果を「UI」に表示します。そのためにはスクリプト内で「車」と「旗」と「UI」のオブジェクトを扱える必要があります。そこで、6～8行目で「車」「旗」「UI」に対応するGameObject型の変数を用意しています。ただし、この時点ではGameObject型の箱を作っただけなので中身は空っぽです。

Fig.4-32 オブジェクトを格納する変数を宣言する

これらの箱に対応するオブジェクトをシーン中から見つけて入れなくてはいけません。オブジェクトを探すために、UnityにはFindメソッドが用意されています。**Findメソッドはオブジェクト名を引数に取り、引数名と同じものがゲームシーン中にあれば、そのオブジェクトを返してくれます。**

Fig.4-33 Findメソッドの働き

シーン中から見つけた「車」と「旗」オブジェクトのそれぞれのX座標を、`car.transform.position.x`と`flag.transform.position.x`として取得しています（19行目）。この書き方の意味は本節の最後のTipsで紹介するので、ここでは**ゲームオブジェクトの座標は、「ゲームオブジェクト名.transform.position」で取得できる**と覚えておきましょう。

19行目で求めた距離を、distanceオブジェクトの持つ`TextMeshProUGUI`コンポーネントに20行目で代入しています。19～20行目のスクリプトは、今の段階では暗号のように感じると思います。この2行の意味を理解するには、Unityのコンポーネントについての理解が必須です。コンポーネントの説明は本節の最後のTipsで行います。ここでは「車」と「旗」の距離を小数点第2位まで表示するため、`ToString`メソッドを使って書式設定をしている部分だけ理解しておきましょう。

ToStringは数値を文字列に変換するメソッドです。引数には数値を表示する時の書式を指定することができます。引数に与える書式として代表的なものを、次のTable 4-2にまとめておきます。

Table 4-2 ToStringで使う書式指定子

書式指定子	説明	例
整数型　D［桁数］	整数を表示する場合に使用する。指定した桁数に満たない場合は、左側にゼロが挿入される	(456).ToString("D5") → 00456
固定小数点型　F［桁数］	小数を表示する場合の小数点以下の桁数を指定する。端数は四捨五入される	(12.7428).ToString("F3") → 12.743

また、3章や4章で新しくスクリプトを作った時、いつもStartメソッドでフレームレートを60に固定してきましたが、この処理は1つのプロジェクトのなかで一度やればよいので、このスクリプトでは追加の必要はありません。

4-6-2 スクリプトを監督オブジェクトにアタッチする

台本は、役者に渡してはじめて役に立つように、スクリプトはオブジェクトに渡してはじめて役に立ちます。でも、今は監督スクリプトを渡すオブジェクトがいません。そこで、まっさらな「空のオブジェクト」を作り、そのオブジェクトにスクリプトを渡しましょう。**まっさらな空のオブジェクトは監督スクリプトを渡すことで監督オブジェクトに変身し、監督の役割を果たしてくれるのです。**

Fig.4-34 監督スクリプトをアタッチ

ヒエラルキーウィンドウの＋→Create Emptyを選択して、空のオブジェクトを作成します。作成するとヒエラルキーウィンドウにGameObjectが作成されるので、名前を「GameDirector」に変更します。

Fig.4-35 空のオブジェクトを作る

❶＋をクリックします。
❷Create Emptyを選択します。

❸作成されたオブジェクトの名前をGameDirectorに変更します。

作成したGameDirectorオブジェクトに、GameDirectorスクリプトをアタッチしましょう。Fig.4-36のように、プロジェクトウィンドウのGameDirectorスクリプトを、ヒエラルキーウィンドウにあるGameDirectorオブジェクトにドラッグ＆ドロップしてください。なお、ここではアタッチするスクリプトとオブジェクトが同じ名前になっていますが、必ずしも一致している必要はありません。

Fig.4-36 空のオブジェクトにスクリプトをアタッチする

❶GameDirectorスクリプトをGameDirector
オブジェクトにドラッグ＆ドロップします。

❷「GameDirector」がアタッチされます。

　ゲームを実行してみましょう。監督の指示によって、UIに車と旗の距離がリアルタイムで反映されるようになりました！

Fig.4-37 UIに車と旗の距離が表示される

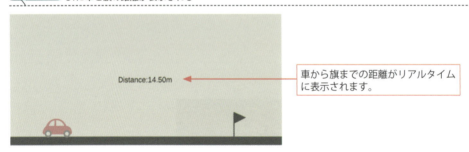

車から旗までの距離がリアルタイムに表示されます。

　監督の作成手順をまとめておきます。多くのゲームにおいて、UIは監督が制御することになります。「監督の作り方」も「動くオブジェクトの作り方」と同じく定石の手順になります。しっかりと理解して、使いこなせるようになってください！

🐾 監督の作り方 重要!
❶監督スクリプトを作成します。
❷空のオブジェクトを作ります。
❸空のオブジェクトに監督スクリプトをアタッチします。

> **やってみよう！**
>
> ゲームにおいて、チャレンジが成功したのか？ 失敗したのか？ をちゃんと提示してあげることはとても大切です。今回作ったゲームの場合、車が旗を通り越してしまったら、画面上に「GameOver」と表示したいですね。「GameDirector」のUpdateメソッドを少し書き換えてみましょう（ここでは修正するUpdateメソッドのみを示します）。
>
> ```
> void Update()
> {
>     float length = this.flag.transform.position.x -
>         this.car.transform.position.x;
>     if (length >= 0)
>     {
>         this.distance.GetComponent<TextMeshProUGUI>().text =
>             "Distance:" + length.ToString("F2") + "m";
>     }
>     else
>     {
>         this.distance.GetComponent<TextMeshProUGUI>().text = "GameOver";
>     }
> }
> ```
>
> ここで修正したところは、「車」と「旗」の距離（length）を見て、距離が「0」以上の場合はゴールまでの距離を表示し、距離が「0」未満の場合にはGameOverと表示する点です。このように、監督はUIの更新を行うだけでなく、ゲーム状況の把握やゲームオーバの判定なども行います。

>Tips< コンポーネントってどういうもの？

ここでは、本節で説明しきれなかったコンポーネントのお話をしたいと思います。4章では車オブジェクトの座標にアクセスする際にcar.transform.position.xと書きました。車の座標なので「car.position」と書いてもよさそうなものですが、実際には「trasform」という変数が間に入っています。この「transform」は何者で、どこからやってきたのでしょうか？ それを、このTipsで詳しく説明したいと思います。

UnityのオブジェクトはGameObject**という空の箱に、設定資料（コンポーネント）を追加（アタッチ）することで機能追加することができます**。例えば、オブジェクトに物理挙動をさせたい場合は、Rigidbodyコンポーネントをアタッチし、音を鳴らしたい時には4-7節に出てくるAudio Sourceコンポーネントをアタッチします。独自機能を追加したい時には、スクリプトコンポーネントをアタッチします（コントローラスクリプトや監督スクリプトもコンポーネントの一種です）。

また、オブジェクトの座標や回転を管理するコンポーネントとしてTransformコンポーネントがあります。Audio SourceコンポーネントがCDプレイヤのようなものであるのに対して、Transformコンポーネントはハンドルのようなもので、座標や回転、移動といったオブジェクトの動きに関する機能を提供します。

Fig.4-38 コンポーネントの考え方

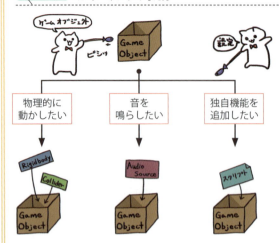

　これをふまえて冒頭の car.transform.position.x を見てみましょう。これは**車オブジェクト（car）にアタッチされたTransformコンポーネントが持つ座標（position）の情報**にアクセスしているのです。これで、transform変数が必要な謎が解けました！

Fig.4-39 Transformコンポーネントの役割

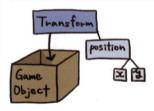

　では、もう少し詳しいお話をしていきます。スクリプト中で「Transformコンポーネント」は「transform」と書きました。ではAudio Sourceコンポーネントなら「audioSource」、Rigidbodyコンポーネントなら「rigidbody」と書けるのでしょうか？　残念ながらTransformを除いて、このように書けるコンポーネントはほとんどありません。

Fig.4-40 コンポーネントへのアクセス方法

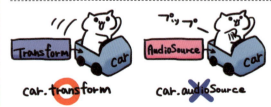

では、どのようにしてコンポーネントにアクセスすればよいのでしょうか。この問題を解決してくれるのが4-6節で登場したGetComponentメソッドです。GetComponentはゲームオブジェクトに対して「○○コンポーネントをください！」とお願いすると、該当するコンポーネントを返してくれるメソッドです。Audio Sourceコンポーネントが欲しければ、GetComponent<AudioSource>()、TextMeshProUGUIコンポーネントが欲しければ、GetComponent<TextMeshProUGUI>()と書きます。

`Fig.4-41` GetComponentでコンポーネントを取得する

　ただ、座標を取得するためだけに毎回「GetComponent<Transform>()」と書くのは面倒くさいですよね。そこで、よく使うTransformコンポーネントには、「GetComponent<Transform>」の簡単な書き方としてtransformが用意されているのです。つまりtransformイコールGetComponent<Transform>()と考えられます。

　また、自分で作ったスクリプトもコンポーネントの一種ですので、GetComponentメソッドを使って取得できます。CarControllerスクリプトにRunメソッドを実装した場合、car.GetComponent<CarController>().Run()という記述で、車オブジェクトにアタッチされたCarControllerスクリプトのRunメソッドを呼び出すことができるのです。

`Fig.4-42` GetComponentでメソッドにアクセスする

　GetComponentを使って自作スクリプトのメソッドを呼び出す例は、これからもたくさん出てきます。オブジェクトとコンポーネントの関係について、しっかりと理解しておきましょう！

> 🐾 **自分以外のオブジェクトの持つコンポーネントにアクセスする方法** 重要!
> ❶Findメソッドでオブジェクトを探し出します。
> ❷GetComponentメソッドでオブジェクトの持つコンポーネントを取得します。
> ❸コンポーネントの持つデータにアクセスします。

4-7 効果音の鳴らし方を学ぼう

最後の仕上げとして車に効果音を付けます。効果音はゲームの手触りをよくする重要な要素です。ゲーム作りにおいてサウンドはどうしても後回しになりがちですが、手を抜かずに納得できる効果音を探すことが、質の高いゲームを作ることにつながります。

4-7-1 Audio Sourceコンポーネントの使い方

Unityで効果音を鳴らすにはAudio Sourceコンポーネントを使います。このコンポーネントを使って、スワイプ時に「ブーン」という効果音を付けてみましょう。効果音を鳴らす流れは次の3ステップです。

> **効果音の鳴らし方** 重要!
> ❶音を鳴らしたいオブジェクトにAudio Sourceコンポーネントをアタッチします。
> ❷Audio Sourceコンポーネントに効果音をセットします。
> ❸効果音を鳴らしたいタイミングに合わせて、スクリプトからPlayメソッドを呼びます。

4-7-2 Audio Sourceコンポーネントのアタッチ

Audio SourceコンポーネントとはCDプレイヤのようなものです。そこに音源となるディスク（音楽ファイル）をセットすることで、好きな音を鳴らすことができます。今回は車から効果音を鳴らしたいので、車オブジェクトにAudio Source（CDプレイヤ）をセットしましょう。

Fig.4-43 Audio Sourceコンポーネントとは?

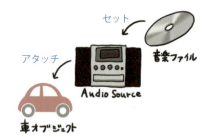

車オブジェクトにAudio Sourceコンポーネントをアタッチするため、ヒエラルキーウィンドウからcar_0を選択し、インスペクターからAdd Componentボタンをクリックし、Audio→Audio Sourceを選択してください。

Fig.4-44 Audio Sourceコンポーネントをアタッチする

4-7-3 効果音をセットする

車にCDプレイヤ（Audio Sourceコンポーネント）をアタッチできたので、次はCDプレイヤにディスク（音楽ファイル）をセットします。car_0のインスペクターのAudio Source項目のAudio Resourceの欄に、プロジェクトウィンドウからcar_seをドラッグ＆ドロップしてください。ここで、Play On Awakeの欄のチェックボックスは外しておきます。この欄にチェックが入っていると、ゲームを開始した時点で自動的に音が再生されてしまいます。

Fig.4-45 Audio Resourceにサウンドファイルをセットする

4-7-4 スクリプトから音を再生する

効果音を再生するには、スクリプトからAudio SourceコンポーネントのPlayメソッドを呼び出します。Audio Sourceコンポーネントはcar_0オブジェクトにアタッチしたので、同じくcar_0オブジェクトにアタッチされているスクリプト（CarController）からPlayメソッドを呼ぶことにしましょう。

Fig.4-46 スクリプトから再生する

プロジェクトウィンドウにあるCarControllerをダブルクリックして開き、List 4-4のように効果音を鳴らす処理を追加してください。

List 4-4 効果音を鳴らす処理を追加する

```
1  using UnityEngine;
2  using UnityEngine.InputSystem;
3
4  public class CarController : MonoBehaviour
5  {
6      float speed = 0;
7      Vector2 startPos;
8
9      void Start()
10     {
11         Application.targetFrameRate = 60;
12     }
13
14     void Update()
15     {
16         // スワイプの長さを求める
17         if (Mouse.current.leftButton.wasPressedThisFrame)
18         {
19             // マウスをクリックした座標
20             this.startPos = Mouse.current.position.value;
21         }
```

```
22          else if (Mouse.current.leftButton.wasReleasedThisFrame)
23          {
24              // マウスを離した座標
25              Vector2 endPos = Mouse.current.position.value;
26              float swipeLength = endPos.x - this.startPos.x;
27
28              // スワイプの長さを初速度に変換する
29              this.speed = swipeLength/500.0f;
30
31              // 効果音再生
32              GetComponent<AudioSource>().Play();
33          }
34
35          transform.Translate(this.speed, 0, 0);
36          this.speed *= 0.98f;
37      }
38 }
```

　車をスワイプして指が離れた瞬間に効果音が鳴るよう、32行目に効果音を再生するスクリプトを追加しています。`GetComponent<AudioSource>()`でAudio Sourceコンポーネントを取得して、Audio Sourceコンポーネントの持つPlayメソッドを呼んでいます。

　ゲームを実行して車をスワイプしてみてください。スワイプした瞬間に効果音が鳴りました！Unityを使えば効果音を付けるのも簡単なことがわかりました！

　4-7節では効果音の付け方を説明しました。効果音はゲームの手触りのよさに直結します。市販のゲームでは、どこに、どんな効果音を付けているのか、じっくり観察してみると勉強になるので、ぜひ確認してみてください。

> Tips　**使える音楽ファイルの種類と拡張子**

　Unityでは幅広い音楽ファイルをサポートしています。代表的なものはTable 4-3の通りです。その他の音源に関してはUnityのWebサイトで確認してください。

Table 4-3　Unityで使える音源

形式	拡張子
MPEG Layer3	.mp3
Ogg Vorbis	.ogg
Microsoft Wave	.wav
Audio Interchange File Format	.aiff/.aif

4-8 スマートフォンで動かしてみよう

最後に実機上で動かしてみましょう。4章で作ったゲームは指の動きをマウスのクリックでシミュレートしていました。スマートフォンでの画面のタップに対応するため、CarControllerの17行目〜25行目を次のように書き換えてください。

List 4-5 スマートフォンの操作に対応させる

```
17        if (Touchscreen.current.primaryTouch.press.wasPressedThisFrame)
18        {
19            // スワイプを開始した座標
20            this.startPos =
                  Touchscreen.current.primaryTouch.position.value;
21        }
22        else if (Touchscreen.current.primaryTouch.press
              .wasReleasedThisFrame)
23        {
24            // スワイプが終了した座標
25            Vector2 endPos =
                  Touchscreen.current.primaryTouch.position.value;
```

17行目のTouchscreen.current.primaryTouch.press.wasPressedThisFrameはスマートフォンの画面がタップされた時に一度だけtrueになります。また、22行目のTouchscreen.current.primaryTouch.press.wasReleasedThisFrameは画面から指が離れた時に一度だけtrueになります。タップされた時と指が離れた時の画面上の座標はTouchscreen.current.primaryTouch.position.valueで取得しています。

USBケーブルで、実機とパソコンを接続してください。なお、実機がサイレントモードになっていると音が鳴らないので、解除しておいてください。

4-8-1 iPhoneでビルドする場合

Build ProfilesウィンドウでPlayer Settingsをクリックし、Company Nameに英数字でご自身のお名前などを入力します（他の人と重複しない文字列にしてください）。Build Profilesウィンドウの左側のPlatforms欄からScene Listを選択し、右側のScene Listにプロジェクトウィンドウの GameSceneをドラッグ＆ドロップして、Scenes/SampleSceneのチェックを外してください。

設定ができたらBuildボタンをクリックし、New Folderボタンを押して「SwipeCar_iOS」と入力し、Createボタン→Chooseボタンの順にクリックして書き出しをスタートしてください。

プロジェクトフォルダに作られた「SwipeCar_iOS」フォルダのUnity-iPhone.xcodeprojをダブルクリックしてXcodeを開き、Signing項目のTeamを選択してから、実機に書き込んでください。
iPhone向けビルドの詳細は、145ページを参照してください。

4-8-2 Androidでビルドする場合

Build ProfilesウィンドウでPlayer Settingsをクリックし、Company Nameに英数字でご自身のお名前などを入力します（他の人と重複しない文字列にしてください）。Build Profilesウィンドウの左側のPlatforms欄からScene Listを選択し、右側のScene ListにプロジェクトウィンドウのGameSceneをドラッグ＆ドロップして、Scenes/SampleSceneのチェックを外してください。設定ができたらBuild And Runボタンをクリックし、プロジェクト名を「SwipeCar_Android」、保存先は「SwipeCar」のプロジェクトフォルダを指定して、apkファイルの作成と実機への書き込みをスタートしてください。

Android向けビルドの詳細は、151ページを参照してください。

> **Tips　TextMeshProで日本語を表示する方法**
>
> TextMeshProは、標準では日本語を表示できません。日本語を表示するためには次の手順が必要です。
>
> まずは、使いたいフォントファイルをWebで検索してダウンロードしてください（配布元の利用規約を守って使いましょう）。Unityで使えるフォントファイルの拡張子は「.ttf」、「.otf」または「.ttc」です。フォントファイルをダウンロードできたら、プロジェクトウィンドウにドラッグ＆ドロップしてください。
>
> 次に、スプライトフォントを作ります。スプライトフォントは、アプリで使用するすべての文字をスプライトに描画したものです。
>
> スプライトフォントを作るには、メニューバーからWindow→TextMeshPro→Font Asset Creatorを選択します。
>
> Font Asset Creatorのウィンドウが開くので、Source Fontに、先ほどプロジェクトに追加したフォントファイルを指定します。またCharacter SetをCustom Charactersにし、Custom Character Listにアプリで使う日本語をすべて入力します。そしてGenerate Font Atlasをクリックし、Saveをクリックします。

Fig.4-47 スプライトフォントの作成

❶日本語を含むフォントファイルを指定します。
❷Custom Charactersを選択します。
❸アプリ内で使用する日本語をすべて記述します。
❹Generate Font Atlasをクリックします。
❺Saveをクリックします。

　保存する名前を決め、保存場所にAssets以下のフォルダを指定してSaveをクリックします。これでスプライトフォントを作成できました。

Fig.4-48 スプライトフォントの保存

名前と保存場所を指定してSaveをクリックします。

　作成したスプライトフォントがUIで使えるように設定します。ヒエラルキーウィンドウから、日本語を表示したいText(TMP)オブジェクトを選択してください。インスペクターのTextMeshPro-TextコンポーネントのFont Asset欄の◉をクリックして、作成したスプライトフォントを選択します。これでTextMeshProで日本語が表示できるようになります。

Fig.4-49 スプライトフォントの設定

作成したスプライトフォントを指定します。

Chapter 5
Prefabと当たり判定

オブジェクトを複製する「工場」の
作り方を学びましょう！

この章では「プレイヤを動かして、上から降ってくる矢をよけるゲーム」を作ります。Prefabを使ったオブジェクトの生成方法などを解説していきます。

この章で学べる項目
- Prefabとは何か？
- Prefabと工場オブジェクトの作り方
- 当たり判定の方法

5-1 ゲームの設計を考えよう

徐々にゲームらしいサンプルを作っていきましょう。ゲーム作りにおいて、「面白そうなゲームを思いついたけれども、実際に作ってみると全然面白くない」、なんてことは日常茶飯事です。そこからどれだけネバって面白いものに仕上げていくかが腕の見せどころとなります。面白くする技術は8章で解説するので、5章ではPrefabと工場や当たり判定など、ゲーム作りの基本的な部分を押さえていきます。

Fig.5-1 あれ、やっぱり面白くない

5-1-1 ゲームの企画を作る

5章で作るのは「プレイヤを左右に動かして、上から降ってくる矢をよけるゲーム」です。ゲーム画面はFig.5-2になります。

Fig.5-2 これから作るゲームの画面

画面中央にプレイヤを表示し、右上にHPゲージを表示します。上から矢が降ってくるので、矢に当たらないようにプレイヤを左右の矢印ボタンで動かします。プレイヤに矢が当たるとHPゲージが減ります。

5-1-2 ゲームの部品を考える

このゲームイメージをもとに、ゲームの設計を考えてみましょう。設計はいつも通り、5ステップで考えていきます。

- Step❶　画面上のオブジェクトをすべて書き出す
- Step❷　オブジェクトを動かすためのコントローラスクリプトを決める
- Step❸　オブジェクトを自動生成するためのジェネレータスクリプトを決める
- Step❹　UIを更新するための監督スクリプトを用意する
- Step❺　スクリプトを作る流れを考える

ステップ① 画面上のオブジェクトをすべて書き出す

まずは画面上にあるオブジェクトを書き出します。Fig.5-2のイメージを見てパッと目につくのはプレイヤ、矢、HPゲージ、移動ボタンです。あと、背景画像もありますね。この5つになります。

Fig.5-3　画面上のオブジェクトを書き出す

プレイヤ　　矢　　背景画像　　移動ボタン　　HPゲージ

ステップ② オブジェクトを動かすためのコントローラスクリプトを決める

次に、ステップ①で書き出したオブジェクトのなかから動くオブジェクトを探してみましょう。

プレイヤは遊ぶ人が操作するので、動くオブジェクトに分類できます。また、矢も画面上部から落ちてくるので動くオブジェクトに入るでしょう。HPゲージはUIなので、動くオブジェクトには含めません。

動くオブジェクトには、オブジェクトの動きを制御する台本（コントローラスクリプト）が必要です。したがって、今回は「プレイヤコントローラ」と「矢コントローラ」を作ることになります。

> 必要なコントローラスクリプト
> ・プレイヤコントローラ　　・矢コントローラ

Fig.5-4 動くオブジェクトを書き出す

プレイヤ　　矢　　背景画像　　移動ボタン　　HPゲージ

ステップ③ オブジェクトを自動生成するためのジェネレータスクリプトを決める

このステップではゲーム中に生成されるオブジェクトを探します。敵キャラやステージの足場など、プレイヤの移動や時間経過によって出現するものがこれに当てはまります。今回作るゲームでは、矢が次々と画面上部から降ってきます。したがって、矢はゲーム中に生成されるオブジェクトになります。

Fig.5-5 ゲーム中に生成されるオブジェクトを書き出す

プレイヤ　　矢　　背景画像　　移動ボタン　　HPゲージ

ゲーム中にオブジェクトを自動生成するためには、生成するための工場が必要です。「工場」を稼働させるためにはジェネレータスクリプトが必要になります。ここでは矢の工場を作るので「矢のジェネレータスクリプト」が必要になります。

Fig.5-6 ジェネレータスクリプトとは？

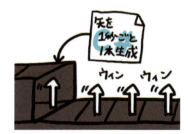

必要なジェネレータスクリプト
・矢ジェネレータ

ステップ④ UIを更新するための監督スクリプトを用意する

ゲーム中でUIを使う場合、ゲームの進行状況を判断してUIを書き換えるための監督が必要です。今回のゲームではUIとしてHPゲージを使っているので、これを書き換えるための監督スクリプトが必要になります。

Fig.5-7 監督が必要なUI

プレイヤ　　矢　　背景画像　　移動ボタン　　HPゲージ

必要な監督
・UIを更新するための監督

ステップ⑤ スクリプトを作る流れを考える

今回も、「コントローラスクリプト」→「ジェネレータスクリプト」→「監督スクリプト」の順番で作っていきます。

Fig.5-8 スクリプトを作る流れ

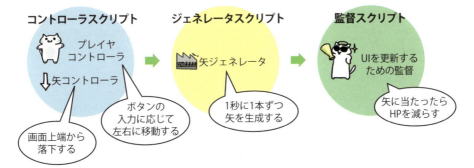

今回ついに、コントローラ、ジェネレータ、監督のすべてのスクリプトが必要になりました！作るスクリプトが増えてきたので、この段階でゲームを作る流れをイメージしておくことが大切です。全体像が見えていれば、「どれだけやっても完成にたどりつかない···」ということも少なくなるはずです。

プレイヤコントローラ
　プレイヤが左右の移動ボタンに応じて移動するように、ボタンが押されたことを検知してプレイヤを動かすスクリプトを作成します。

矢コントローラ
　矢を画面の上から下に向かって移動させるスクリプトを作成します。

矢ジェネレータ
　1秒に1本の割合でランダムな位置に矢を生成するスクリプトを作成します。

UIを更新するための監督
　プレイヤが矢に当たった時には、画面右上に表示されているHPゲージを減らします。そのために、両者の衝突を検知してUIを書き換えるスクリプトを作成します。

　5章では初めて「ジェネレータ」が登場しました。工場の作り方は動くオブジェクトに比べると少し複雑ですし、設計図（Prefab）という新しい概念も登場します。でも、これまでのように丁寧に1つずつ説明するので、しっかり理解しながら進んでくださいね。今回のゲーム作りの流れを簡単にまとめるとFig.5-9のようになります。

Fig.5-9 ゲームを作る流れ

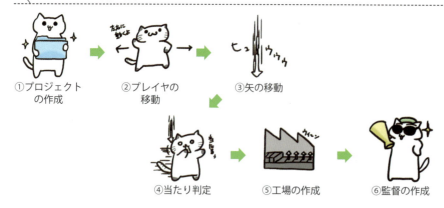

5-2 プロジェクトとシーンを作成しよう

5-2-1 プロジェクトの作成

プロジェクトの作成から始めましょう。Unity Hubを起動した時に表示される画面から新しいプロジェクトをクリックしてください。

「新しいプロジェクト」をクリックすると、プロジェクトの設定画面が表示されます。テンプレートの項目は「Universal 2D」を選択し、プロジェクト名は「CatEscape」と入力してください。また、保存場所を決めて、Unity Cloudに接続のチェックを外します。右下の青色のプロジェクトを作成ボタンをクリックすると、指定したフォルダにプロジェクトが作成され、Unityエディターが起動します。

テンプレートの選択→Universal 2D
プロジェクトの作成→CatEscape

プロジェクトに素材を追加する

Unityエディターが起動したら、今回のゲームで使用する素材をプロジェクトに追加しましょう。本書のサポートページからダウンロードした素材データの「chapter5」フォルダを開いて、中身の素材をすべてプロジェクトウィンドウにドラッグ＆ドロップしてください。

Fig.5-10 素材を追加する

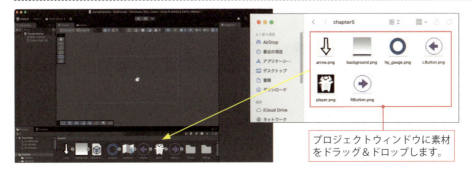

プロジェクトウィンドウに素材をドラッグ＆ドロップします。

> **URL** 本書のサポートページ
> https://isbn2.sbcr.jp/28192/

今回使用するファイルの役割は、次の表のようになります。

Table 5-1 使用する素材の形式と役割

ファイル名	形式	役割
player.png	pngファイル	プレイヤの画像
arrow.png	pngファイル	矢の画像
background.png	pngファイル	背景の画像
hp_gauge.png	pngファイル	HPゲージの画像
RButton.png	pngファイル	右ボタンの画像
LButton.png	pngファイル	左ボタンの画像

Fig.5-11 使用する素材

arrow.png　background.png　hp_gauge.png　LButton.png　player.png　RButton.png

5-2-2 スマートフォン用に設定する

スマートフォン用にビルドするための設定をします。メニューバーから**File→Build Profiles**を選択します。Build Profilesウィンドウが開くので、左側の**Platforms**欄から「**iOS**（Android用にビルドする場合は**Android**）」を選択して、**Switch Platform**ボタンをクリックします。詳しい手順は3章を参照してください（126ページ）。

🐟 画面サイズの設定

続けて、ゲームの画面サイズを設定しましょう。**Game**タブをクリックしてゲームビューに切り替えてください。ゲームビューの左上にある画面サイズ設定のドロップダウンリストを開き、**対象となるスマートフォンの画面サイズに合ったもの**を選択してください。本書では、「iPhone 12 Pro 2532×1170 Landscape」を選択しています。詳しい手順は3章を参照してください（127ページ）。

5-2-3 シーンを保存する

続いてシーンを作成します。メニューバーからFile→Save Asを選択し、シーン名を「Game Scene」として保存してください。保存できるとUnityエディターのプロジェクトウィンドウに、シーンのアイコンが出現します。詳しい手順は3章を参照してください（128ページ）。

シーンの作成→GameScene

Fig.5-12 シーンの作成までを行った状態

シーンが保存されます。

Tips　ゲームづくりの環境

ゲームを作るには、ゲームで使う素材が必要になります。例えばプレイヤや背景、UIといった画像ファイルや、3Dモデルとモデルの質感を表すテクスチャ画像などです。では、これらの素材を自分で作る場合、どのようなソフトがあればよいのでしょうか。

画像づくりにはAdobeの「Photoshop」や「Illustrator」や「Substance」、セルシスの「CLIP STUDIO PAINT」などのソフトが使われます。また3Dのモデルづくりには「Blender」が利用できます。Blenderは無料で利用でき、3Dモデルの形を作るモデリング機能だけでなく、アニメーションを作成できる機能も備わっています。

5-3 シーンにオブジェクトを配置しよう

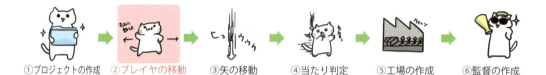

5-3-1 プレイヤの配置

シーンにプレイヤを配置します。Sceneタブをクリックし、プロジェクトウィンドウからプレイヤ画像「player」をシーンビューにドラッグ＆ドロップしてください。シーンビュー上に配置することで、ヒエラルキーウィンドウに「player_0」が追加されます。

Fig.5-13 プレイヤをシーンに追加する

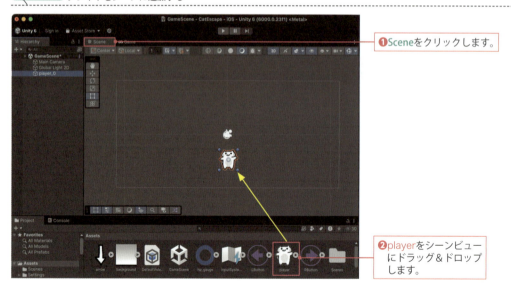

❶Sceneをクリックします。

❷playerをシーンビューにドラッグ＆ドロップします。

インスペクターでプレイヤの初期位置を決めます。ヒエラルキーウィンドウでplayer_0を選択し、インスペクターのTransform項目のPositionを「0, -3.6, 0」に設定します。

Fig.5-14 プレイヤを配置する

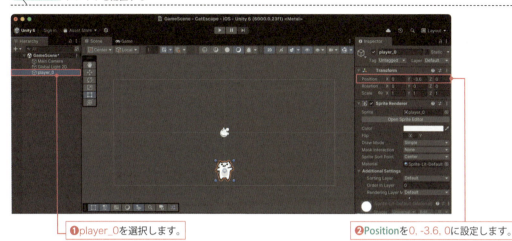

❶player_0を選択します。
❷Positionを0, -3.6, 0に設定します。

5-3-2 背景画像の配置

これまで背景は色の変更をしていましたが、今回は背景画像を配置してみましょう。プロジェクトウィンドウから背景画像「background」をシーンビュー上にドラッグ&ドロップします。シーンビュー上に配置することで、ヒエラルキーウィンドウに「background_0」が追加されます。

Fig.5-15 背景画像をシーンに追加する

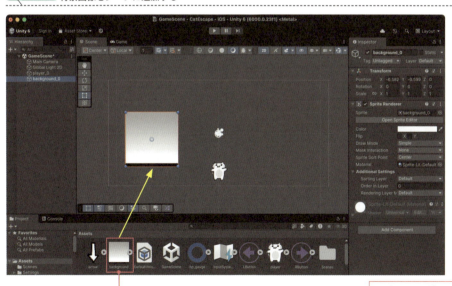

backgroundをシーンビューにドラッグ&ドロップします。

シーンビューに配置した画像を画面いっぱいに拡大して、背景を覆い隠しましょう。ヒエラルキーウィンドウでbackground_0を選択し、インスペクターからTransform項目のPositionを「0, 0, 0」、Scaleを「4.5, 2, 1」に設定します。

Fig.5-16 背景画像を配置する

❶background_0を選択します。

❷Positionを0, 0, 0に、Scaleを4.5, 2, 1に設定します。

背景画像で画面全体を覆い隠せているか、ゲームを実行して確認してみましょう。画面上部にある実行ボタンをクリックしてください。実行してみると、背景画像だけが表示され、プレイヤは表示されないことがあります。

Fig.5-17 プレイヤが表示されないことがある

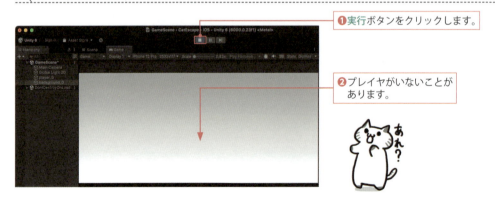

❶実行ボタンをクリックします。

❷プレイヤがいないことがあります。

レイヤの設定

これはプレイヤと背景画像の前後関係が正しく設定できていないのが原因です。Fig.5-18のようにUnityの2Dゲームでは**各ゲームオブジェクトはレイヤ番号を持っており、この番号によって画**

面に表示される際の前後関係が決まります。レイヤ番号が大きければ大きいほど画面の手前に表示され、小さければ小さいほど画面の奥に表示されます。

　今の状態では、プレイヤ画像と背景画像のレイヤ番号に「0」が設定されているため、後から追加した背景画像が（たまたま）手前に表示されることがあるのです。背景画像を確実にプレイヤ画像の後ろに表示するように、レイヤ番号を設定しましょう。ここでは背景レイヤを「0」、プレイヤレイヤを「1」にします。

Fig.5-18 レイヤ番号と画面の関係

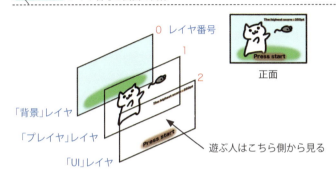

　ヒエラルキーウィンドウからplayer_0を選択し、インスペクターのSprite Renderer項目のOrder in Layerを「1」にします。背景はもともと「0」になっているので、特に設定する必要はありません。もう一度実行ボタンを押して、プレイヤが手前に表示されていることを確認してください。

Fig.5-19 レイヤ番号を設定する

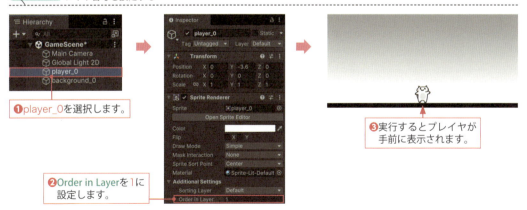

　背景画像とプレイヤが表示できたので、5-4節ではスクリプトを使ってプレイヤを動かしましょう。もうおなじみとなった、「オブジェクトの動かし方」が登場します。

5-4 キー操作でプレイヤを動かそう

5-4-1 プレイヤのスクリプトを作る

　プレイヤを動かすために、プレイヤの動かし方を書いた台本（コントローラスクリプト）を作成していきます。最終的には**画面上のボタンが押されたらプレイヤが動く**ようにします。しかし、UIのボタンや移動スクリプトなど、さまざまな要素が組み合わさると混乱するかもしれません。そこで、5-4節では矢印キーの入力に応じてプレイヤが動くようにします。動くオブジェクトの作り方は、次の通りです。

Fig.5-20 台本を作る

> 🐾 動くオブジェクトの作り方 重要！
> ❶シーンビューにオブジェクトを配置します。
> ❷オブジェクトの動かし方を書いたスクリプトを作成します。
> ❸作成したスクリプトをオブジェクトにアタッチします。

　プロジェクトウィンドウ内で右クリックしてCreate→Scripting→MonoBehaviour Scriptを選択し、スクリプトファイル名を「PlayerController」に変更します。

スクリプトの作成→PlayerController

　ファイル名を変更したら、PlayerControllerをダブルクリックして開き、List 5-1のスクリプトを入力・保存してください。

List 5-1 「キー操作でプレイヤを動かす」スクリプト

```csharp
using UnityEngine;
using UnityEngine.InputSystem;   // 入力を検知するために必要!!

public class PlayerController : MonoBehaviour
{
    void Start()
    {
        Application.targetFrameRate = 60;
    }

    void Update()
    {
        // 左矢印が押された時
        if (Keyboard.current.leftArrowKey.wasPressedThisFrame)
        {
            transform.Translate(-3, 0, 0);  // 左に「3」動かす
        }

        // 右矢印が押された時
        if (Keyboard.current.rightArrowKey.wasPressedThisFrame)
        {
            transform.Translate(3, 0, 0);   // 右に「3」動かす
        }
    }
}
```

2行目に、入力を検知するためのusing UnityEngine.InputSystem;を追加しています。そして、左矢印キーが押されたことを検知するために、Keyboard.current.leftArrowKey.wasPressedThisFrameを使っています。また、右矢印キーが押されたことを検知するため、Keyboard.current.rightArrowKey.wasPressedThisFrameを使っています（14行目と20行目）。これらの値は**キーが押された瞬間に一度だけtrue**を返します。

Fig.5-21 キーボード入力の取得

左矢印のキーを押すと、14行目のif文の条件がtrueになり、16行目の`transform.Translate(-3,0,0);`を実行してプレイヤを左に移動します。同様に、右の矢印キーを押した場合には20行目のif文の条件がtrueになり、22行目の`transform.Translate(3,0,0);`を実行してプレイヤを右に移動します。

5-4-2 プレイヤのスクリプトをアタッチする

先ほど作成した「PlayerController」スクリプトをプレイヤのオブジェクトにアタッチします。プロジェクトウィンドウのPlayerControllerをヒエラルキーウィンドウのplayer_0にドラッグ＆ドロップしてください。

Fig.5-22 「player_0」にスクリプトをアタッチする

プレイヤにスクリプトがアタッチできた（役者に台本が渡せた）ので、ゲームを実行してみてください。左右の矢印キーを押すと、ちゃんとプレイヤが左右に移動しますね！

Fig.5-23 スクリプト通りにプレイヤを動かす

5-5 Physicsを使わない動かし方を学ぼう

①プロジェクトの作成 ②プレイヤの移動 ③矢の移動 ④当たり判定 ⑤工場の作成 ⑥監督の作成

5-5-1 矢を落下させる

5-5節では、矢をシーン上に1本配置し、下に向かって動くようにしましょう。PhysicsというUnity独自の機能を使えば、重力の計算をUnityが行ってくれるので、スクリプトを書かなくても矢を下方向に移動できます。ただし、**Physicsを使うと独自の動作（デフォルメした動作など）を組み込むのが難しくなります**。今回はPhysicsを使わず、前回までと同様に「動くオブジェクトの作り方」で矢を動かしましょう。流れは以下の通りです。

> **動くオブジェクトの作り方** 重要!
> ❶シーンビューにオブジェクトを配置します。
> ❷オブジェクトの動かし方を書いたスクリプトを作成します。
> ❸作成したスクリプトをオブジェクトにアタッチします。

5-5-2 矢の配置

プロジェクトウィンドウから矢の画像「arrow」をシーンビューにドラッグ＆ドロップします。矢をプレイヤの頭上に配置するために、ヒエラルキーウィンドウでarrow_0を選択した状態で、インスペクターからTransform項目のPositionを「0, 3.2, 0」に設定しています（Fig.5-24）。

続けて、矢が背景画像の手前に表示されるように、矢のレイヤ番号を調整します。レイヤ番号は複数のオブジェクトで同じ番号を使用することができます。ヒエラルキーウィンドウからarrow_0を選択し、インスペクターからSprite Renderer項目のOrder in Layerを「1」にします（Fig.5-25）。

Fig.5-24 矢を配置する

❶arrowをシーンビューにドラッグ＆ドロップします。
❷arrow_0を選択します。
❸Positionを0, 3.2, 0に設定します。

Fig.5-25 矢のレイヤ番号を設定する

❶arrow_0を選択します。
❷Order in Layerを1に設定します。

5-5-3 矢のスクリプトを作る

下方向に矢を動かすスクリプトを作成します。プロジェクトウィンドウで右クリックしてCreate→Scripting→MonoBehaviour Scriptを選択し、ファイル名を「ArrowController」に変更します。

スクリプトの作成→ArrowController

ArrowControllerをダブルクリックして開き、List 5-2のスクリプトを入力・保存してください。

List 5-2 「矢印を落下させる」スクリプト

```csharp
1  using UnityEngine;
2
3  public class ArrowController : MonoBehaviour
4  {
5      void Start()
6      {
7
8      }
9
10     void Update()
11     {
12         // フレームごとに等速で落下させる
13         transform.Translate(0, -0.1f, 0);
14
15         // 画面外に出たらオブジェクトを破棄する
16         if (transform.position.y < -5.0f)
17         {
18             Destroy(gameObject);
19         }
20     }
21 }
```

UpdateメソッドのなかでTranslate(0, -0.1f, 0)を使い、等速で矢を下方向に移動しています（13行目）。TranslateメソッドのY座標に「-0.1f」を指定することで、フレームごとに少しずつ下方向に移動します。Translateメソッドは4章の車を動かすところでも使いましたね（168ページ）。

画面外に出た矢を破棄する

矢は放っておくと、画面外に出て見えなくなっても落ち続けます。**見えないところでもずっと矢が落ち続ける（コンピュータが計算し続ける）のは無駄ですね。** そうならないように、**矢が画面外に出たらオブジェクトを破棄する**スクリプトを15～19行目に記述しています。

矢のY座標値が画面の下端（y = -5.0）よりも小さくなった場合、Destroyメソッドを使って自分自身（矢オブジェクト）を破棄しています。

Fig.5-26 矢が画面外に出たら破棄する

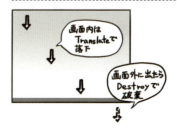

Destroyメソッドは、引数に渡したオブジェクトを破棄する場合に使用します。ここでは、引数に自分自身（矢オブジェクト）を指す「gameObject変数」を渡すことで、画面外に出た時に自分自身を破棄します。

5-5-4 矢にスクリプトをアタッチする

矢にスクリプトをアタッチしましょう。プロジェクトウィンドウのArrowControllerスクリプトを、ヒエラルキーウィンドウのarrow_0にドラッグ＆ドロップします。

Fig.5-27 矢にコントローラをアタッチする

❶ArrowControllerをarrow_0にドラッグ＆ドロップします。

❷「arrow_0」オブジェクトに「ArrowController」スクリプトがアタッチされます。

ゲームを実行してみて、矢が画面外に出るとヒエラルキーウィンドウから「arrow_0」が消えることを確認してください。

Fig.5-28 画面外に出たら破棄されることを確認する

矢が落下して画面外に出るとヒエラルキーウィンドウから「arrow_0」が消えることを確認します。

5-5節では落下する矢のスクリプトを作成しました。5-6節では矢とプレイヤが当たったことを検知するために、当たり判定を付けていきます。

5-6 当たり判定を学ぼう

5-6-1 当たり判定って何？

　プレイヤも動かせるし矢も落ちてくるようになって、ゲームっぽくなってきましたね。しかし、プレイヤに矢が当たったことを検知できないとゲームになりません。そこで5-6節では、矢とプレイヤに当たり判定を付けます。

　当たり判定とは、ゲーム内でオブジェクト同士が衝突したことを検出する仕組みです。ゲームを作成する時に何も設定しないと、オブジェクト同士が衝突してもすり抜けていってしまいます。これを防ぐため、**オブジェクト同士の衝突を常に監視しておき、衝突した場合には何らかの処理を行います**。正確には、衝突を検知する部分までを衝突判定、衝突を検知した後の動きを決める部分を衝突応答と呼びます。本書では両者をまとめて「当たり判定」と呼ぶことにします。

Fig.5-29 衝突判定と衝突応答

　今回のゲームの場合、当たり判定をしなければいけないオブジェクトは「矢とプレイヤ」だけで、「矢と矢」の当たり判定をする必要はありません。一度に出現する矢の数もたかだか数本なので、簡単な当たり判定を実装してみましょう。

5-6-2 簡単な当たり判定

これから実装する簡単な当たり判定の仕組みを紹介します。厳密にオブジェクト同士が接しているかどうかを検出するためには、**オブジェクトの輪郭線が接しているか**を見ないといけませんが、これでは計算量が膨大になりますし、スクリプトも複雑になります。

Fig.5-30 厳密な当たり判定

そこでもう少し簡単な方法を考えます。**オブジェクトの形状を単純に円形で近似してみましょう**。円形ならオブジェクトの輪郭をチェックしなくても、円の中心座標と半径がわかれば簡単に当たり判定ができます。

Fig.5-31 円を使った当たり判定

それでは、円の中心座標と半径を使って当たり判定をする方法を考えます。リンゴを囲む円の半径を「r1」、中心座標を「p1」、猫を囲む円の半径を「r2」、中心座標を「p2」とします。すると、リンゴを囲む円の中心 (p1) と猫を囲む円の中心 (p2) の距離「d」は三平方の定理より、

$$d = \sqrt{(p1_x - p2_x)^2 + (p1_y - p2_y)^2}$$

で求めることができます。

Fig.5-32 オブジェクト間の距離の求め方

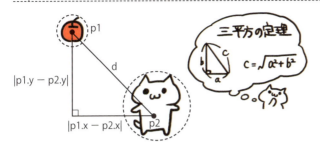

ここで、2つの円の中心間の距離dが「r1 + r2」よりも大きければ、2つの円は衝突していません（逆に、dが「r1 + r2」より小さい場合には衝突しています）。これは、Fig.5-33のように図で考えるとわかりやすいですね。

Fig.5-33 2つの円の衝突条件

「d > r1 + r2」であれば 2つの円は衝突していない

「d < r1 + r2」であれば 2つの円は衝突している

5-6-3 当たり判定のスクリプトを実装する

5-6-2項で考えた当たり判定の仕組みを使った矢とプレイヤ間の衝突判定を、矢を動かすための「ArrowController」スクリプトに実装します。

プロジェクトウィンドウにあるArrowControllerをダブルクリックして開き、List 5-3のようにスクリプトを修正してください。

List 5-3 当たり判定を追加する

```
1  using UnityEngine;
2
3  public class ArrowController : MonoBehaviour
4  {
5      GameObject player;
6
```

```
 7      void Start()
 8      {
 9          this.player = GameObject.Find("player_0");
10      }
11
12      void Update()
13      {
14          // フレームごとに等速で落下させる
15          transform.Translate(0, -0.1f, 0);
16
17          // 画面外に出たらオブジェクトを破棄する
18          if (transform.position.y < -5.0f)
19          {
20              Destroy(gameObject);
21          }
22
23          // 当たり判定
24          Vector2 p1 = transform.position;              // 矢の中心座標
25          Vector2 p2 = this.player.transform.position;  // プレイヤの中心座標
26          Vector2 dir = p1 - p2;
27          float d = dir.magnitude;
28          float r1 = 0.5f;   // 矢の半径
29          float r2 = 1.0f;   // プレイヤの半径
30
31          if (d < r1 + r2)
32          {
33              // 衝突した場合は矢を消す
34              Destroy(gameObject);
35          }
36      }
37  }
```

　矢とプレイヤの当たり判定をするためにはプレイヤの現在位置が必要です。そこで、9行目でFindメソッドを使い、シーン中からプレイヤを探してplayer変数に代入しています。

　当たり判定の処理を23～35行目に追加しています。このスクリプトでは矢の中心座標を「p1」、プレイヤの中心座標を「p2」とし（どちらもVector2型）、矢の半径を「r1」、プレイヤの半径を「r2」（どちらもfloat型）としています。スクリプト内で使用している変数を図示すると、Fig.5-34のようになります。

　24行目では自分自身（矢）の座標（transform.position）をp1に代入しています。25行目ではプレイヤの座標をp2に代入しています。続いて26行目の「p1 - p2」で、p2からp1へ向かうベクトル「dir」を求めています。dirの長さ「d」はmagnitudeを使って計算します（117ページ）。

　2つのオブジェクトの距離dが半径の和（r1 + r2）未満の場合には衝突していると見なして、Destroyメソッドで矢のオブジェクトを破棄します。

Fig.5-34 スクリプトでの当たり判定

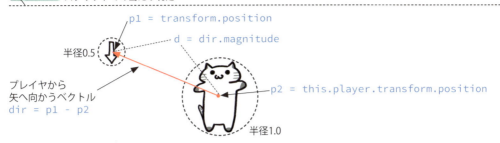

これで、当たり判定も実装完了です。実行ボタンを押してゲームを実行してみてください。プレイヤと矢が当たると矢のオブジェクトがちゃんと消えましたね！ たった10行程度のスクリプトで、当たり判定までできてしまいました！

Fig.5-35 当たり判定が機能することを確認する

矢がプレイヤに当たると消えます。

やってみよう！

当たり判定に使った、オブジェクトを囲む円の半径を変えると「当たり」の範囲が変化します。ArrowControllerでは、プレイヤを囲む円の半径は変数r2で表していました（29行目）。このr2の値を「1.0f」から「1.5f」にしてみましょう。プレイヤを囲む当たり判定の円の半径が大きくなるため、見た目ではプレイヤに衝突する前に矢が消えてしまいます！

Fig.5-36 判定の大きさを変える

5-7 Prefabと工場の作り方を学ぼう

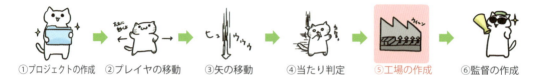

5-7-1 工場の構成

　5-7節では、1秒間に1本ずつ矢のオブジェクトを生成する工場（矢ジェネレータ）を作ります。ここでは5-6節までのコントローラスクリプトとは異なる概念が登場しますが、丁寧に説明するので、焦らず理解しながら進んでください。

　これから作る矢の工場は、**「量産機械」**が**「設計図」**通りの**「製品」**を生産する仕組みです。これらの関係を図にするとFig.5-37のようになります。

Fig.5-37　工場の構成

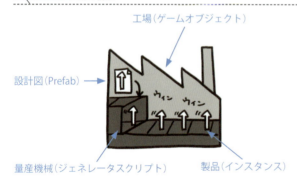

　設計図とは「こんな製品を作って欲しい」と書いたお手本ファイルのようなものです。**Unityではこの設計図のことをPrefab(プレファブ)と呼びます**。設計図（Prefab）を量産機械（ジェネレータスクリプト）に渡すと、設計図通りの製品（インスタンス）を生産してくれます。

5-7-2 Prefabとは?

5-7-1項でPrefabとは設計図のようなものだと書きました。一般的な設計図には外形や寸法など、製品を作る時に必要な情報が書かれています。設計図さえあれば、いくつでも同じものを作ることができます。Prefabも設計図と同じく、ゲーム中のオブジェクトを作るのに必要な情報が書かれていて、Prefabがあればいくつでも同じオブジェクトを作ることができます。

Fig.5-38 Prefabとは?

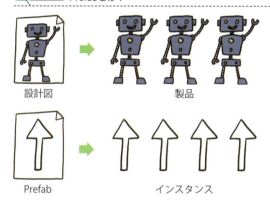

このような特徴から、**同じものをたくさん作りたい場合は基本的にPrefabを使うことになります**。例えば、ゲーム中に現れる敵だったり、上から落ちてくるアイテムだったり、足場となるブロックだったり…、考えればたくさんありますね。

Fig.5-39 Prefabの例

5-7-3 Prefabのいいところ

これだけだと、「Prefabなんて使わなくても普通にコピーすればいいんじゃない？」と思うかもしれません。しかし、Prefabを使う場合と単純なコピーには、大きな違いが1つあります。

例えば、白い矢のインスタンスを10個作成した後、やっぱり矢の色を白色から赤色に変えたいと思ったとしましょう。矢をコピーして使っていた場合、10本の矢すべてを個別に変更しなくてはなりません。Prefabを使った場合には、Prefabの色を変えるだけで、10個の部品すべてに変更が反映されます。つまり、**Prefabを使えば、変更があった場合にもPrefabのファイルだけを修正すればよい**ので、比較的楽に修正ができるのです。

Fig.5-40 Prefabを使う場合の利点

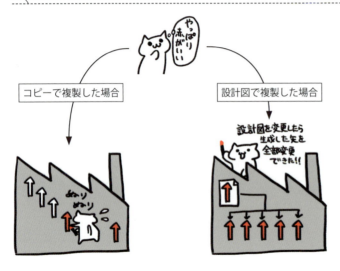

Prefabのメリットがわかったところで、実際に工場を建設していきましょう。工場建設の順番は、まず「Prefab（設計図）」を作り（5-7-4項）、次に「ジェネレータスクリプト」を作ります（5-7-5項）。続いて「空のオブジェクトにジェネレータスクリプトをアタッチ」し（5-7-6項）、最後に「ジェネレータスクリプトにPrefabを渡して」工場を完成させます（5-7-7項）。

🐾 **工場の作り方** 重要!

❶ すでにあるオブジェクトを使ってPrefab（設計図）を作ります。
❷ ジェネレータスクリプトを作ります。
❸ 空のオブジェクトにジェネレータスクリプトをアタッチします。
❹ ジェネレータスクリプトにPrefabを渡します。

5-7-4 Prefab（設計図）の作成

矢のPrefab（設計図）を作ります。Prefabを作成する方法は簡単で、**設計図として使いたいオブジェクトをヒエラルキーウィンドウからプロジェクトウィンドウにドラッグ＆ドロップする**だけです。

ここでは矢のPrefabを作りたいので、ヒエラルキーウィンドウからarrow_0をプロジェクトウィンドウにドラッグ＆ドロップします。これでプロジェクトウィンドウにarrow_0のPrefabが作成されます。作成したPrefabは、わかりやすいように名前を「arrowPrefab」に変更しておきます。

Fig.5-41 矢のPrefabを作成する

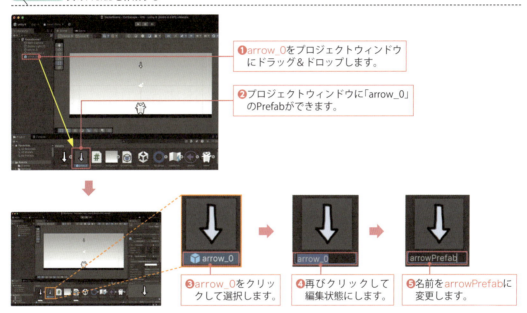

Prefabを作ったら、シーンに配置した矢のオブジェクトは必要ありません（設計図があれば製品はいつでも作れるからです）。ヒエラルキーウィンドウのarrow_0を選択して、右クリック→Deleteで消去してください。

Fig.5-42 不要なオブジェクトを消去する

5-7-5 ジェネレータスクリプトを作る

設計図が作れたので、次は設計図をもとにインスタンスを量産する**ジェネレータスクリプト**を作ります。プロジェクトウィンドウで右クリックして**Create→Scripting→MonoBehaviour Script**を選択し、ファイル名を「ArrowGenerator」に変更します。

スクリプトの作成→ArrowGenerator

ArrowGeneratorをダブルクリックして開き、List 5-4のスクリプトを入力・保存します。

List 5-4 矢を生成するジェネレータスクリプト

```
1  using UnityEngine;
2
3  public class ArrowGenerator : MonoBehaviour
4  {
5      public GameObject arrowPrefab;
6      float span = 1.0f;
7      float delta = 0;
8
9      void Update()
10     {
11         this.delta += Time.deltaTime;
12         if (this.delta > this.span)
13         {
14             this.delta = 0;
15             GameObject go = Instantiate(arrowPrefab);
16             int px = Random.Range(-6, 7);
17             go.transform.position = new Vector3(px, 7, 0);
18         }
19     }
20 }
```

上記のジェネレータスクリプトでは先ほど作成したPrefab（設計図）をもとにして、1秒間隔で矢のインスタンスを生成しています。

5行目で、矢の設計図を入れるための変数を宣言しています。ここでは、あくまで変数を宣言しただけ（箱を作っただけ）で、設計図の実体は5-7-4項で作成したarrowPrefabです。何らかの方法でこの変数にarrowPrefabの実体を代入（関連付け）しなければいけません。この方法は5-7-7項で説明します。

11～18行目で1秒ごとに矢を1本生成しています。では、どのようにしてUpdateメソッドのなかで「1秒ごと」をカウントしているのでしょうか？

ここでは「ししおどし」のような仕組みを使っています。Updateメソッドはフレームごとに実行され、前フレームと現在のフレームの時間差はTime.deltaTimeに代入されます（66ページ）。このフレーム間の時間差を、竹筒（delta変数）に貯めて（加算して）いって、1秒溜まったところで中身を空にします。中身を空にするタイミングで矢を生成することで、1秒ごとに矢が生成されるというわけです。

Fig.5-43 deltaTimeのイメージ

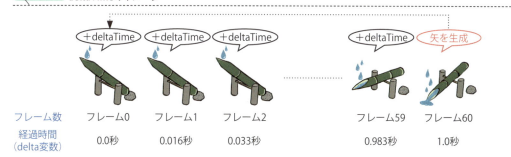

矢のインスタンスは15行目でInstantiateメソッドを使って生成します。Instantiateメソッドは、引数にPrefab（設計図）を渡すと、返り値としてPrefabのインスタンスを返してくれます。

矢のX座標が「-6」から「6」の間でランダムな位置になるように、RandomクラスのRangeメソッドを使っています。Rangeメソッドは第1引数以上、第2引数未満の範囲でランダムな整数を返します。

5-7-6 空のオブジェクトにジェネレータスクリプトをアタッチする

ゲームオブジェクトにジェネレータスクリプトをアタッチして工場オブジェクトを作成します。監督スクリプトと同様に（181ページ）、空のオブジェクトに「ジェネレータスクリプト」をアタッチすることで、「工場オブジェクト」になります。

Fig.5-44 工場オブジェクトの作り方

まずヒエラルキーウィンドウの＋→Create Emptyを選択して、空のオブジェクトを作成します。ヒエラルキーウィンドウに「GameObject」が作成されるので、名前を「ArrowGenerator」に変更します。

Fig.5-45 空のオブジェクトを作成する

Fig.5-46のようにプロジェクトウィンドウのArrowGeneratorスクリプトを、ヒエラルキーウィンドウのArrowGeneratorオブジェクトにドラッグ＆ドロップします。これで空のオブジェクトが工場オブジェクトになります。

Fig.5-46 ArrowGeneratorをアタッチ

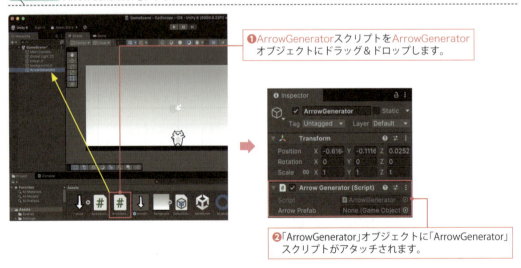

5-7-7 ジェネレータスクリプトにPrefabを渡す

先ほど作成したジェネレータスクリプト中のPrefab変数とPrefabの実体を関連付ける方法について説明します。プロジェクトウィンドウにあるPrefabの実体を、どうやってスクリプト内の変数に代入(関連付け)すればよいのでしょうか。

Fig.5-47 変数に実体を代入する

ここでは、**スクリプト内の変数にオブジェクトの実体を代入(関連付け)できる**、とても便利な方法を使います。この方法を、本書ではアウトレット接続と呼ぶことにします。アウトレットとは英語で「コンセントの差込口」を意味します。アウトレット接続では、スクリプト側にコンセントの差込口を用意し、インスペクターからその差込口を使ってオブジェクトを代入します。

Fig.5-48 アウトレット接続

> 👣 アウトレット接続 重要!
> ❶スクリプト側にコンセントの差込口を作るため、変数の前にpublic修飾子を付けます。
> ❷public修飾子を付けた変数がインスペクターから見えるようになります。
> ❸代入したいオブジェクトをインスペクターの差込口に(ドラッグ&ドロップして)差し込みます。

コンセントの差込口を作る

では、アウトレット接続を使ってarrowPrefab変数にPrefabの実体を代入しましょう。

まずはコンセントの差込口を作るステップですが、既にArrowGeneratorの5行目で、設計図を表す変数arrowPrefabにはpublic修飾子を付けて宣言しています（List 5-4）。

```
public GameObject arrowPrefab;
```

つまりステップ❶は既に完了しているので、ここではインスペクターを介して代入するステップ❷に進みます。

インスペクターを通じてオブジェクトを差し込む

ヒエラルキーウィンドウのArrowGeneratorを選択して、インスペクターからarrowPrefab変数の欄（これがコンセントの差込口です）を見つけてください。この場合は「Arrow Generator (Script)」コンポーネントに「Arrow Prefab」の欄があります。

Arrow Prefabの欄に、プロジェクトウィンドウからarrowPrefabをドラッグ＆ドロップして、Prefabを設定してください。

この操作でスクリプト内のarrowPrefab変数にPrefabの実体を代入できました。

Fig.5-49 インスペクターを使ってpublic変数に代入する

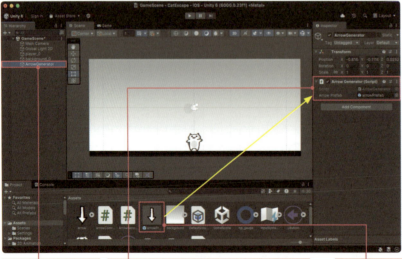

❶ArrowGeneratorを選択します。
❷スクリプトでpublic宣言した「arrowPrefab」の変数が見えています。
❸arrowPrefabをArrow Prefab欄にドラッグ＆ドロップして代入します。

ゲームを実行して、正しく動作するか確認してみましょう。ちゃんと1秒ごとに矢が降ってきましたね！ これでジェネレータも完成です。

Fig.5-50 矢が降ってくることを確認する

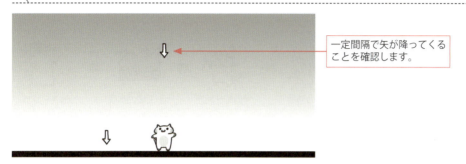

一定間隔で矢が降ってくることを確認します。

今回は工場で矢を生産しましたが、工場で敵キャラを量産すればアクションゲームができますし、工場でブロックの足場を作れば、動的なステージが作成できます。このように、工場の作り方をマスターすれば、できることが格段に広がるのです！

> やってみよう！
>
> 「ArrowGenerator」の6行目で初期化しているspanの数値を書き換えることで、矢の生成間隔を変えることができます。試しに「span = 0.5f」とすると、delta変数の値（竹筒のなかの水）が0.5より大きくなった時に矢が生成されるため、矢の生成速度が2倍になります。

5-8 UIを表示しよう

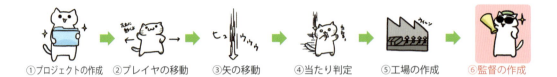

①プロジェクトの作成　②プレイヤの移動　③矢の移動　④当たり判定　⑤工場の作成　⑥監督の作成

5-8-1 UIを表示＆更新する監督を作る

いよいよ終盤です。ゲームの進行状況がひと目でわかるように、UIを配置してゲームの進行に応じて表示を変えましょう。UIを表示＆更新する手順は4章と同様に、以下の3ステップで進めます。

> 🐾 **UIの作り方** 重要!
> ❶UIの部品を配置します。
> ❷UIを書き換える監督スクリプトを作成します。
> ❸空のオブジェクトを作り、作成したスクリプトをアタッチします。

5-8-2 HPゲージの配置

　UIオブジェクトのImageを使ってHPゲージを作ります。Imageは、画像を表示するUI部品です。今回は事前に用意しておいたゲージ画像を、Imageに表示します。

　Fig.5-51のようにヒエラルキーウィンドウで**＋→UI→Image**を選択します。するとヒエラルキーウィンドウにCanvasが追加され、その下にImageが作成されます。作成されたImageの名前を「hpGauge」に変更しましょう（追加されたImageオブジェクトがシーンビュー上で見当たらない場合は、ヒエラルキーウィンドウのhpGaugeをダブルクリックしてください）。

　作成した「hpGauge」オブジェクトにゲージ画像を設定します。ヒエラルキーウィンドウでhpGaugeを選択し、インスペクターのImage項目のSource Image欄に、プロジェクトウィンドウからhp_gaugeをドラッグ＆ドロップしてください（Fig.5-52）。

Fig.5-51 HPゲージを作成する

Fig.5-52 HPゲージを配置する

アンカーポイントの設定

　次に、画面サイズが変わっても画面右上にHPゲージが表示されるようにアンカーポイントを変更します。アンカーポイントとはその名の通り「錨を下ろす場所」を示しています。もう少し言えば、「**画面サイズが変わった時に、どこを起点にしてUI部品の座標を計算しなおすか**」を示したものです。

　UIオブジェクトの位置は、アンカーポイントを原点(0, 0)とした値で指定されます。そのため、例えばアンカーポイントを画面中央に置いた場合、画面サイズが小さくなると右上にあるHPゲージの表示が画面からはみ出す可能性があります（Fig.5-53）。

　アンカーポイントを画面右上に置くと、HPゲージは常に右上に表示されて画面からはみ出すことはありません（Fig.5-54）。**アンカーポイントを適切に設定することで、実行するデバイスの画面サイズに依存しないUIが作れます**。

Fig.5-53 画面中央にアンカーポイントを置いた場合

Fig.5-54 画面右上にアンカーポイントを置いた場合

　HPゲージは画面サイズが変わっても常に右上に表示したいので、アンカーポイントを画面右上に設定します。ヒエラルキーウィンドウでhpGaugeを選択し、インスペクターからアンカーポイントのアイコンをクリックします。表示されたAnchor Presetsウィンドウ内の、「右上に固定」アイコンをクリックしてください。そして、Rect Transform項目のPosを「-120, -120, 0」、Width・Heightを「200, 200」に設定してください。

Fig.5-55 アンカーポイントを右上に設定する

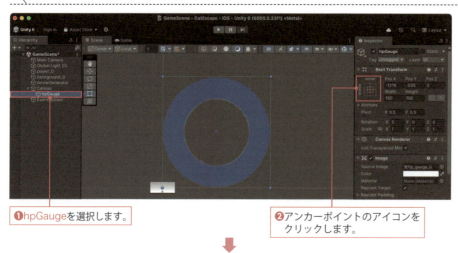

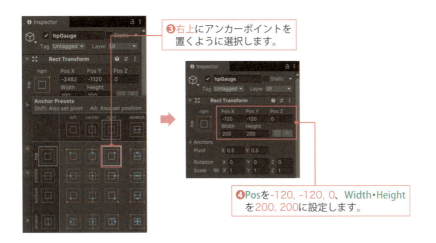

❸右上にアンカーポイントを置くように選択します。

❹Posを-120, -120, 0、Width・Heightを200, 200に設定します。

🐟 HPゲージを減少させる

HPゲージを減らすには、UIオブジェクトのImageに用意されている「Fill」の機能を使います。この機能を使えば「Fill Amount」の値を変えることで、画像の表示領域を変化させられます。

Fig.5-56 Fill Amountの表示

Fill Amount　1.0　　0.8　　0.6　　0.4　　0.2

ゲージの表示方法には、円形に画像を切り取る方法以外にも、上下方向（Horizontal）や左右方向（Vertical）、扇型（Radial）でゲージが欠けていくものなど、数種類のバリエーションが用意されています。「Fill Method」を変更して、これらの方法を一通り試してみるとよいでしょう。

Table 5-2 Fill Methodの種類

Fill Method	役割
Horizontal	横方向に画像を切り取る
Vertical	縦方向に画像を切り取る
Radial 90	90度の扇形に画像を切り取る
Radial 180	半円形に画像を切り取る
Radial 360	円形に画像を切り取る

今回は円形のゲージにしたいので、「Radial 360」を指定しましょう。ヒエラルキーウィンドウからhpGaugeを選択し、インスペクターのImage項目のImage Typeを「Filled」、Fill Methodを「Radial 360」に設定します。Fill Originは切り取りを開始する位置を指定します。今回は上から切り取りを開始するので「Top」を指定しましょう。

Fill Amountのスライダを動かしてみると、シーンビュー上のHPゲージの増減を確認できます。HPゲージが満タンの状態で始めるので、Fill Amountの初期値は「1」に設定しておきましょう。

Fig.5-57 Fill Amountの設定

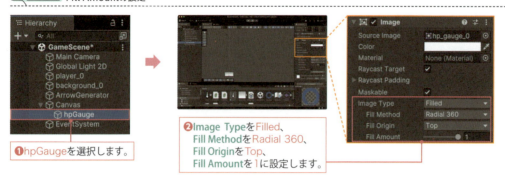

❶hpGaugeを選択します。
❷Image TypeをFilled、Fill MethodをRadial 360、Fill OriginをTop、Fill Amountを1に設定します。

設定が終わったらゲームを実行してみましょう。右上にHPゲージが表示されていますね。

Fig.5-58 UI配置後のゲーム実行画面

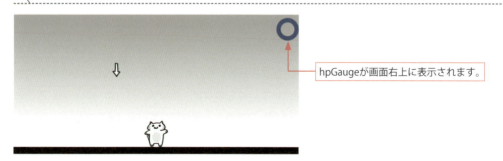

hpGaugeが画面右上に表示されます。

アンカーポイントを設定して、表示がデバイスに依存しないUIを作成できました！ スマートフォンはデバイスごとに画面サイズが異なるので、アンカーポイントの設定が非常に重宝します。スマートフォン向けにゲームを作ろうと思っている人は是非、アンカーポイントの仕組みについて理解しておいてください。

5-9 UIを書き換える監督を作ろう

①プロジェクトの作成　②プレイヤの移動　③矢の移動　④当たり判定　⑤工場の作成　⑥監督の作成

5-9-1 UIを更新する流れを考える

　ついに5章のゲーム作り最後です！ 5-9節では、UIを更新するための「監督オブジェクト」を作成しましょう。監督は、プレイヤが矢に当たったことを検知して、HPゲージの表示を更新します。

　もう少し具体的にHPゲージの更新の流れを考えてみましょう。プレイヤと矢の当たり判定は矢コントローラで行っていました。そこで、プレイヤが矢に当たったタイミングで、矢コントローラから監督に「HPゲージを減らして」とお願いします。これを受けて監督はHPゲージの表示を更新します。この流れをまとめると、Fig.5-59のようになります。

❶矢コントローラから監督にHPの減少を伝える
❷監督はHPゲージのUIを更新する

Fig.5-59 ゲームの進行状況とUIの変化

矢コントローラスクリプト　監督スクリプト　HPゲージ
①HPの更新　②UIの更新

5-9-2 UIを更新するための監督を作る

まずは、監督を作って、HPゲージの表示を減らす部分のスクリプトを作成しましょう。監督の作り方の流れは、**「監督スクリプトを作成」**→**「空のオブジェクトの作成」**→**「空のオブジェクトに監督スクリプトをアタッチ」**でした。

監督スクリプトを作成する

まず監督スクリプトを作成します。プロジェクトウィンドウで右クリックしてCreate→Scripting→MonoBehaviour Scriptを選択し、ファイル名を「GameDirector」に変更します。

スクリプトの作成→GameDirector

続いて、作成したGameDirectorをダブルクリックして開き、List 5-5のスクリプトを入力・保存してください。

List 5-5 UIを監督するスクリプト

```csharp
using UnityEngine;
using UnityEngine.UI;   // UIを使うので忘れずに追加

public class GameDirector : MonoBehaviour
{
    GameObject hpGauge;

    void Start()
    {
        this.hpGauge = GameObject.Find("hpGauge");
    }

    public void DecreaseHp()
    {
        this.hpGauge.GetComponent<Image>().fillAmount -= 0.1f;
    }
}
```

2行目の`using UnityEngine.UI;`は、UIオブジェクトをスクリプトから操作する際に必要となるものです。忘れずに追加してください。

監督スクリプトを使ってHPゲージを書き換えるためには、監督スクリプトがHPゲージの実体を操作できる必要があります。そこで、StartメソッドのなかでFindメソッドを使ってシーン中からHPゲージのオブジェクトを探し、hpGauge変数に代入しています。

後ほど、矢コントローラからHPゲージの表示を減らす処理を呼び出す（5-9-3項）ことを考えて、HPゲージの処理はpublicメソッドとして作成しています（13〜16行目）。これは矢とプレイヤが衝突した時に矢コントローラが呼び出すメソッドで、Imageオブジェクト（hpGauge）のfillAmountを減算して、HPゲージを表示する割合を減らしています。

空のオブジェクトを作成する

　監督スクリプトを記述できたら、空のオブジェクトを作成してアタッチします。これにより、空のオブジェクトは監督オブジェクトとして振る舞うようになるのでしたね。

Fig.5-60 監督オブジェクトの作り方

　ヒエラルキーウィンドウの＋→Create Emptyを選択して空のオブジェクトを作成します。するとヒエラルキーウィンドウに「GameObject」が作成されるので、名前を「GameDirector」に変更します。

Fig.5-61 空のオブジェクトを作成する

❶＋をクリックします。
❷Create Emptyを選択します。
❸作成されたオブジェクトの名前をGameDirectorに変更します。

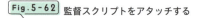 空のオブジェクトに監督スクリプトをアタッチする

プロジェクトウィンドウのGameDirectorスクリプトを、ヒエラルキーウィンドウのGameDirectorオブジェクトにドラッグ＆ドロップしてアタッチしましょう。

Fig.5-62 監督スクリプトをアタッチする

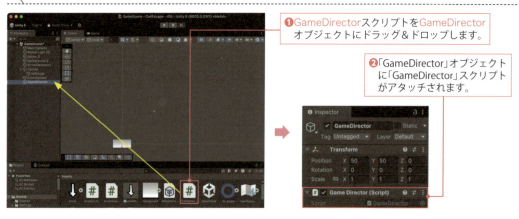

❶GameDirectorスクリプトをGameDirectorオブジェクトにドラッグ＆ドロップします。

❷「GameDirector」オブジェクトに「GameDirector」スクリプトがアタッチされます。

5-9-3 HPが減ったことを監督に伝える

矢とプレイヤが当たった時に、矢コントローラから監督スクリプトのDecreaseHpメソッドを呼び出す部分を作りましょう。

Fig.5-63 HPゲージの更新手順

矢とプレイヤの当たり判定は矢コントローラに実装しましたね。矢が当たったタイミングでHPを減らすため、DecreaseHpメソッドを呼び出す処理を矢コントローラの当たり判定の処理に追加しましょう。

プロジェクトウィンドウのArrowControllerをダブルクリックして開き、List 5-6のようにスクリプトを追加してください。

> **List 5-6** DecreaseHpメソッドを呼び出す処理を追加する

```
1   using UnityEngine;
2
...中略...
12      void Update()
13      {
14          // フレームごとに等速で落下させる
15          transform.Translate(0, -0.1f, 0);
16
17          // 画面外に出たらオブジェクトを破棄する
18          if (transform.position.y < -5.0f)
19          {
20              Destroy(gameObject);
21          }
22
23          // 当たり判定
24          Vector2 p1 = transform.position;              // 矢の中心座標
25          Vector2 p2 = this.player.transform.position;  // プレイヤの中心座標
26          Vector2 dir = p1 - p2;
27          float d = dir.magnitude;
28          float r1 = 0.5f;   // 矢の半径
29          float r2 = 1.0f;   // プレイヤの半径
30
31          if (d < r1 + r2)
32          {
33              // 監督スクリプトにプレイヤと衝突したことを伝える
34              GameObject director = GameObject.Find("GameDirector");
35              director.GetComponent<GameDirector>().DecreaseHp();
36
37              // 衝突した場合は矢を消す
38              Destroy(gameObject);
39          }
40      }
41  }
```

　ArrowControllerから、GameDirectorオブジェクトが持つDecreaseHpメソッドを呼び出すため、Findメソッドを使って「GameDirector」オブジェクトを探します(34行目)。

　次に、GetComponentメソッドを使ってGameDirectorオブジェクトの持つ「GameDirector」スクリプトを取得し、DecreaseHpメソッドを呼び出しています(35行目)。

Fig.5-64 DecreaseHpメソッドを呼び出す

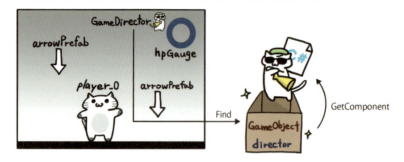

UIを更新するためにはFig.5-63に示したように、「矢コントローラ」から「監督スクリプト」、また「監督スクリプト」から「HPゲージ」へとアクセスする必要がありました。このように自分以外のオブジェクトのコンポーネントにアクセスする場合は「Find」と「GetComponent」を組み合わせて使う必要があります。もう一度、その方法をまとめておきます。

> 🐾 **自分以外のオブジェクトの持つコンポーネントにアクセスする方法** 重要！
> ❶ Findメソッドでオブジェクトを探し出します。
> ❷ GetComponentメソッドでオブジェクトの持つコンポーネントを取得します。
> ❸ コンポーネントの持つデータにアクセスします。

ゲームを実行してみましょう。プレイヤが矢に当たるとHPの表示が削られていきますね！

Fig.5-65 ゲームで遊んでみる

プレイヤに矢が当たると、HPゲージが減ることを確認します。

次の5-10節ではスマートフォン対応をしていきます。スマートフォンでは左右矢印キーのかわりにボタンを2つ配置し、ボタンが押されるとプレイヤを移動するように変更していきます。

また、5章のサンプルでは、HPが0になってもゲームオーバにはなりません。ゲームオーバ画面やクリア画面など、別の画面に遷移する方法は6章で解説します。

5-10 スマートフォンで動かしてみよう

パソコン上でちゃんと動くゲームができたので、最後に実機（スマートフォン）で動かしてみましょう。パソコンのキー操作はスマートフォンではできないので、修正が必要になります。

5-10-1 パソコンと実機の違いを考える

5章で作ってきたゲームは、矢印キーに応じてプレイヤが左右に動くものでした。しかし、スマートフォンには左右キーがないため、このままではプレイヤを動かすことができません。**スマートフォンで操作できるように、画面上に左右ボタンを配置しましょう。**

UnityではボタンもUI部品として提供されています。そのため、比較的簡単にボタンを使うことができます。ボタンの追加は次の流れで行います。

❶UI部品を使って右ボタンを作る（5-10-2項）。
❷右ボタンを複製して左ボタンを作る（5-10-3項）。
❸ボタンに反応してプレイヤが動くようにスクリプトを修正する（5-10-4項）。

5-10-2 右ボタンを作る

プレイヤを移動させるボタンは、UI部品のButtonを使います。ボタンは、画面右下と左下に配置します。まずは右ボタンから配置しましょう。

ヒエラルキーウィンドウから＋→UI→Button-TextMeshProを選択します。TMP Importerのウィンドウが表示されるのでImport TMP Essentialsボタンをクリックしてください。インポートが終わったらウィンドウは閉じておいてください。続いて、作成された「Button」の名前を「RButton」に変更します。

Fig.5-66 ボタンを作成する

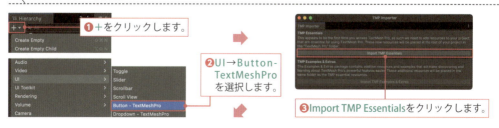

❹作成されたButtonの名前を
RButtonに変更します。

名前が変更できたら、ボタン画像と座標をインスペクターで設定しましょう。ヒエラルキーウィンドウでRButtonを選択し、インスペクターでアンカーポイントを右下に設定します。続いてRect Transform項目のPosを「-200, 200, 0」、Width・Heightを「250, 250」に設定し、Image項目のSource Imageに、プロジェクトウィンドウから右ボタンの画像「RButton」をドラッグ＆ドロップしてください。

Fig.5-67 右ボタンの設定

❶RButtonを選択します。

❷アンカーポイントを右下に設定します。

❹Image項目のSource Imageに、プロジェクトウィンドウからRButtonをドラッグ＆ドロップします。

❸Posを-200, 200, 0、Width・Heightを250, 250に設定します。

ボタンのテキストを削除する

ボタン画像の上には、「Button」というテキストが表示されていると思います。このテキストは「Button」が持つ「Text（TMP）」という子要素が管理しています。今回は不要なので、この「Text（TMP）」を削除します。

ヒエラルキーウィンドウから▶RButtonの▶をクリックして子要素の「Text(TMP)」を表示し、右クリック→Deleteで消去してください。

Fig.5-68 ボタンのテキストを削除する

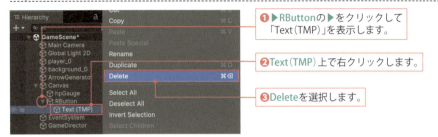

5-10-3 右ボタンを複製して左ボタンを作る

左ボタンは右ボタンを複製して作ります。ヒエラルキーウィンドウからRButtonを選択し、右クリック→Duplicateで複製します。「RButton(1)」という名前で作成されるので、名前を「LButton」に変更してください。

Fig.5-69 右ボタンを複製して左ボタンを作成する

次に、左ボタンの位置と画像を修正しましょう。ヒエラルキーウィンドウでLButtonを選択し、インスペクターでアンカーポイントを左下に設定、Rect Transform項目のPosを「200, 200, 0」に変更します（Width・Heightは「250」のままとします）。ボタンの画像を左矢印にするため、Imageの項目のSource Imageにプロジェクトウィンドウから左ボタンの画像「LButton」をドラッグ＆ドロップしてください（Fig.5-70）。

Fig.5-70 左ボタンの設定

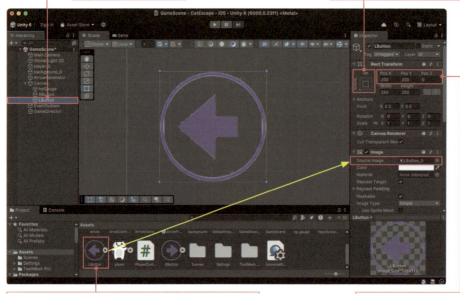

❶LButtonを選択します。
❷アンカーポイントを左下に設定します。
❸Posを200, 200, 0に設定します。
❹Image項目のSource Imageに、プロジェクトウィンドウからLButtonをドラッグ＆ドロップします。

5-10-4 ボタンを押した時にプレイヤを移動させる

先ほどシーンビューに配置したボタンには、**ボタンが押された時に呼び出すメソッド**を指定できます。そのためにはボタン押下時に呼び出したいメソッドをインスペクターから登録する必要があります。ボタンを押した時にプレイヤが移動するように、下記の流れで作っていきましょう。

❶プレイヤを左に移動するメソッド（LButtonDown）と右に移動するメソッド（RButtonDown）を作成する
❷各ボタンにこれらのメソッドを登録する

Fig.5-71 ボタンを押した時に指定のメソッドを呼び出すことができる

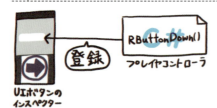

プレイヤを左右に移動させるメソッドを作る

左ボタンが押された時にプレイヤを左に動かすLButtonDownメソッドと、右ボタンが押された時にプレイヤを右に動かすRButtonDownメソッドをPlayerController内に実装しましょう。

プロジェクトウィンドウのPlayerControllerをダブルクリックして開き、List 5-7のように修正します。

List 5-7 ボタンクリックで動かすように修正する

```
1  using UnityEngine;
2  using UnityEngine.InputSystem;
3
4  public class PlayerController : MonoBehaviour
5  {
6      void Start()
7      {
8          Application.targetFrameRate = 60;
9      }
10
11     public void LButtonDown()
12     {
13         transform.Translate(-3, 0, 0);
14     }
15
16     public void RButtonDown()
17     {
18         transform.Translate(3, 0, 0);
19     }
20 }
```

LButtonDownメソッドでは、Translateメソッドを使ってプレイヤを左（X方向に「-3」）に動かしています。RButtonDownメソッドではプレイヤを右（X方向に「3」）に動かしています。

ボタンを押した時のメソッドを指定する

ボタンを押した時に呼び出すメソッドができたので、各ボタンに作成したメソッドを登録しましょう。

ヒエラルキーウィンドウでRButtonを選択し、インスペクターのButton項目からOn Click()欄の+ボタンをクリックしてください。そして、None（Object）と書かれた欄に、ヒエラルキーウィンドウからplayer_0をドラッグ＆ドロップしてください。すると、「player_0」にアタッチされているスクリプトのメソッドをボタンに登録できるようになります。No Functionと書かれたドロップダウンリストをクリックして、PlayerController→RButtonDown()を選択してください。**リスト中にRButtonDown()が見当たらない場合は、List 5-7のRButtonDownメソッド（16行目）にpublic修飾子を付け忘れていないか確認してください。**

Fig.5-72 右ボタンが押された時に呼ばれるメソッドを設定する

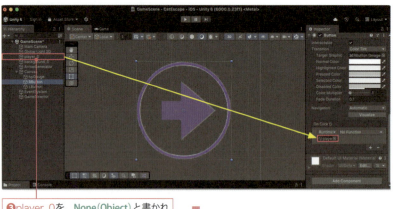

同様の手順で左ボタンも設定してください。これで実機用に修正する手順は終了です。次は実機にインストールしましょう！

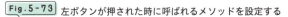
Fig.5-73 左ボタンが押された時に呼ばれるメソッドを設定する

左右のボタンにメソッドが設定できたら、ゲームを実行してみましょう。ボタンを押して、プレイヤが左右に移動することを確認してください。

5-10-5 iPhoneでビルドする場合

実機で検証するために、まずはUSBケーブルでPCとスマートフォンを接続してください。また、スマートフォン向けのビルド設定は、既に行われているものとします（200ページ）。

Build ProfilesウィンドウでPlayer Settingsをクリックし、Company Nameに英数字でご自身のお名前などを入力します（他の人と重複しない文字列にしてください）。Build Profilesウィンドウの左側のPlatforms欄からScene Listを選択し、右側のScene Listにプロジェクトウィンドウのうの GameSceneをドラッグ＆ドロップして、Scenes/SampleSceneのチェックを外してください。設定ができたらBuildボタンをクリックし、New Folderボタンを押して「CatEscape_iOS」と入力し、Createボタン→Chooseボタンの順にクリックして書き出しをスタートしてください。

プロジェクトフォルダに作られた「CatEscape_iOS」フォルダのUnity-iPhone.xcodeprojをダブルクリックしてXcodeを開き、Signing項目のTeamを選択してから、実機に書き込んでください。

iPhone向けビルドの詳細は、145ページを参照してください。

5-10-6 Androidでビルドする場合

　USBケーブルで実機とスマートフォンを接続してください。スマートフォン向けのビルド設定は、既に行われているとします（200ページ）。
　Build ProfilesウィンドウでPlayer Settingsをクリックし、Company Nameに英数字でご自身のお名前などを入力します（他の人と重複しない文字列にしてください）。Build Profilesウィンドウの左側のPlatforms欄からScene Listを選択し、右側のScene Listにプロジェクトウィンドウのgamesceneをドラッグ＆ドロップして、Scenes/SampleSceneのチェックを外してください。設定ができたらBuild And Runボタンをクリックし、プロジェクト名を「CatEscape_Android」、保存先には「CatEscape」のプロジェクトフォルダを指定して、apkファイルの作成と実機への書き込みをスタートしてください。
　Android向けビルドの詳細は、151ページを参照してください。

　以上で、5章のゲームの作成はおしまいです。プレイヤが矢に当たった時のリアクションや、サウンド、メニュー画面、画面遷移、レベルデザインなど、まだまだ手をかけたい重要な項目がたくさんあります。6章以降では、これらの要素も考慮したアクションゲームを作りますので、お楽しみに！

> **Tips　デバッグのお供にDebug.Log**
>
> 　エラーメッセージは出ていないのだけれども、「意図していた挙動とぜんぜん違う！」ということはよくあります。エラーのなかでは一番見つけにくい厄介な問題ですが、頻繁に起こります。こんな時は、該当の変数をDebug.Logで書き出してみる方法が有効です。
> 　例えば、「キャラクタの動きが思ったのと全然違う」という場合には、Debug.Logでキャラクタの座標（transform.position）を書き出してみましょう。これでもわからなければ、キャラクタにかけている力の値を書き出してみましょう。これでもわからなければ‥‥、というようにどんどん遡って見ていくと、意図通りに動いていない変数を特定できます。

Chapter 6
Physicsとアニメーション

キャラクタのアニメーションや
物理的に動かす方法を学びましょう！

> この章では「プレイヤが雲の上をジャンプしながら移動する
> ゲーム」を作ります。Physicsの使い方やプレイヤをアニメー
> ションさせてゲームを作る方法を学びましょう。
>
> **この章で学べる項目**
> - Physicsの使い方
> - アニメーションの方法
> - シーンの遷移方法

6-1 ゲームの設計を考えよう

5章のゲーム作りを通して、Prefabの使い方、工場の作り方、自前の当たり判定の方法などを学びました。この章ではPhysicsを使ったオブジェクトの動かし方や、アニメーションの付け方、シーン遷移などを勉強しましょう！

6-1-1 ゲームの企画を作る

今回作るのは、「猫が雲の足場を利用しながらゴールの旗までたどり着くゲーム」です。プレイヤは右方向に自動で移動するようにし、タイミングよく画面をタップすることでジャンプさせてゴールを目指します。また、今回はプレイヤが歩いたりジャンプしたりするアニメーションも付けましょう。ゴールまでたどり着くとクリアシーンに遷移します。

Fig.6-1 これから作るゲームのイメージ

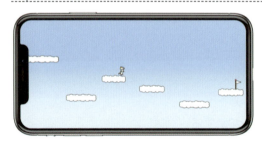
ゲームシーン

クリアシーン

6-1-2 ゲームの部品を考える

このゲームイメージをもとに、毎度おなじみの流れでゲームの設計を考えていきます。

Step❶　画面上のオブジェクトをすべて書き出す
Step❷　オブジェクトを動かすためのコントローラスクリプトを決める
Step❸　オブジェクトを自動生成するためのジェネレータスクリプトを決める
Step❹　UIを更新するための監督スクリプトを用意する
Step❺　スクリプトを作る流れを考える

ステップ① 画面上のオブジェクトをすべて書き出す

まずは画面上にあるオブジェクトを書き出します。Fig.6-1を見て考えてみましょう。

ゲームシーンにはプレイヤの猫、足場の雲、背景画像、ゴールの旗があります。クリアシーンにはテキストと背景画像があるように見えますが、今回は1枚の画像で構成しています。したがってクリアシーンで必要なのは背景画像だけです。

Fig.6-2　画面上のオブジェクトを書き出す

ステップ② オブジェクトを動かすためのコントローラスクリプトを決める

次に、ステップ①で書き出したオブジェクトのなかから、動くオブジェクトを探します。プレイヤは遊ぶ人が操作するので動くオブジェクトに分類できます。今回は、動くオブジェクトはプレイヤだけのようですね。

Fig.6-3　動くオブジェクトを書き出す

動くオブジェクトには、オブジェクトを動かすためのコントローラスクリプトが必要でした。今回の「動くオブジェクト」はプレイヤなので「プレイヤコントローラ」を用意します。

> **必要なコントローラスクリプト**
> ・プレイヤコントローラ

🐟 ステップ③ オブジェクトを自動生成するためのジェネレータスクリプトを決める

　このステップでは、ゲーム中に生成されるオブジェクトを探します。雲をこの項目に含めるかは迷いどころですが、今回のゲームでは雲の足場はゲーム作成時に配置することにしました。したがって、ゲーム中に生成されるオブジェクトはありません。

🐟 ステップ④ UIを更新するための監督スクリプトを用意する

　ゲームの進行状況を判断して、UIを更新したりシーンの制御を行ったりする監督が必要です。今回はシーン遷移が必要なので監督を用意します。

> **必要な監督**
> ・シーン遷移用の監督

🐟 ステップ⑤ スクリプトを作る流れを考える

　このステップでは、各スクリプトを作る流れをもう少し考えていきます。基本的には**「コントローラスクリプト」→「ジェネレータスクリプト」→「監督スクリプト」**の順番で作ります。この流れに沿って手戻りなくゲームを作るのが理想ですが、ゲームの規模が大きくなるとどうしても検討漏れが発生して、前の手順に戻ることがあります。

　「最初から完璧に設計しよう！」と意気込むと疲れてしまうので、**「設計漏れに気づいたら、手順を遡って追加すればいいや」**ぐらいの気持ちでゲーム作成を進めていくのがオススメです。

Fig.6-4 スクリプトを作る流れ

今回作らなければいけないスクリプトは、プレイヤコントローラとシーン遷移用の監督の2つになります。

プレイヤコントローラ

ゲーム開始とともにプレイヤを右に自動で移動するようにし、タップした時にはジャンプするスクリプトを作成します。また、パラパラ漫画の要領でプレイヤのアニメーションを作ります。

シーン遷移用の監督

プレイヤがゴールに到達した時、ゲームシーンからクリアシーンに遷移する監督スクリプトを作成します。

今回は、Physicsを使ってプレイヤを動かしたり、当たり判定をしたりしていきます。ゲームを作る流れは次の図のようになります。

Fig.6-5 ゲームを作る流れ

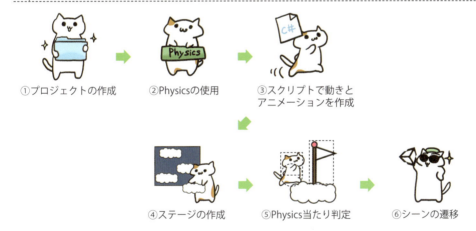

①プロジェクトの作成　②Physicsの使用　③スクリプトで動きとアニメーションを作成

④ステージの作成　⑤Physics当たり判定　⑥シーンの遷移

ゲームの見た目や種類が変わっても根本的な設計はほぼ同じです。本章のゲーム作りを通して、このことを体感してもらえればと思います。

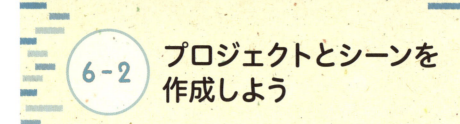

6-2 プロジェクトとシーンを作成しよう

①プロジェクトの作成　②Physicsの使用　③スクリプトで動きとアニメーションを作成　④ステージの作成　⑤Physics当たり判定　⑥シーンの遷移

6-2-1 プロジェクトの作成

　プロジェクトの作成から始めましょう。プロジェクトを作成するには、Unity Hubを起動した時に表示される画面から新しいプロジェクトをクリックしてください。

　「新しいプロジェクト」をクリックすると、プロジェクトの設定画面になります。テンプレートの項目は「Universal 2D」を選択し、プロジェクト名は「ClimbCloud」と入力してください。また、保存場所を決めて、Unity Cloudに接続のチェックを外します。画面右下の青色のプロジェクトを作成ボタンをクリックすると、指定したフォルダにプロジェクトが作成されUnityエディターが起動します。

テンプレートの選択→Universal 2D
プロジェクトの作成→ClimbCloud

🐟 プロジェクトに素材を追加する

　Unityエディターが起動したら、今回のゲームで使用する素材をプロジェクトに追加しましょう。ダウンロードした素材データの「chapter6」フォルダを開いて、中身の素材をすべてプロジェクトウィンドウにドラッグ＆ドロップしてください。

URL 本書のサポートページ
https://isbn2.sbcr.jp/28192/

　ゲームで使用する各ファイルの役割はTable 6-1の通りです。今回はプレイヤに歩行アニメーションを付けるので、歩行アニメーション用の画像を用意しています（catWalkA、catWalkB）。

また、プレイヤがジャンプした時は歩行アニメーションをやめてジャンプするように、ジャンプの画像も用意しています（catJump）。アニメーション画像といっても、動画ファイルなどではなく、パラパラ漫画を作るための画像ファイルです。

Fig.6-6 素材を追加する

プロジェクトウィンドウに素材をドラッグ＆ドロップします。

Table 6-1 使用する素材の形式と役割

ファイル名	形式	役割
background.png	pngファイル	ゲーム画面の背景画像
backgroundClear.png	pngファイル	クリア画面の背景画像
catJump.png	pngファイル	ジャンプの画像
catWalkA.png、catWalkB.png	pngファイル	歩行アニメーション画像
cloud.png	pngファイル	雲の画像
flag.png	pngファイル	旗の画像

Fig.6-7 使用する素材

6-2-2 スマートフォン用に設定する

スマートフォン用にビルドするための設定をします。

メニューバーから**File→Build Profiles**を選択します。Build Plofilesウィンドウが開くので左側の**Platforms**欄から「**iOS**（Android用にビルドする場合は**Android**）」を選択して、**Switch Platform**ボタンをクリックします。詳しい手順は3章を参照してください（126ページ）。

画面サイズの設定

続けてゲームの画面サイズを設定しましょう。**Game**タブをクリックし、ゲームビューの左上にある画面サイズ設定のドロップダウンリストを開き、**対象となるスマートフォンの画面サイズに合ったもの**を選択してください。本書では、「iPhone 12 Pro 2532×1170 Landscape」を選択します。詳しい手順は3章を参照してください（127ページ）。

6-2-3 シーンを保存する

シーンを作成します。メニューバーから**File→Save As**を選択し、シーン名を「**GameScene**」として保存してください。保存できるとUnityエディターのプロジェクトウィンドウに、シーンのアイコンが出現します。詳しい手順は3章を参照してください（128ページ）。

シーンの作成→GameScene

Fig.6-8 シーンの作成までを行った状態

シーンが保存されます。

6-3 Physicsについて学ぼう

①プロジェクトの作成 → ②Physicsの使用 → ③スクリプトで動きとアニメーションを作成 → ④ステージの作成 → ⑤Physics当たり判定 → ⑥シーンの遷移

6-3-1 Physicsとは?

5章では矢の動きをスクリプトで制御しました。6章ではPhysicsを使ってプレイヤを移動させてみましょう。PhysicsはUnityに標準で付属している物理エンジン※です。これを使うことで簡単に**オブジェクトを物理挙動にしたがって動かせる**ようになります。

Fig.6-9　Physicsの働き

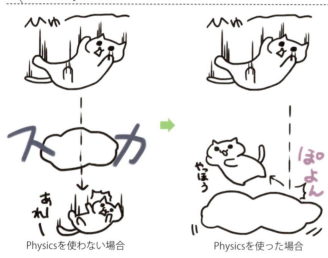

Physicsを使わない場合　　　Physicsを使った場合

※物理エンジン
物理エンジンとは、オブジェクトに物理的な挙動(落下・衝突など)をさせるためのシミュレーション用ライブラリです。物理エンジンを使うとオブジェクトの質量や摩擦係数、重力などを考慮して動きを計算するため、オブジェクトにリアルな挙動をさせることができます。

Physicsでは主に、RigidbodyコンポーネントとColliderコンポーネントを使用します。
　Rigidbodyコンポーネントは「力の計算（物体に働く重力や摩擦などの力の計算）」を担当し、Colliderコンポーネントは「物体の当たり判定」を担当します。したがって、**Physicsを使って物理挙動をさせたい場合には、オブジェクトにRigidbodyとColliderの2つのコンポーネントをアタッチします。**

Fig.6-10 RigidbodyとColliderの働き

Rigidbodyコンポーネント　　Colliderコンポーネント

Tips　Physicsの使いドコロ

　Physicsを使えば、簡単にオブジェクトを物理法則にしたがって動かすことができ、当たり判定も自動的に行ってくれます。したがって、今回のように**ステージの上をプレイヤが自由に移動するアクションゲーム**や、**複雑な当たり判定が必要なシューティングゲーム**に向いています。

Fig.6-11 Physicsに向いているゲーム

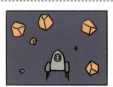

　ここまでの例からもわかるように、「Physicsが使えないとゲームが作れない」ということはなく、「**Physicsを使えば簡単に作れる**」というだけです。したがって、「Unityでゲームを作るんだからPhysicsを絶対に使わなきゃ！」と気負う必要はありません。上記のようなゲームを作る時には、Physicsが使えるのかをまずは検討してみるのがよいと思います。

6-3-2 Physicsを使ってプレイヤを動かす

実際に触ってみるとより理解しやすいと思います。さっそくPhysicsを使ってプレイヤを動かしてみましょう。シーンビューにプレイヤを配置した後、Rigidbody 2DとCollider 2Dコンポーネントをアタッチします。

RigidbodyとColliderはそれぞれ、2D用と3D用のものが用意されています。今回は2Dゲームなので「2D」と付いている方を使用します。

プレイヤを配置する

プレイヤをシーンビューに追加します。Sceneタブをクリックし、プロジェクトウィンドウからcatWalkAを選んでシーンビューにドラッグ＆ドロップしてください。次にヒエラルキーウィンドウでcatWalkA_0を選択し、インスペクターのTransform項目のPositionを「0, 0, 0」に設定します。

Fig.6-12 プレイヤをシーンに配置する

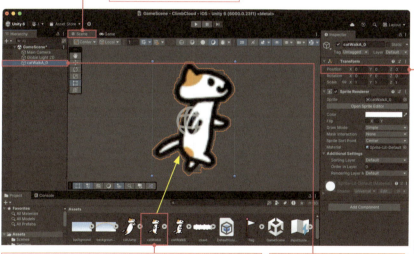

Rigidbody 2Dをアタッチする

配置したプレイヤが重力にしたがって落下するように、Rigidbody 2Dコンポーネントをアタッチします。ヒエラルキーウィンドウからcatWalkA_0を選択し、インスペクターの一番下にあるAdd Componentボタンをクリックします（Fig.6-13）。するとコンポーネントを選択するウィンドウが出てくるのでPhysics 2D→Rigidbody 2Dを選択して、Rigidbody 2Dをプレイヤにアタッチします。

Fig.6-13 プレイヤにRigidbody 2Dコンポーネントをアタッチする

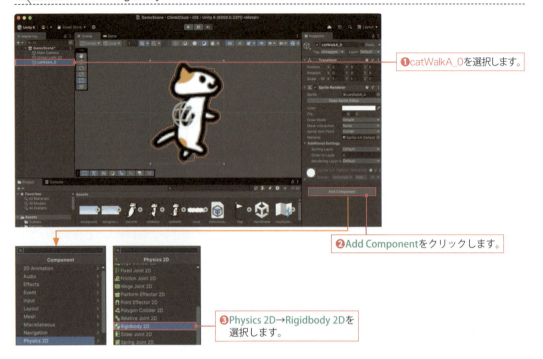

❶catWalkA_0を選択します。

❷Add Componentをクリックします。

❸Physics 2D→Rigidbody 2Dを選択します。

　Rigidbody 2Dコンポーネントがアタッチできたので、ゲームを実行してプレイヤが重力にしたがって動くか確認してみましょう。実行すると、プレイヤが画面下方向に重力にしたがって落下していきました！　スクリプトを1行も書いていないのに、プレイヤが物理挙動にしたがって動作しています。これがPhysicsの威力なのです。

Fig.6-14 プレイヤが落下することを確認する

🐟 Collider 2Dをアタッチする

　続いて、**プレイヤが他のオブジェクトと衝突する**ようにCollider 2Dコンポーネントをアタッチしましょう。ヒエラルキーウィンドウでcatWalkA_0を選択し、インスペクターからAdd Componentボタンをクリックして、Physics 2D→Circle Collider 2Dを選択します。

Fig.6-15 プレイヤにColliderコンポーネントをアタッチする

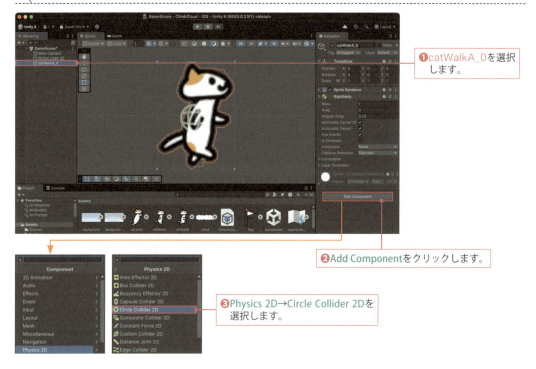

❶ catWalkA_0を選択します。

❷ Add Componentをクリックします。

❸ Physics 2D→Circle Collider 2Dを選択します。

Circle Collider 2Dをアタッチすると、プレイヤの画像の周りに緑色の円が表示されます。これが当たり判定用のコライダになります。これは5章（214ページ）で解説した当たり判定用の円と同様で、この円形のコライダと接触するとプレイヤに当たったと見なします。

Fig.6-16 円形のコライダをアタッチする

当たり判定用の円が追加されます。

Circle Collider 2Dの他にもTable 6-2に示すような形状のコライダが用意されているので、オブジェクトの形状に合わせてコライダを選びましょう。円形や四角形のコライダ以外にも、オブジェクトにフィットするようにコライダの形状を編集できるPolygon Colliderなどもあります。

Table 6-2 コライダの種類

コライダ名	コライダ形状
Circle Collider 2D	円形のコライダ
Box Collider 2D	矩形のコライダ
Edge Collider 2D	線形のコライダ。オブジェクトの一部に当たり判定を付けたい場合などに使用する
Polygon Collider 2D	多角形のコライダ。オブジェクトにフィットするように当たり判定を付けたい場合などに使用する

プレイヤにコライダをアタッチしたので、他のオブジェクトと衝突するようになりました。この効果を確かめるためにプレイヤの足元に雲を配置して、落下してきたプレイヤを受け止めてみましょう。

6-3-3 雲を足元に配置する

プロジェクトウィンドウからcloudをシーンビューにドラッグ＆ドロップします。そして、ヒエラルキーウィンドウでcloud_0を選択し、プレイヤの足元に雲が配置されるように、インスペクターのTransform項目のPositionを「0.8, -2, 0」に設定します。

Fig.6-17 雲をシーンに配置する

❶cloudをシーンビューにドラッグ＆ドロップします。
❷cloud_0を選択します。
❸Positionを0.8, -2, 0に設定します。

6-3-4 雲にもPhysicsを適用する

雲でプレイヤを受け止めるために、雲にもCollider 2Dコンポーネントをアタッチしましょう（今回は雲は物理挙動にしたがって動かさないので、Rigidbodyは不要です）。ヒエラルキーウィンドウでcloud_0を選択し、インスペクターからAdd Componentボタンをクリック、Physics 2D→Box Collider 2Dを選択してください。今回は雲の形に合わせて「Box Collider 2D」を選択したので、雲にフィットするように四角形のコライダが付きます。

Fig.6-18 雲にBox Collider 2Dコンポーネントをアタッチする

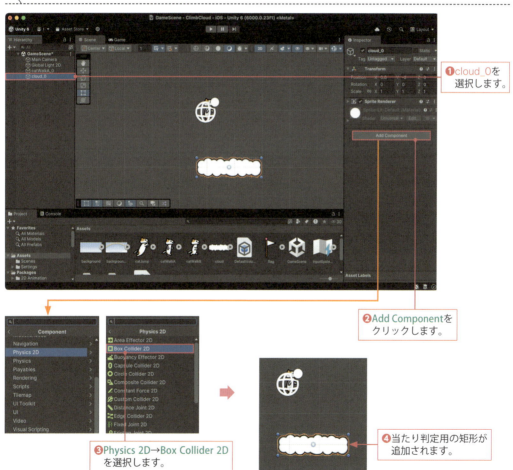

ゲームを実行してみてください。プレイヤが雲の上に乗りましたね！ ただ、プレイヤと雲の間に隙間ができてしまっています。これはコライダの形状がプレイヤと雲の画像よりも大きいことが原因です。次の節では、コライダの形状をオブジェクトにフィットさせましょう！

Fig.6-19 雲の上にプレイヤが着地することを確認する

プレイヤと雲の間に隙間ができています。

> Tips < さまざまなFindメソッド

これまでの章で、ゲームのシーンからオブジェクトを見つけることができるFindメソッドを紹介しました。このFindメソッドにはいくつかのバリエーションがあります（タグについては8章の384ページを参照してください）。

Table 6-3 Findメソッドのバリエーション

メソッド	用途
Find（オブジェクト名）	シーン中からオブジェクト名に一致するゲームオブジェクトを1つ探して返す
FindWithTag（タグ名）	シーン中からタグ名に一致するゲームオブジェクトを1つ探して返す
FindGameObjectsWithTag（タグ名）	シーン中からタグ名に一致するゲームオブジェクトを複数探す。返り値はGameObjectの配列

6-4 コライダの形を工夫してみよう

6-4-1 オブジェクトにフィットする形状のコライダ

ここまでプレイヤのコライダには「Circle Collider 2D」(円形のコライダ)を使ってきました。しかし、円形のコライダではFig.6-20のようにプレイヤにフィットしないため、当たり判定が大雑把になってしまいます。もう少し正確な当たり判定になるように、コライダの形状を工夫しましょう。

Fig.6-20 正確な当たり判定ができていない

　コライダの形状を四角形にすると、円形のコライダに比べるとオブジェクトにフィットしますが、少しの段差で引っかかってしまったり、狭い隙間に入るのが難しかったりします。
　移動するプレイヤに対してはカプセル形のコライダを使えば、接地部分の形状が円形なので、地面との引っかかりも少なくプレイヤの移動が不快に感じにくくなります (Fig.6-21)。
　そこで、今回は半カプセル型のコライダを作ります。Unityには「Capsule Collider 2D」というものがありますが、ここでは自分でコライダを組み合わせて作る方法を学びましょう。Fig.6-22のように**円と四角形を組み合わせて作ります**。

Fig.6-21 四角形とカプセル形のコライダの違い

Fig.6-22 円と四角形で半カプセル型のコライダを作る

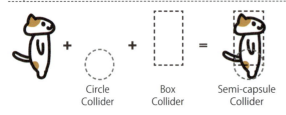

6-4-2 プレイヤのコライダ形状を修正する

　半カプセル型のコライダを作っていきましょう。先ほど円形のコライダを配置したので、これをプレイヤの足元に移動して、胴回りには四角形のコライダを追加します。**コライダの位置や大きさはインスペクターから変更できます。**

　まずは円形のコライダを移動・縮小しましょう。ヒエラルキーウィンドウからcatWalkA_0を選択して、インスペクターからCircle Collider 2D項目の**Offset**を「0, -0.2」、**Radius**を「0.25」に設定します。

　「Offset」には円の中心座標を初期位置からどの程度ずらすかを設定し、「Radius」には円形コライダの半径を設定しています。

Fig.6-23 プレイヤのコライダを調整する

❶ヒエラルキーウィンドウでcatWalkA_0を選択して、Circle Collider 2D項目のOffsetを0, -0.2、Radiusを0.25に設定します。

❷円形のコライダが足元に移動します。

次に、胴回りに四角形のコライダを作るため、ヒエラルキーウィンドウからcatWalkA_0を選択した状態で、インスペクターからAdd Componentボタンをクリック、Physics 2D →Box Collider 2Dを選択します。

Fig.6-24 プレイヤに四角形のコライダを追加する

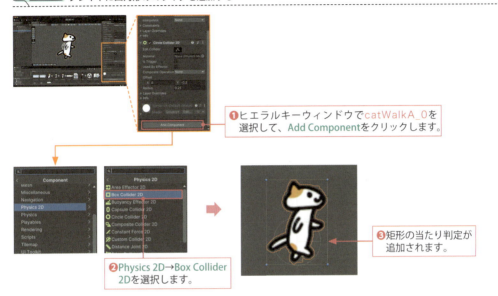

❶ヒエラルキーウィンドウでcatWalkA_0を選択して、Add Componentをクリックします。
❷Physics 2D→Box Collider 2Dを選択します。
❸矩形の当たり判定が追加されます。

四角形のコライダをプレイヤの胴回りに配置するため、引き続きcatWalkA_0を選択した状態で、インスペクターからBox Collider 2D項目のOffsetを「0, 0.1」、Sizeを「0.5, 0.6」に設定します。「Size」には四角形の横幅と縦幅を指定しています。

Fig.6-25 四角形のコライダを調整する

❶ヒエラルキーウィンドウでcatWalkA_0を選択して、Box Collider 2D項目のOffsetを「0, 0.1」、Sizeを0.5, 0.6に設定します。
❷コライダが半カプセル状になりました。

プレイヤの回転を防止する

半カプセル状のコライダは足元が円形なので、外部から小さな力が加わるだけで簡単に転倒してしまいます。これを防ぐためFreeze Rotationの項目を設定します。

Freeze Rotationは**指定した軸まわりの回転を防止する項目**です。今回はプレイヤの転倒を防ぐため、Z軸まわり（画面奥方向へ向かう軸）の回転を防止します。

ヒエラルキーウィンドウでcatWalkA_0を選択し、インスペクターからRigidbody 2D項目の▶Constraintsをクリックして項目を展開して、Freeze RotationのZのチェックボックスにチェックを入れてください。

Fig.6-26 プレイヤが回転しないように設定する

❶catWalkA_0を選択します。　❷▶Constraintsをクリックして項目を展開します。　❸Freeze RotationのZをチェックします。

6-4-3 雲のコライダを調整する

現状では雲のコライダは雲の外周にフィットしているので、プレイヤが着地した時に浮いたように見えてしまいます。そこで、雲のコライダの大きさが少し小さくなるように調整しましょう。ヒエラルキーウィンドウでcloud_0を選択し、インスペクタからBox Collider 2D項目のSizeを「2.35, 0.5」に設定します。

Fig.6-27 雲のコライダを調整する

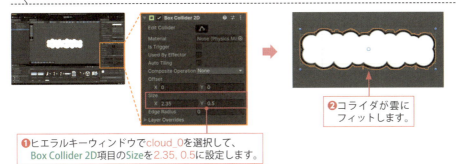

❶ヒエラルキーウィンドウでcloud_0を選択して、Box Collider 2D項目のSizeを2.35, 0.5に設定します。

❷コライダが雲にフィットします。

ゲームを実行して、Physicsが正しく動作するか確認してみましょう。今回はプレイヤと雲がちゃんと接していますね！ **オブジェクトの形状によって、最適なコライダの形は違います。** オブジェクトの特徴に合ったコライダ形状になるように、その都度調整しましょう。

Fig.6-28 プレイヤと雲が接していることを確認する

プレイヤが、ちゃんと雲に乗っています。

6-3節と6-4節ではPhysicsの使い方について学びました。ユーザの入力に応じてプレイヤを移動させるためには、コントローラスクリプトが必要になります。次節ではプレイヤコントローラを作成していきます！

6-5 入力に応じてプレイヤを動かそう

①プロジェクトの作成 → ②Physicsの使用 → ③スクリプトで動きとアニメーションを作成 → ④ステージの作成 → ⑤Physics当たり判定 → ⑥シーンの遷移

6-5-1 スクリプトを使ってジャンプさせる

6-5節では、プレイヤが右に移動したり、ユーザの入力に応じてジャンプしたりするようにしましょう。**Physicsをアタッチしただけではユーザの入力をオブジェクトの動きに反映することはできません。**ユーザの入力をプレイヤの動きに反映するためにはスクリプトが必要なので、マウスのクリックでプレイヤがジャンプするスクリプトを作成しましょう。

Fig.6-29 プレイヤの台本を作る

　Physicsを使ってオブジェクトを移動させる場合、**オブジェクトの座標を直接書き換えるのではなく、「オブジェクトに力を加える」ことで移動させます**（座標を直接書き換えると、当たり判定が保証されなくなり、オブジェクトが衝突してもすり抜けることがあります）。一度プレイヤに力を加えてしまえば、その後の動きはPhysicsが計算してくれます。

Fig.6-30 Physicsによる移動方法

座標を書き換えて
移動させる

力を加えて
移動させる

動くオブジェクトの作り方は以下の通りでしたね。プレイヤの配置はできているので、❷のコントローラスクリプトの作成から行います。

> 🐾 **動くオブジェクトの作り方** 重要!
> ❶シーンビューにオブジェクトを配置します。
> ❷オブジェクトの動かし方を書いたスクリプトを作成します。
> ❸作成したスクリプトをオブジェクトにアタッチします。

プロジェクトウィンドウ内で右クリックしてCreate→Scripting→MonoBehaviour Scriptを選択し、ファイル名を「PlayerController」に変更します。

スクリプトの作成→PlayerController

プロジェクトウィンドウのPlayerControllerをダブルクリックして開き、List 6-1のスクリプトを入力・保存してください。

List 6-1 マウスクリックでプレイヤをジャンプさせるスクリプト

```
1  using UnityEngine;
2  using UnityEngine.InputSystem;    // 入力を検知するために必要!!
3
4  public class PlayerController : MonoBehaviour
5  {
6      Rigidbody2D rigid2D;
7      float jumpForce = 600.0f;
8
9      void Start()
10     {
11         Application.targetFrameRate = 60;
12         this.rigid2D = GetComponent<Rigidbody2D>();
13     }
14
```

```
15      void Update()
16      {
17          // ジャンプする
18          if (Mouse.current.leftButton.wasPressedThisFrame)
19          {
20              this.rigid2D.AddForce(transform.up * this.jumpForce);
21          }
22      }
23  }
```

プレイヤに力を加えるには、Rigidbody 2Dコンポーネントが持っているAddForceメソッドを使います。Rigidbody 2Dコンポーネントの持つメソッドを使うため、Startメソッド内でGetComponentメソッドを使ってRigidbody 2Dコンポーネントを取得してメンバ変数に保存しています。

Fig.6-31 AddForceメソッドを呼び出す

ユーザの入力を検知するため、2行目にusing UnityEngine.InputSystem;を追加しています。そして、マウスをクリックした場合にプレイヤをジャンプさせるため、18行目でMouse.current.leftButton.wasPressedThisFrameを使ってマウスがクリックされたかどうかを調べています。マウスがクリックされた場合は、AddForceメソッドを使ってプレイヤに上方向の力をかけます（20行目）。上方向の力には、長さ「1」の上方向ベクトル（transform.up）にjumpForceの値を掛けた値を使っています。

Fig.6-32 オブジェクトに上方向の力を加える

6-5-2 プレイヤにスクリプトをアタッチする

プレイヤをスクリプト通りに動かすために、スクリプトをプレイヤにアタッチしましょう。プロジェクトウィンドウのPlayerControllerを選択し、ヒエラルキーウィンドウのcatWalkA_0にドラッグ＆ドロップしてください。

Fig.6-33 プレイヤにスクリプトをアタッチする

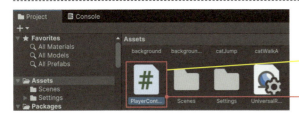

プロジェクトウィンドウのPlayerControllerを、ヒエラルキーウィンドウのcatWalkA_0にドラッグ＆ドロップします。

画面上部の実行ボタンを押して動きを確認してみましょう。マウスをクリックすると、ちゃんとプレイヤがジャンプしました！ マウスがクリックされた時に上向きの力を加えるだけで、その後の落下の動きはPhysicsが自動的に計算してくれます。これにより、非常にシンプルなコードで物理的な動きが実現できるのです。

Fig.6-34 プレイヤの動きを確認する

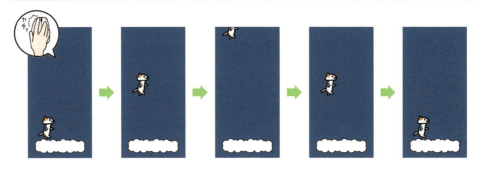

やってみよう！

PlayerControllerスクリプトの7行目のjumpForceの値を、今の半分の「300.0f」に変更してみましょう。上方向にかかる力が半分になったことでジャンプの高さも低くなりましたね！ 違いを試した後は、元の「600.0f」に戻しておいてください。

6-5-3 プレイヤに働く重力を調節する

プレイヤはジャンプするようになりましたが、動きがフワフワしていてメリハリがありませんね。そこで、**プレイヤに働く重力を大きくして、プレイヤの動きに重みを感じられる**ように変更してみましょう。Rigidbodyにかかる重力の大きさは、Gravity Scaleの値で調整できます。

プレイヤに働く重力を3倍にしましょう。ヒエラルキーウィンドウでcatWalkA_0を選択し、インスペクターからRigidbody 2D項目のGravity Scaleを「3」に設定します。

Fig.6-35 プレイヤにかかる重力を調節する

❶catWalkA_0を選択します。

❷Gravity Scaleを3に設定します。

もう一度ゲームを実行して、動きをチェックしてみましょう。プレイヤの重さが感じられる動きになったのではないでしょうか。このように、**Physicsの値をそのまま使うのではなく、ユーザが見ていて気持ちよい動きになるように調整する**ことも大切です。

6-5-4 プレイヤを右に移動させる

ジャンプの動作を作ることができたので、次はプレイヤを右に移動させるスクリプトを作ります。プロジェクトウィンドウのPlayerControllerをダブルクリックして開き、List 6-2のようにスクリプトを追加しましょう。

List 6-2 プレイヤを右に動かす処理を追加する

```
1  using UnityEngine;
2  using UnityEngine.InputSystem;
3
4  public class PlayerController : MonoBehaviour
5  {
6      Rigidbody2D rigid2D;
7      float jumpForce = 600.0f;
8      float walkForce = 30.0f;
9      float maxWalkSpeed = 2.0f;
```

```
10
11      void Start()
12      {
13          Application.targetFrameRate = 60;
14          this.rigid2D = GetComponent<Rigidbody2D>();
15      }
16
17      void Update()
18      {
19          // ジャンプする
20          if (Mouse.current.leftButton.wasPressedThisFrame)
21          {
22              this.rigid2D.AddForce(transform.up * this.jumpForce);
23          }
24
25          // 右に移動
26          if (this.rigid2D.linearVelocityX < this.maxWalkSpeed)
27          {
28              this.rigid2D.AddForce(transform.right * walkForce);
29          }
30      }
31  }
```

　プレイヤを右に移動させるためのスクリプトを、25〜29行目に追加しています。ジャンプの場合と同様に、AddForceメソッドを使って右に力をかけることでプレイヤを移動させています（28行目）。

　フレームごとにAddForceメソッドを使って力をかけ続けると、プレイヤはどんどん加速してしまいます。これは**アクセルをベッタリ踏みっぱなしだと、どんどん車が加速してしまう**のと同じです。車の運転と同様、プレイヤのX方向の速度（linearVelocityX）が指定した最高速度（maxWalkSpeed）より速い場合は、力を加えるのをやめて速度を調節しています（26行目）。

Fig.6-36 力を加え続けるとどんどん加速する

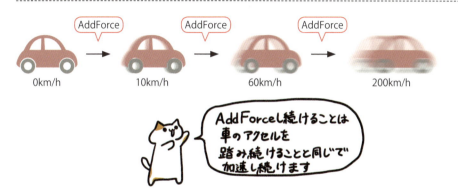

ゲームを実行して正しく動作するかを確認しましょう。猫が自動的に右方向に向かって動いていくはずです。ただ、猫の絵が動かないので雲の上を滑っているみたいですね･･･。歩いている見た目になるよう、猫にアニメーションを付けましょう！

Fig.6-37 移動はできたけど滑っているみたい･･･

> 🐾 **Physicsを使いこなすための心得**
> ・Physicsは楽するためのツール。使わなくてもゲームは作れる。
> ・物理挙動に沿ったゲームを作る場合、または当たり判定で楽したい時に有効。
> ・ユーザからの入力を反映するには、スクリプトを書く必要がある。
> ・Physicsを使ってオブジェクトを動かす時は、座標を操作するのではなく「力」をかける。

6-6 アニメーションを作ろう

①プロジェクトの作成 ②Physicsの使用 ③スクリプトで動きとアニメーションを作成 ④ステージの作成 ⑤Physics当たり判定 ⑥シーンの遷移

6-6-1 Unityのアニメーション

スクリプトでプレイヤが動くようになりました。でも、プレイヤが動いた時にスプライトの絵が変わらないのは少し物足りない感じがします。そこで6-6節では、**プレイヤが動いた時にアニメーションする**ように修正します。

Unityの2Dゲームでキャラクタアニメーションを作るには、パラパラ漫画方式が一般的です。これはゲームの世界ではスプライトアニメーションと呼ばれている方式で、少しずつ動きを変えたスプライトを用意して、一定間隔でそれを切り替えていきます。

Fig.6-38 スプライトアニメーション（パラパラ漫画）

Unityでパラパラアニメを作るには、ゲームの実行時にスクリプトで1コマずつイラストを挿し替える方法と、アニメーションの作成と切り替えを一貫して行えるMecanim（メカニム）という仕組みを使う方法があります。Mecanimによるアニメーションは、複数のアニメーションを切り替える時には便利ですが、今回のように猫が走ったりジャンプしたりするだけの単純なアニメーションを作るには多機能すぎます。そのため、ここではスクリプトでパラパラ漫画を作る方法を紹介します。

Fig.6-39 アニメーションの方法

スクリプトを使う方法　　Mecanimを使う方法

6-6-2 スクリプトでパラパラ漫画を作る

パラパラ漫画方式の歩行アニメを、スクリプトで作ってみましょう。プロジェクトウィンドウのPlayerControllerをダブルクリックして開き、List 6-3のようにスクリプトを追記してください。

List 6-3 パラパラ漫画方式の歩行アニメ

```
1  using UnityEngine;
2  using UnityEngine.InputSystem;
3
4  public class PlayerController : MonoBehaviour
5  {
6      Rigidbody2D rigid2D;
7      float jumpForce = 600.0f;
8      float walkForce = 30;
9      float maxWalkSpeed = 2.0f;
10     public Sprite[] walkSprites;
11     float time = 0;
12     int idx = 0;
13     SpriteRenderer spriteRenderer;
14
15     void Start()
16     {
17         Application.targetFrameRate = 60;
18         this.rigid2D = GetComponent<Rigidbody2D>();
19         this.spriteRenderer = GetComponent<SpriteRenderer>();
20     }
21
22     void Update()
23     {
24         // ジャンプ
25         if (Mouse.current.leftButton.wasPressedThisFrame)
26         {
27             this.rigid2D.AddForce(transform.up * this.jumpForce);
28         }
29
```

```
30            // 右に移動
31            if (this.rigid2D.linearVelocityX < this.maxWalkSpeed)
32            {
33                this.rigid2D.AddForce(transform.right * walkForce);
34            }
35
36            // アニメーション
37            this.time += Time.deltaTime;
38            if (this.time > 0.1f)
39            {
40                this.time = 0;
41                this.spriteRenderer.sprite = this. walkSprites [this.idx];
42                this.idx = 1 - this.idx;
43            }
44        }
45  }
```

　パラパラ漫画に使うスプライトはpublicとして宣言したwalkSprites配列に格納します（配列の個数と、代入するスプライトはこの後にインスペクターから設定します。5-7-7項で行ったアウトレット接続の手順です）。

　スプライトを切り替える方法は5章の矢の生成で用いた「ししおどし」の仕組みを使って、一定時間ごとに表示するスプライトを切り替えています。フレームの時間差を竹筒（time変数）に貯めていき、0.1秒貯まったところで中身を空にして（this.time = 0）、表示するスプライトを変更します（36〜43行目）。41行目でSpriteRendererコンポーネントのsprite変数に切り替えたいスプライトを代入しています。ここで登場したSpriteRendererは、画面にスプライトを表示するためのコンポーネントです。42行目では現在のidxが0の場合は1に、現在のidxが1の場合は0になるようにして、次に表示するスプライトを切り替えています。

Fig.6-40　ししおどしの仕組みを使ったスプライトの切り替え

6-6-3 スプライトを指定する

スクリプトで宣言したwalkSprites配列に、パラパラ漫画に必要な2枚のスプライトをインスペクターから設定します。walkSprites変数はpublic修飾子を付けて宣言しているので、インスペクターに表示されます。ここにアウトレット接続を使ってスプライトを代入しましょう。

Unityエディターに戻り、ヒエラルキーウィンドウからcatWalkA_0を選択してください。インスペクターのPlayer Controller（Script）項目の、▶Walk Spritesをクリックして項目を展開し、続けて「＋」をクリックしてください。Element 0という欄ができるので、プロジェクトウィンドウからcatWalkAをドラッグ＆ドロップしましょう。

同じように、もう一度「＋」をクリックすると、Element 1という欄ができるので、プロジェクトウィンドウからcatWalkBをドラッグ＆ドロップしてください。

Fig.6-41 walkSprites配列にスプライトを設定する

❶catWalkA_0を選択します。
❷▶Walk Spritesをクリックして展開します。
❸＋をクリックします。

❹catWalkAをElement 0にドラッグ＆ドロップします。

Fig.6-42 walkSprites配列にスプライトを設定する（つづき）

❺＋をクリックします。

❻catWalkBをElement 1にドラッグ&ドロップします。

　実行してみましょう。猫が歩くアニメーションが表示されました！試しにジャンプしてみると、ジャンプ中も歩くアニメーションになっていてちょっと違和感がありますね。ジャンプしている間はジャンプのスプライトを表示するように修正していきましょう！

Fig.6-43 猫が歩くアニメーションになっていることを確認

歩くアニメーションができました！
ただ、ジャンプ中も歩くアニメーションが表示されています

6-6-4 ジャンプ中の見た目を追加する

猫がジャンプしている間は、ジャンプのスプライトを表示しましょう。プロジェクトウィンドウのPlayerControllerをダブルクリックして開き、List 6-4のようにスクリプトを追記してください。

List 6-4 ジャンプのスプライトを表示する

```
1  using UnityEngine;
2  using UnityEngine.InputSystem;
3
4  public class PlayerController : MonoBehaviour
5  {
6      Rigidbody2D rigid2D;
7      float jumpForce = 600.0f;
8      float walkForce = 30;
9      float maxWalkSpeed = 2.0f;
10     public Sprite[] walkSprites;
11     public Sprite jumpSprite;
12     float time = 0;
13     int idx = 0;
14     SpriteRenderer spriteRenderer;
15
16     void Start()
17     {
18         Application.targetFrameRate = 60;
19         this.rigid2D = GetComponent<Rigidbody2D>();
20         this.spriteRenderer = GetComponent<SpriteRenderer>();
21     }
22
23     void Update()
24     {
25         // ジャンプ
26         if (Mouse.current.leftButton.wasPressedThisFrame)
27         {
28             this.rigid2D.AddForce(transform.up * this.jumpForce);
29         }
30
31         // 右に移動
32         if (this.rigid2D.linearVelocityX< this.maxWalkSpeed)
33         {
34             this.rigid2D.AddForce(transform.right * walkForce);
35         }
36
37         // アニメーション
38         if (this.rigid2D.linearVelocityY != 0)
39         {
40             this.spriteRenderer.sprite = this.jumpSprite;
41         }
```

```
42          else
43          {
47              this.time += Time.deltaTime;
48              if (this.time > 0.1f)
46              {
47                  this.time = 0;
48                  this.spriteRenderer.sprite = this.walkSprites[this.idx];
49                  this.idx = 1 - this.idx;
50              }
51          }
52      }
53 }
```

猫がジャンプ中かどうかは、プレイヤのY方向の速度で判定します。ジャンプしていない時（雲の上を歩いている時）はプレイヤのY方向の速度が「0」になります。37〜51行目ではプレイヤのY方向の速度（linearVelocityY）を調べて、その値が「0」でなければジャンプのスプライトを表示し、それ以外は歩行アニメーションを表示しています。ジャンプのスプライトは、このあとインスペクターから設定します。

Fig.6-44 地上にいる時とジャンプした時のY方向の速度

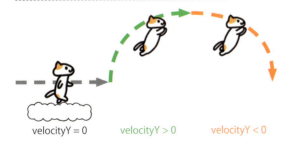

velocityY = 0　　velocityY > 0　　velocityY < 0

6-6-5 ジャンプのスプライトを指定する

スクリプトが書けたらUnityエディターに戻りましょう。ジャンプ中に使うスプライトをインスペクターで設定します。ヒエラルキーウィンドウからcatWalkA_0を選択し、インスペクターのPlayer Controller（Script）項目のJump Spriteの欄に、プロジェクトウィンドウからcatJumpをドラッグ＆ドロップしましょう。

Fig.6-45 ジャンプ中のスプライトを設定する

❶catWalkA_0を選択します。　❷Jump SpriteにcatJumpをドラッグ&ドロップします。

　実行してみましょう。マウスをクリックしてジャンプすると歩行アニメーションからジャンプのスプライトに切り替わりましたね！
　ここまででプレイヤの移動とアニメーションができました。次は、雲の足場を配置してステージを作っていきましょう。

Fig.6-46 ジャンプ中はジャンプのスプライトになることを確認

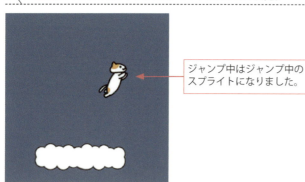

ジャンプ中はジャンプ中のスプライトになりました。

6-7 ステージを作ろう

①プロジェクトの作成 → ②Physicsの使用 → ③スクリプトで動きとアニメーションを作成 → ④ステージの作成 → ⑤Physics当たり判定 → ⑥シーンの遷移

6-7-1 雲のPrefabを作る

プレイヤが動くようになったので、雲の足場を作っていきます。

現在使用している雲の足場を複製してステージを作りましょう。今後、雲の画像を挿し替えたり、当たり判定の範囲を変えたりする場合を考えて、雲はPrefabにしておきます（Prefabにしておくことで後の変更が楽になるのでしたね）。

雲のPrefabを作るため、ヒエラルキーウィンドウからcloud_0をプロジェクトウィンドウにドラッグ＆ドロップしてください。Prefabができたら、名前を「cloudPrefab」に変更します。ヒエラルキーウィンドウの「cloud_0」は、右クリック→Deleteで消去しましょう。

Fig.6-47 雲のPrefabを作成する

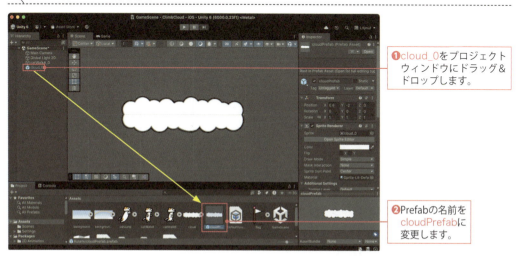

❶cloud_0をプロジェクトウィンドウにドラッグ＆ドロップします。

❷Prefabの名前をcloudPrefabに変更します。

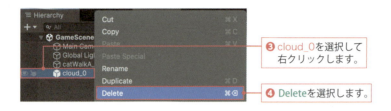

❸ cloud_0を選択して右クリックします。
❹ Deleteを選択します。

6-7-2 雲のPrefabからインスタンスを作る

　作成した「cloudPrefab」を使って雲のインスタンスを作ります。Prefabからインスタンスを作るには、5章のようにジェネレータスクリプトを使う方法もありますが、手作業で行うこともできます。手作業でPrefabのインスタンスを作るには、**プロジェクトウィンドウに登録したPrefabをシーンビューに必要な数だけドラッグ＆ドロップ**します。

Fig.6-48 Prefabのインスタンスの作り方

スクリプトでインスタンスを作る

エディター上でインスタンスを作る

　では、雲のPrefabのインスタンスを作ってみましょう。先ほど作成したプロジェクトウィンドウ内のcloudPrefabをシーンビューにドラッグ＆ドロップしてください。

Fig.6-49 雲Prefabのインスタンスを手動で生成する

cloudPrefabをシーンビューにドラッグ＆ドロップします。

この手順を繰り返してステージを作っていきます。また雲を配置するには、これまでのようにインスペクターから座標を指定するか、画面左上の移動ツールを使います。

移動ツールを使う場合、まず画面左上の移動ツールをクリックしてから移動させたい雲を選択し、雲のスプライト上に表示される矢印をドラッグすることで移動できます。同様に、拡大・縮小ツールで雲の大きさを変えることもできます。雲の大きさを変えるとコライダも自動的に拡大・縮小します。

Fig.6-50 雲の配置方法

雲を移動する場合
❶移動ツールを選択します。
❷移動したい方向に矢印をドラッグします。

雲の大きさを変える場合
❶拡大・縮小ツールを選択します。
❷拡大・縮小したい方向に矢印をドラッグします。

今回は、Fig.6-51のように雲のPrefabを配置してみました（Scaleの指定がないものは、元のPrefabのサイズのままです）。

Fig.6-51 雲のPrefabを配置してステージを作る

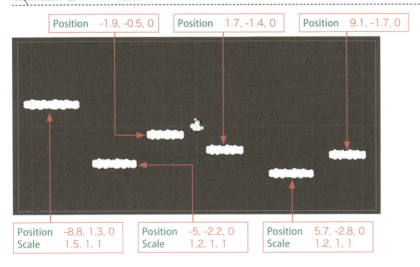

Position -1.9, -0.5, 0
Position 1.7, -1.4, 0
Position 9.1, -1.7, 0
Position -8.8, 1.3, 0
Scale 1.5, 1, 1
Position -5, -2.2, 0
Scale 1.2, 1, 1
Position 5.7, -2.8, 0
Scale 1.2, 1, 1

6-7-3 プレイヤの位置を移動する

プレイヤの位置をスタート地点である画面左端に移動しましょう。ヒエラルキーウィンドウからcatWalkA_0を選択し、インスペクターのTransform項目のPositionを「-10, 2, 0」に設定します。

Fig.6-52 プレイヤの位置を移動する

❶ catWalkA_0を選択します。

❷ Positionを-10, 2, 0に設定します。

6-7-4 ゴールの旗を立てる

右端の雲にはゴールの旗を立てます。プロジェクトウィンドウからflagをシーンビューにドラッグ&ドロップします。右端の雲に旗が配置されるよう、座標を調節しましょう。ヒエラルキーウィンドウでflag_0を選択した状態で、インスペクターからTransform項目のPositionを「9.8, -1, 0」に設定します。

`Fig.6-53` 「flag」をシーンに配置する

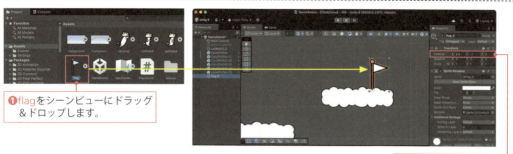

❶flagをシーンビューにドラッグ＆ドロップします。

❷Positionを9.8, -1, 0に設定します。

6-7-5 背景画像の配置

　ステージの仕上げとして背景画像を配置します。プロジェクトウィンドウからbackgroundをシーンビューにドラッグ＆ドロップしてください。ヒエラルキーウィンドウでbackground_0を選択した状態で、インスペクターからTransform項目のPositionを「0, 0, 0」に設定します。背景画像は最も後ろのレイヤに表示したいので、Sprite Renderer項目のOrder in Layerを「-1」に設定します。

`Fig.6-54` 背景画像をシーンに配置する

❶backgroundをシーンビューにドラッグ＆ドロップします。

❷Positionを0, 0, 0に設定します。

❸Order in Layerを-1に設定します。

これでステージの作成は終了です。画面上部の実行ボタンを押して、プレイヤを動かしてみてください。雲が足場として利用できていますね！ 当たり判定などはすべてPhysicsが自動的に処理してくれるので、ステージの形を作り変えるのも簡単です！

Fig.6-55 ステージでプレイヤを動かしてみる

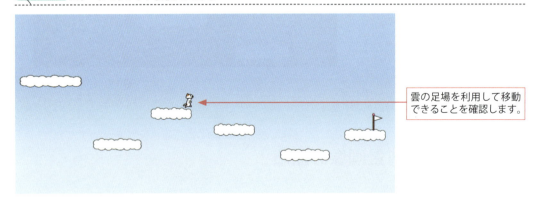

雲の足場を利用して移動できることを確認します。

> Tips < **Pivotを設定しよう**

　Unityでは、Pivotの座標を中心として回転・拡大縮小を行います。Pivotは通常、スプライトの中心に設定されています。多くの場合はこのままで問題ないのですが、ドアやフラッパーなどはヒンジ部分を中心に回転させたいので、Pivotを変更する必要があります。

　Pivotを変更したい場合は、プロジェクトウィンドウからPivotを変更したい画像を選択し、インスペクターのOpen Sprite Editorボタンを押すと、Pivotの項目を変更できます。Pivotの位置は上下左右中央の他、自分で設定することもできます。

6-8 Physicsを使った当たり判定を学ぼう

①プロジェクトの作成 ②Physicsの使用 ③スクリプトで動きとアニメーションを作成 ④ステージの作成 ⑤Physics当たり判定 ⑥シーンの遷移

6-8-1 Physicsで衝突を検出する

　プレイヤがゴールの旗に触れたらクリアシーンに遷移するように、プレイヤと旗の間に当たり判定を付けましょう。5章では当たり判定を自前で実装しましたが、ここではPhysicsを使った当たり判定の方法を紹介します。

　Physicsを使った当たり判定では、当たり判定の仕組みの実装は不要です。**Collider**コンポーネントをアタッチしたオブジェクト同士が衝突した場合、**Physics**が自動的に当たりを判定してくれます。衝突時には、衝突したオブジェクトにアタッチされているスクリプトのOnCollisionEnter2Dメソッドなどが呼び出されます。

Fig.6-56 Physicsによる衝突と当たり判定

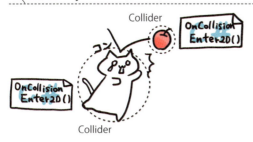

　Physicsを使った当たり判定には、Collisionモード（衝突モード）とTriggerモード（すり抜けモード）の2種類があります。Collisionモードは、オブジェク同士が当たった場合の衝突検出だけではなく、跳ね返りなどの衝突応答も実行されます。一方のTriggerモードは衝突検出だけを行い、衝突応答は実行されません（衝突したオブジェクトはすり抜けます）。

Fig.6-57 当たり判定のモードの違い

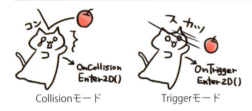

Collisionモード　　Triggerモード

オブジェクトの衝突時に呼ばれるメソッドは、衝突の状態と当たり判定のモードとの関係でTable 6-4のように決まっています（3Dの場合は、それぞれ対応する3D用のメソッドが呼び出されます）。

Table 6-4 当たり判定のモード

状態	Collisionモード	Triggerモード
衝突した瞬間	OnCollisionEnter2D	OnTriggerEnter2D
衝突している最中	OnCollisionStay2D	OnTriggerStay2D
衝突が終わった瞬間	OnCollisionExit2D	OnTriggerExit2D

Collisionモードを例に説明すると、オブジェクト同士が衝突した瞬間には「OnCollisionEnter2D」が一度だけ呼ばれます（2Dの場合です。3Dの場合は「OnCollisionEnter」が呼ばれます）。衝突している最中は「OnCollisionStay2D」が呼ばれ続けます。衝突したオブジェクトが離れる瞬間に「OnCollisionExit2D」が一度だけ呼ばれます。

Fig.6-58 Collisionモードで呼ばれるメソッドとタイミング

　　　　　　　OnCollision　　OnCollision　　OnCollision　　OnCollision
　　　　　　　Enter　　　　　Stay　　　　　Stay　　　　　Exit

6-8-2 プレイヤと旗の当たり判定を作る

プレイヤと旗の当たり判定を作りましょう。2つのオブジェクトの衝突後や接触中に物理挙動をさせたい場合には両方のオブジェクトにColliderとRigidbodyをアタッチする必要があります。しかし、当たり判定だけをしたい場合、Colliderを両方のオブジェクトにアタッチし、Rigidbodyは一方のオブジェクトにアタッチするだけで大丈夫です。

> **Physicsで当たり判定をするために**
> ・判定したいすべてのオブジェクトにColliderコンポーネントがアタッチされていること
> ・当たり判定したいオブジェクトのうち、少なくとも片方にはRigidbodyコンポーネントがアタッチされていること

プレイヤにはRigidbodyコンポーネントとColliderコンポーネントを既にアタッチしているので、次の手順でプレイヤと旗の当たり判定を作ります。

❶旗にCollider 2Dコンポーネントをアタッチして、Triggerモード（すり抜けモード）にする
❷プレイヤと旗が当たった時に呼ばれるOnTriggerEnter2DメソッドをPlayerControllerに実装する

Fig.6-59 Triggerモードで当たり判定をする

❷プレイヤコントローラに
OnTriggerEnter2Dを
実装する

❶旗にCollider 2Dをアタッチして
Triggerモードにする

旗にColliderコンポーネントをアタッチする

まずは旗にBox Collider 2Dコンポーネントをアタッチします。ヒエラルキーウィンドウからflag_0を選択し、インスペクターからAdd Component→Physics 2D→Box Collider 2Dを選択します。

Fig.6-60 「flag_0」にColliderコンポーネントをアタッチする

❶ヒエラルキーウィンドウでflag_0を選択した状態で、Add Componentをクリックします。

❷Physics 2D→Box Collider 2Dをクリックします。

旗とプレイヤはTriggerモードで当たり判定をするため、Box Collider 2D項目のIs Triggerのチェックボックスをチェックしましょう。

Fig.6-61 Triggerモードに設定する

ヒエラルキーウィンドウでflag_0を選択した状態で、Is Triggerをチェックします。

これでプレイヤと旗の当たり判定をする準備ができました。プレイヤと旗が当たった時に呼び出されるメソッド（OnTriggerEnter2D）を「PlayerController」スクリプトに実装しましょう。

プロジェクトウィンドウのPlayerControllerをダブルクリックして開き、List 6-5のようにスクリプトを追加します（ここでは追加する部分のみを掲載しています）。

List 6-5 Physicsを使った当たり判定の実装

```
1   using UnityEngine;
2   using UnityEngine.InputSystem;
3
    ...中略...

49              this.idx = 1 - this.idx;
50          }
51      }
52  }
53
```

```
54       // ゴールに到達
55       void OnTriggerEnter2D(Collider2D collision)
56       {
57           Debug.Log("ゴール");
58       }
59   }
```

PlayerControllerクラスにOnTriggerEnter2Dメソッドを追加しています（54 〜 59行目）。

OnTriggerEnter2Dメソッドの引数には、衝突相手のオブジェクトにアタッチされているColliderが渡されます。また、このメソッド内ではプレイヤが旗に当たったことを確かめるため、コンソールウィンドウに「ゴール」と表示しています。

ゲームを実行してプレイヤとゴールの旗の当たり判定が行われていることを確認しましょう。ゴールの旗に触れると「ゴール」と表示されましたね！

Fig.6-62 当たり判定ができていることを確認する

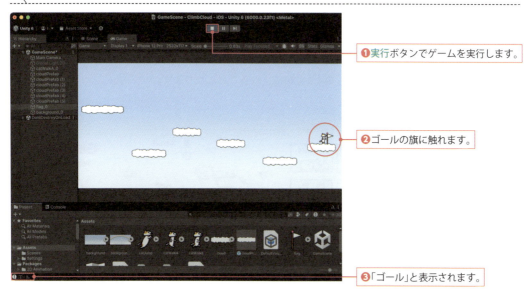

❶実行ボタンでゲームを実行します。
❷ゴールの旗に触れます。
❸「ゴール」と表示されます。

> **OnTriggerEnter2Dメソッドが呼ばれない時のチェック項目**
> □当たり判定したいオブジェクトにCollider 2Dコンポーネントはアタッチされているか？
> □Collider 2DコンポーネントのIs Triggerにチェックは入っているか？
> □スクリプトにOnTriggerEnter2Dメソッドは実装されているか？
> □スクリプトはアタッチされているか？

このままではゴールしても味気ないので、ゴールした時にクリアシーンに遷移するように修正しましょう。

6-9 シーン間の遷移方法を学ぼう

①プロジェクトの作成 → ②Physicsの使用 → ③スクリプトで動きとアニメーションを作成 → ④ステージの作成 → ⑤Physics当たり判定 → ⑥シーンの遷移

6-9-1 シーン遷移の概要

Unityではゲーム場面のくくりを**シーン**という形で管理します。通常のゲームでは、はじめにタイトル画面があり、ゲームを始めるとメニュー画面が出てきます。メニュー画面で「ゲームスタート」を選ぶとゲームが始まり、ゲームオーバになると結果画面が表示されます。このそれぞれの画面を、Unityはシーンとして管理します。次図の例では「タイトルシーン」「メニューシーン」「ゲームシーン」「ゲームオーバシーン」の4つで構成されることになります。

Fig.6-63 ゲームの各シーン

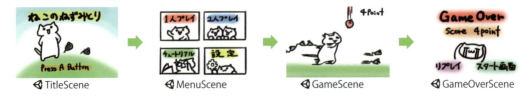

これらのシーンをつなぎ合わせることで1つのゲームを作ります。1つのシーンから別のシーンに遷移させるには、**遷移を行いたいタイミングで、そのシーンファイル名を指定する**だけです。

Fig.6-64 スクリプトでシーンを遷移させる方法

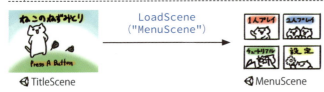

5章までのゲームは、「ゲームシーン」のみで構成されていましたが、今回は、新たに「クリアシーン」を追加します。プレイヤがゴールの旗に触れると「ゲームシーン」から「クリアシーン」に遷移します。

Fig.6-65 ゲームシーンとクリアシーンの遷移

6-9-2 クリアシーンを作成する

ゲームシーンの遷移先の「クリアシーン」を作成します。今あるシーンをメニューバーのFile→Saveで保存してください。続けてメニューバーでFile→New Sceneを選択すると、追加するシーンのテンプレートを選ぶウィンドウが開きます。ここではLit 2D(URP)を選択して、右下のCreateをクリックしてください。これで新しいシーンが作成されます。新しいシーンが作成されたら、File→Save Asを選択し、「ClearScene」という名前で保存しておきましょう。プロジェクトウィンドウに「ClearScene」が作成されます。

Fig.6-66 クリア画面用のシーンを作成する

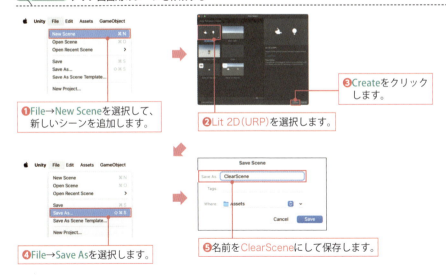

新しいシーンには、まだ何も表示されていません。画面中央にクリア画像を追加しましょう。

プロジェクトウィンドウからbackgroundClearをシーンビューにドラッグ＆ドロップしてください。次にクリア画像の位置を調節します。ヒエラルキーウィンドウでbackgroundClear_0を選択し、インスペクターのTransform項目のPositionを「0, 0, 0」にしてください。

Fig.6-67 クリア画像を配置する

❶backgroundClearをシーンビューにドラッグ＆ドロップします。

❷backgroundClear_0を選択します。

❸Positionを0, 0, 0に設定します。

クリア画面はこれで完成です！ 実行ボタンを押すと今編集しているシーンが実行されます。実行してみて画面の見栄えを確認しましょう。

Fig.6-68 クリアシーンの表示を確認する

クリア画像が表示されます。

6-9-3 「ゲームシーン」から「クリアシーン」に遷移する

クリアシーンを作成できたので、次は「ゲームシーン」→「クリアシーン」の流れを作成します。いったん「ゲームシーン」に戻りましょう。作業するシーンを切り替えるには、プロジェクトウィンドウでシーンのアイコンをダブルクリックします。

メニューバーのFile→Saveを選択して現在のシーンを保存してから、プロジェクトウィンドウにあるGameSceneのアイコンをダブルクリックしてシーンを開いてください。

Fig.6-69 編集するシーンを切り替える

❶File→Saveを選択して、ClearSceneを保存します。
❷GameSceneをダブルクリックして開きます。

「ゲームシーン」から「クリアシーン」に遷移するタイミングは、**プレイヤがゴールの旗に接触した時**でしたね。このタイミングでシーン遷移のスクリプトを実行すればよさそうです。基本的にシーン遷移は監督のお仕事ですが、今回はスクリプトを簡潔にするために監督は作らずプレイヤコントローラに遷移スクリプトを追記してしまいます。

プロジェクトウィンドウのPlayerControllerをダブルクリックして開き、List 6-6のようにスクリプトを追加してください（ここでは追加する部分のみ掲載します）。

List 6-6 シーンを遷移する処理

```
1  using UnityEngine;
2  using UnityEngine.InputSystem;
3  using UnityEngine.SceneManagement;   // LoadSceneを使うために必要!!

...中略...

55     // ゴールに到達
56     void OnTriggerEnter2D(Collider2D collision)
57     {
58         Debug.Log("ゴール");
59         SceneManager.LoadScene("ClearScene");
60     }
61 }
```

プレイヤと旗の当たりは「PlayerController」スクリプトのOnTriggerEnter2Dメソッドで検知できました。OnTriggerEnter2DメソッドのなかでLoadSceneメソッドを使ってクリアシーンに遷移しています。なお、LoadSceneメソッドを使うために、3行目で「SceneManagement」を追加しています。

6-9-4 シーンを登録する

　シーン遷移を行う場合は、「どのシーンをどの順序で使うか」をUnityに登録しなければいけません。登録しておかないとLoadSceneメソッドで遷移先のシーンを指定しても、「そんなシーンないよ」と実行時にエラーが出てしまいます。

　シーン登録を行うには、メニューバーのFile→Build Profilesを選択し、Build Profilesウィンドウを開きます。そして、左側のリストからScene Listを選択し、右側のScene Listの欄にプロジェクトウィンドウからClearSceneとGameSceneをドラッグ&ドロップします。

Fig.6-70 ゲームシーンとクリアシーンを登録する

❶File→Build Profilesを選択します。
❷Scene Listを選択します。
❸GameSceneとClearSceneをドラッグ&ドロップします。

　「Scenes List」に追加したシーンの右側には、上から順に「0」「1」という数字が割り振られます。ゲームをスマートフォンなどでプレイする時は、0番のシーンからスタートします。GameSceneが「0」、ClearSceneが「1」になるように、ドラッグ&ドロップでシーンを並べてください。また、Scenes/SampleSceneのチェックを外してください。

Fig.6-71 シーンの順番を設定する

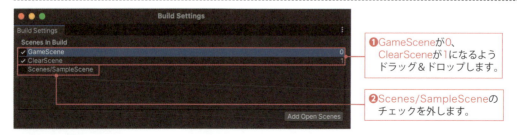

❶GameSceneが0、ClearSceneが1になるようドラッグ&ドロップします。
❷Scenes/SampleSceneのチェックを外します。

これでUnityにシーンの登録を行うことができました。ゲームを実行して、ゴールの旗に触れたらクリアシーンに遷移できるか確認しましょう。

Fig.6-72 シーンが遷移することを確認する

プレイヤがゴールの旗に触れるとシーンが遷移します。

6-9-5 バグをなくそう

ここまでで、遊ぶのに必要な機能はひととおり実装できたので、一度遊んでみましょう。遊んでみることで、**ゲームを作っている時には気がつかなかった不具合**に気づくことがよくあります。今回の場合、気になったのは次の2点です。これらの対策をしていきましょう。

・ジャンプ中に何度でもジャンプできてしまう
・プレイヤが画面外に出てしまうと、どこまでも落下し続ける

ジャンプ中に何度でもジャンプできてしまう

現在の「PlayerController」スクリプトでは、マウスをクリックすると、必ず上向きの力をかけているため、何度でも空中ジャンプできてしまいます。これを防ぐためには、**プレイヤがジャンプ中であることを検知して、力をかけないようにしなければいけません。**

プレイヤがジャンプ中かどうかは「雲と接触しているかを見る方法」や「Y方向の速度を見る方法」「プレイヤの状態をステートマシンで管理する方法」など、さまざまな方法が考えられます。ここでは最も簡単な「Y方向の速度が0の(雲の上に乗っている)時だけジャンプする」ようにPlayerControllerのジャンプの処理を修正しましょう。

List 6-7 ジャンプ中を検知する

```
26            // ジャンプする
27            if (Mouse.current.leftButton.wasPressedThisFrame &&
                  this.rigid2D.linearVelocityY == 0)
28            {
29                this.rigid2D.AddForce(transform.up * this.jumpForce);
30            }
```

「PlayerController」のジャンプの条件文に「プレイヤのY方向の速度が0かどうか」を追加しました。これにより、マウスクリックを検知して「かつ」Y方向の速度が0の時のみ上方向の力がかかるようになります。

🐟 プレイヤが画面外に出てしまうと、どこまでも落下し続ける

今回作ったゲームでは、プレイヤが画面外に出ると、どこまでも落下し続けてしまいます。これを防ぐために、プレイヤのY座標が「-10」未満になった場合は、シーンの最初に戻るようにしてみましょう。PlayerControllerのUpdateメソッドのなかに次のスクリプトを追加してみてください。

List 6-8 画面外に出ると最初に戻す

```
49                this.spriteRenderer.sprite = this.walkSprites[this.idx];
50                this.idx = 1 - this.idx;
51            }
52        }
53
54        // 画面外に出た場合は最初から
55        if (transform.position.y < -10)
56        {
57            SceneManager.LoadScene("GameScene");
58        }
59    }
```

このスクリプトでは、プレイヤのY座標が「-10」未満になった場合に現在のシーン「GameScene」をロードしています。このように、LoadSceneメソッドを使って現在のシーンをロードすることで、スタート時点に戻るという使い方もできるので覚えておいてくださいね！

6-10 スマートフォンで動かしてみよう

パソコン上できちんと動くゲームができたので、スマートフォンでも動かしてみましょう。画面のタップに対応するため、PlayerControllerの27行目を次のように書き換えてください。

List 6-9 スマートフォンの操作に対応させる

```
27        if (Touchscreen.current.primaryTouch.press.wasPressedThisFrame &&
            this.rigid2D.linearVelocityY == 0)
```

27行目をTouchscreen.current.primaryTouch.press.wasPressedThisFrameに書き換えて、スマートフォンの画面がタップされたことを検出するようにしています。

実機で検証するために、まずはUSBケーブルでPCとスマートフォンを接続してください。また、スマートフォン向けのビルド設定（254ページ）、Scene Listへのシーンの登録（298ページ）は既に行われているものとします。

6-10-1 iPhoneでビルドする場合

Build ProfilesウィンドウでPlayer Settingsをクリックし、Company Nameに英数字でご自身のお名前などを入力します（他の人と重複しない文字列にしてください）。設定ができたらBuild ProfilesウィンドウのBuildボタンをクリックし、New Folderボタンを押して「ClimbCloud_iOS」と入力し、Createボタン→Chooseボタンの順にクリックして書き出しをスタートしてください。

プロジェクトフォルダに作られた「ClimbCloud_iOS」フォルダのUnity-iPhone.xcodeprojをダブルクリックしてXcodeを開き、Signing項目のTeamを選択してから実機に書き込んでください。

iPhone向けビルドの詳細は、145ページを参照してください。

6-10-2 Androidでビルドする場合

Build ProfilesウィンドウでPlayer Settingsをクリックし、Company Nameに英数字でご自身のお名前などを入力します（他の人と重複しない文字列にしてください）。設定ができたらBuild ProfilesウィンドウのBuild And Runボタンをクリックし、プロジェクト名を「ClimbCloud_Android」、保存先には「ClimbCloud」のプロジェクトフォルダを指定して、apkファイルの作成と実機への書き込みをスタートしてください。

Android向けビルドの詳細は、151ページを参照してください。

Tips わかりやすいスクリプトとわかりにくいスクリプト

　スクリプトは見た目に気を配らなくても、文法さえ正しければちゃんと動作しますが、「他の人が読んだ時にも理解しやすい」ことを意識して書きましょう。下のサンプルを見てください。動作結果はどちらも同じです。

　左のスクリプトは右のスクリプトよりもコンパクトにまとまっていますが、変数がどんな値を表しているのか変数名を見てもわかりませんね。また空行がなく、インデント※が揃っていないので読みづらいです。そしてコメントがまったくないので、何をしているプログラムなのかすぐには理解しにくくなっています。書いた本人でさえ思い出すのに苦労しそうです。

　右のように、他の人が理解しやすいプログラムを丁寧に書くほうが他の人の時間 (や将来このプログラムを読み返す自分の時間) を浪費しにくくなるため、よいプログラムとされています。

Fig.6-73 スクリプトの例

わかりにくいスクリプト

```
int a = 100;
int b = 20;
a -= b;
if (a >= 0)
{
Debug.Log(a);
if (a >= 80)
{
Debug.Log("元気");
}
}
```

わかりやすいスクリプト

```
int playerHp = 100;
int damage = 20;

// ダメージを受ける
playerHp -= damage;

// プレイヤが生存していた場合は体力を表示
if (playerHp >= 0)
{
    Debug.Log(playerHp);

    // 体力が80以上なら状態を表示
    if (playerHp >= 80)
    {
        Debug.Log("元気");
    }
}
```

※インデント
　インデントとは、スクリプトの構造をわかりやすくするために行の開始位置を字下げすることです。

Chapter 7
3Dゲームの作り方

3Dのゲーム空間の作り方と
エフェクトの作り方を学びましょう！

6章までは2Dゲームの作成方法を紹介してきました。7章からは、3Dゲームの作り方を紹介していきます。3Dゲームを作りながら、Unityが提供してくれているAsset Storeの使い方や、パーティクル（エフェクト）の表現方法などを学びましょう。

この章で学べる項目

- 3Dゲームの作り方
- Asset Storeの使い方
- パーティクルの作成方法

7-1 ゲームの設計を考えよう

これまで2Dのゲームを作ってきましたが、7章と8章では3Dゲームに挑戦します。基本的に、3Dゲームは2Dゲームに比べて作るのが格段に難しくなります。しかしUnityを使えば、難しい計算はすべてUnityがやってくれるので、2Dゲームとほとんど同じ感覚で3Dゲームを作ることができます。この章ではそれを体験してみましょう。

7-1-1 ゲームの企画を作る

ゲームイメージはFig.7-1のようになります。画面をタップすると、タップした部分に向かってイガグリが飛んでいきます。イガグリが的に触れるとくっつき、エフェクトが表示されます。

Fig.7-1 これから作るゲームのイメージ

7-1-2 ゲームの部品を考える

Fig.7-1のゲームイメージをもとに、いつもと同じ手順でゲームの設計を考えましょう。

- Step❶ 画面上のオブジェクトをすべて書き出す
- Step❷ オブジェクトを動かすためのコントローラスクリプトを決める
- Step❸ オブジェクトを自動生成するためのジェネレータスクリプトを決める
- Step❹ UIを更新するための監督スクリプトを用意する
- Step❺ スクリプトを作る流れを考える

ステップ① 画面上のオブジェクトをすべて書き出す

　ゲームイメージを見ながら、画面上にあるオブジェクトを書き出します。わかりやすいものとしては「イガグリ」と「的」があります。また、背景はこれまでのように1枚の画像を配置するわけではありません。3Dゲームでは「木」などのオブジェクトを組み合わせて背景を作ります。今回は、木や岩などが1つのモデルになったステージをAsset Store（アセットストア）からダウンロードして使います。

Fig.7-2 画面上のオブジェクトを書き出す

イガグリ

的

ステージの構成要素

ステップ② オブジェクトを動かすためのコントローラスクリプトを決める

　次に、動くオブジェクトを探しましょう。タップしたところに飛んでいく「イガグリ」は動くオブジェクトに分類できます。

Fig.7-3 動くオブジェクトを書き出す

イガグリ

的

ステージの構成要素

　動くオブジェクトには動きを制御する台本（コントローラスクリプト）が必要でした。今回、必要なコントローラスクリプトは「イガグリコントローラ」ですね。

必要なコントローラスクリプト
・イガグリコントローラ

ステップ③ オブジェクトを自動生成するためのジェネレータスクリプトを決める

このステップではゲーム中に生成されるオブジェクトを探します。今回のゲームではタップするたびにイガグリが飛び出します。したがって、イガグリはゲーム中に生成されるオブジェクトになります。

Fig.7-4 ゲーム中に生成されるオブジェクトを書き出す

イガグリ

的

ステージの構成要素

ゲームのプレイ中にオブジェクトを自動生成するためには、生成するための工場（ジェネレータスクリプト）が必要でした。ここではイガグリの工場を作るので「イガグリのジェネレータスクリプト」を用意します。

必要なジェネレータスクリプト
・イガグリジェネレータ

ステップ④ UIを更新するための監督スクリプトを用意する

シーンごとにUIやゲームの進行状況を判断するための監督を用意します。今回作るゲームにはUIもシーンの変更もないため、監督は必要ありません。

ステップ⑤ スクリプトを作る流れを考える

ステップ④までで、今回のゲームに必要なスクリプトを書き出しました。ステップ⑤では、これらのオブジェクトをどのような流れで作るかを考えます。3Dゲームでも、2Dの場合と同様に**「コントローラスクリプト」→「ジェネレータスクリプト」→「監督スクリプト」**の順番で作っていきます。ここでは、イガグリコントローラとイガグリジェネレータの大まかな動作を考えておきましょう。

Fig.7-5 スクリプトを作る流れ

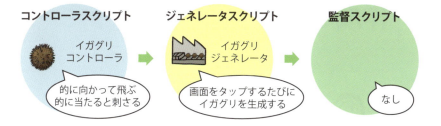

イガグリコントローラ

　画面がタップされたタイミングで、イガグリをカメラの手前からタップされた場所に向かって飛ばします。的に当たると、その場所で停止します。また、的に当たったタイミングで弾けるようなエフェクトを表示します。

イガグリジェネレータ

　画面がタップされるたびにイガグリを1つ生成します。

　今回は3Dゲームですが、**ゲームを作る流れはほとんど2Dゲームの場合と変わりません**。本書で紹介しているゲーム作りの流れは、3Dも2Dも関係なく使える手順なので、しっかりとマスターしてくださいね！　今回のゲームを作る流れをまとめるとFig.7-6になります。

Fig.7-6 ゲームを作る流れ

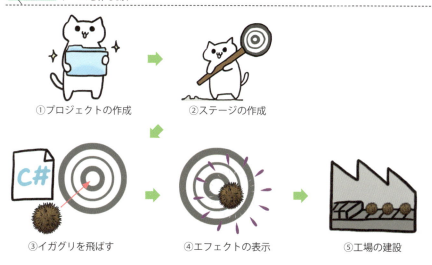

7-2 プロジェクトとシーンを作成しよう

①プロジェクトの作成　②ステージの作成　③イガグリを飛ばす　④エフェクトの表示　⑤工場の建設

7-2-1 プロジェクトの作成

　プロジェクトの作成から始めましょう。プロジェクトを作成するには、Unity Hubを起動した時に表示される画面から新しいプロジェクトをクリックしてください。

　「新しいプロジェクト」をクリックすると、プロジェクトの設定画面になります。テンプレートの項目は「Universal 3D」を選択し、プロジェクト名は「Igaguri」と入力してください。**7章からは3Dゲームを作ります。ここで間違えずに「3D」を選択してください。**

　保存場所を決め、Unity Cloudに接続のチェックを外してください。画面右下の青色のプロジェクトを作成ボタンをクリックすると、指定したフォルダにプロジェクトが作成されUnityエディターが起動します。

テンプレートの選択→Universal 3D
プロジェクトの作成→Igaguri

🐟 プロジェクトに素材を追加する

　Unityエディターが起動したら、今回のゲームで使用する素材をプロジェクトに追加しましょう。ダウンロードした素材データの「chapter7」フォルダを開いて、中身の素材をすべてプロジェクトウィンドウにドラッグ＆ドロップしてください。

> **URL** 本書のサポートページ
> https://isbn2.sbcr.jp/28192/

　今回使用するファイルの役割は、Table 7-1のようになります。fbxファイルは、3Dモデルを扱う標準的なフォーマットです。

Fig.7-7 素材を追加する

プロジェクトウィンドウに素材をドラッグ＆ドロップします。

Table 7-1 使用する素材の形式と役割

ファイル名	形式	役割
igaguri.fbx	fbxファイル	イガグリの3Dモデル
target.fbx	fbxファイル	的の3Dモデル

Fig.7-8 使用する素材

igaguri.fbx　　target.fbx

> Tips < **Unityで使える3Dモデルフォーマット**
>
> Unityでは汎用的な3Dモデルフォーマットであるfbxやobjだけでなく、MayaやMax、Blender、Modoなどの3DCGアプリケーションのファイルも直接扱うことができます（ただし、これらのファイルをUnityにインポートするには、各3DCGソフトウェアがパソコン上にインストールされている必要があります）。

7-2-2 スマートフォン用に設定する

スマートフォン用にビルドするための設定をします。メニューバーからFile→Build Profilesを選択します。Build Profilesウィンドウが開くので左側のPlatforms欄から「iOS（Android用にビルドする場合はAndroid）」を選択して、Switch Platformボタンをクリックします。詳しい手順は3章を参照してください（126ページ）。

画面サイズの設定

続けて、ゲームの画面サイズを設定しましょう。Gameタブをクリックし、ゲームビューの左上にある画面サイズ設定のドロップダウンリストを開き、**対象となるスマートフォンの画面サイズに合ったもの**を選択してください。本書では、「iPhone 12 Pro 2532×1170 Landscape」を選択します。詳しい手順は3章を参照してください（127ページ）。

7-2-3 シーンを保存する

続いてシーンを作成します。メニューバーからFile→Save Asを選択し、シーン名を「GameScene」として保存してください。保存できるとUnityエディターのプロジェクトウィンドウにシーンのアイコンが出現します。詳しい手順は3章を参照してください（128ページ）。

シーンの作成→GameScene

Fig.7-9 シーンの作成までを行った状態

シーンが保存されます。

ヒエラルキーウィンドウには、Main Cameraの他に、Directional LightとGlobal Volumeが追加されています。Directional Lightはゲーム世界を照らすライトで、太陽光やスポットライトとして使用したり、影を表示したりすることに使います。また、Global Volumeはゲーム画面全体にエフェクトをかけてゲーム画面の質を高めることに使います（352ページ）。

7-3 ステージを作ろう

①プロジェクトの作成　②ステージの作成　③イガグリを飛ばす　④エフェクトの表示　⑤工場の建設

7-3-1 3Dゲームの座標系

　7-3節ではゲームのステージを作成します。プロジェクトを作成した直後はFig.7-10のように、Main Cameraがステージ上の原点に向けて配置されています。これは1章でも確認しましたね（46ページ）。したがってカメラから見た場合、**X軸が左右方向**、**Y軸が上下方向**、**Z軸が奥行き方向**を表します。

Fig.7-10 カメラから見たゲームのステージ

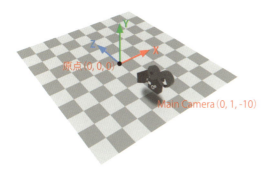

　3Dゲームでは、ゲームの空間をくるくると回しながらオブジェクトを配置していくため、自分がどちらを向いているのかを見失ってしまいがちです。**そこで道標になるのが、シーンビューの右上に表示されているシーンギズモです**（Fig.7-11）。シーンギズモを見ながら常に自分の向いている方向を確認するようにしてください。

Fig.7-11 シーンギズモでステージの方向を確認する

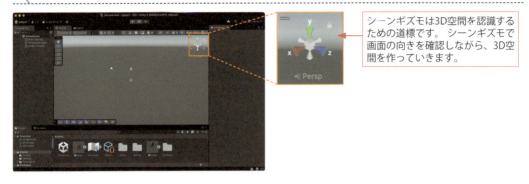

シーンギズモは3D空間を認識するための道標です。シーンギズモで画面の向きを確認しながら、3D空間を作っていきます。

7-3-2 的の配置

まずは的の3Dオブジェクトを配置します。オブジェクトの配置方法は2Dでも3Dでも変わりません。**プロジェクトウィンドウからシーンビューに素材をドラッグ＆ドロップし、インスペクターで座標を調節します。**常に、3D空間のどこに配置するかを意識しておくことが大切です。今回はカメラの正面に的を配置しましょう。

Fig.7-12 的を配置する位置のイメージ

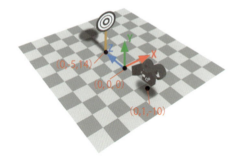

Sceneタブをクリックして、プロジェクトウィンドウから的の3Dモデルであるtargetを選択し、シーンビューにドラッグ＆ドロップしてください。そして、インスペクターでTransform項目のPositionを「0, -5, 14」に設定します。ここでは、作業しやすいように、視点をズーム・回転しています。

Fig.7-13 的をシーンビューに配置する

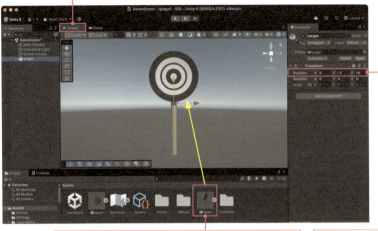

❶Sceneをクリックします。
❷targetをシーンビューにドラッグ＆ドロップします。
❸Positionを0, −5, 14に設定します。

　的にイガグリが当たったことを検出したいので、的にはコライダをアタッチします。ただ、的にフィットするような円筒形のコライダは用意されていないので、立方体のコライダで代用します。
　ヒエラルキーウィンドウでtargetを選択した状態で、インスペクターからAdd Componentボタンをクリックし、Physics→Box Colliderを選択してください。2Dゲームでは、名前に「2D」が付いたコライダを使用しましたが、3Dゲームでは「2D」が付かないものを使用します。

Fig.7-14 的にコライダをアタッチする

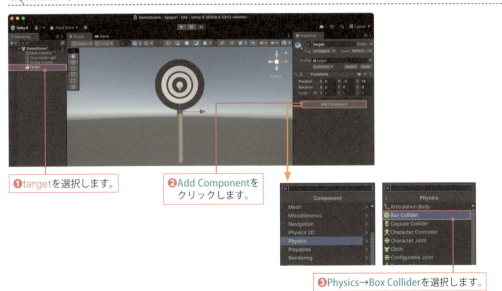

❶targetを選択します。
❷Add Componentをクリックします。
❸Physics→Box Colliderを選択します。

的の頭部分にコライダがくるようにパラメータを調節します。ヒエラルキーウィンドウでtargetを選択した状態で、インスペクターのBox Collider項目のCenterを「0, 6.5, 0」、Sizeを「3.8, 3.8, 0.8」に設定します。

Fig.7-15 コライダの位置を調整する

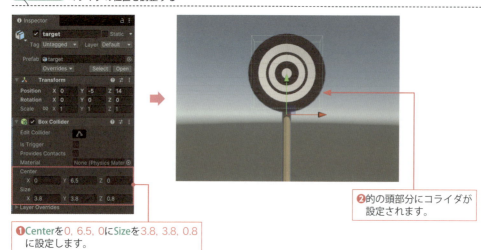

❶Centerを0, 6.5, 0にSizeを3.8, 3.8, 0.8に設定します。

❷的の頭部分にコライダが設定されます。

これでステージに的が配置できました！ただ、背景が地面と空だけというのは殺風景でさみしいですね。建物や木などを含んだステージのオブジェクトを配置して、見た目を少し華やかにしましょう。

7-3-3 Asset Storeを利用する

Unityでは、ゲームの制作に使える素材をAsset Store（アセットストア）で販売しています。今回はステージ用の素材が入ったTanks!|Complete Projectという無料アセットをダウンロードして使ってみましょう。

まずは、Asset Storeのサイトを開きます。UnityのメニューバーからWindow→Package Management→Asset Storeを選択してください。すると、WebブラウザでAsset Storeのサイトが開きます。

Fig.7-16 Asset Storeを開く

Window→Package Management→Asset Storeを選択します。

Asset Storeのサイトを開いたら、右上のアカウントのアイコンをクリックしてください。サインインしていなければ、サインインしましょう。

Asset Store上部の検索欄に「tanks」と入力し、検索結果から無料のTanks!|Complete Projectを選択してください。

Fig.7-17 Tanks!|Complete Projectを選択する

❶アカウントのアイコンをクリックしてサインインします。

❷tanksと入力して検索します。

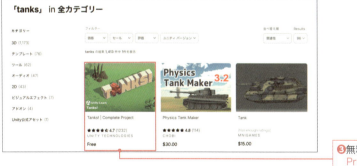

❸無料のTanks!|Complete Projectを選択します。

Tanks!|Complete Projectのページが開いたら、マイアセットに追加ボタンをクリックし、続けて同意するボタンをクリックして、画面上部に表示されるUnityで開くをクリックしてUnityで開くことを許可してください。

Package Managerの画面が表示されます。左側のMy Assetsを選択し、ダウンロードしたTanks!|Complete Projectを選択してDownloadボタン→Importボタンの順にクリックしてください。

Fig.7-18 Tanks!|Complete ProjectをUnityに追加する

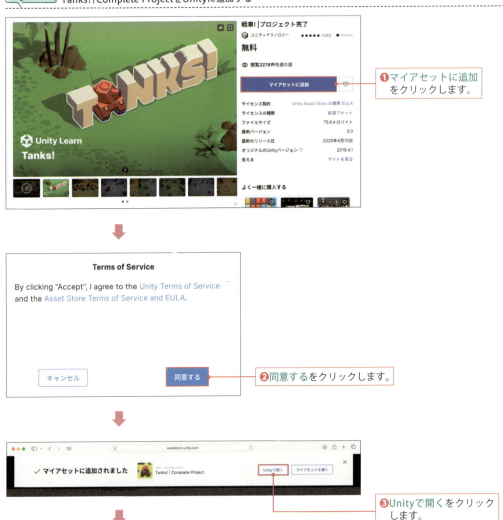

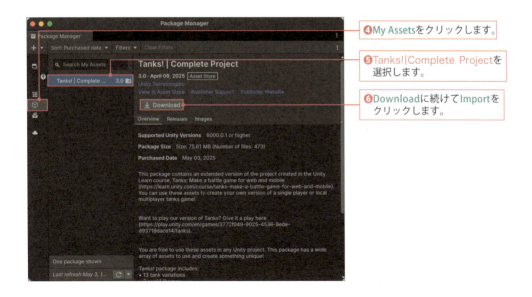

Warning（Importing a complete project will 〜）が表示されたら**Import**をクリックしてください。続けてWarning（This Asset Package has 〜）が表示されたら**Install/Upgrade**をクリックしてください。

Import Unity Packageウィンドウが表示されるので、右下の**Next**ボタンをクリックしてください。その次の画面では、左上の**None**ボタンをクリックしてチェックを全部外してから、**AudioManager.asset**だけにチェックを入れて、右下の**Import**ボタンをクリックしてください。

Fig.7-19 Tanks!|Complete Projectをインポートする

7-3-4 ステージを配置する

インポートができたらUnityエディターへ戻り、プロジェクトウィンドウの左側のフォルダー一覧から Assets→_Tanks→Prefabs→Levels フォルダを選択して、LevelDesertをシーンビューにドラッグ＆ドロップしてください。

Fig.7-20 ステージを配置する

ヒエラルキーウィンドウでLevelDesertを選択して、インスペクターのTransform項目の

Positionを「0, -5, 100」、Scaleを「3.8, 3.8, 3.8」に設定します。

Fig.7-21 ステージの位置とサイズを調節する

❶LevelDesertを選択します。

❷Positionを0,-5,100に、
Scaleを3.8, 3.8, 3.8に設定します。

実行してみて、見た目が次の図のようになることを確認しましょう。Asset Storeからダウンロードした素材を配置しただけで、一気に見栄えがよくなりました。

Fig.7-22 ステージの見た目を確認する

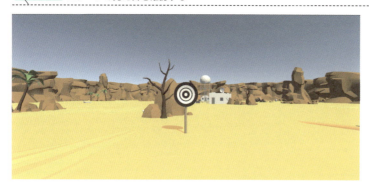

7-4 Physicsを使ってイガグリを動かそう

①プロジェクトの作成　②ステージの作成　③イガグリを飛ばす　④エフェクトの表示　⑤工場の建設

7-4-1 イガグリをシーン上に配置する

　イガグリを配置しましょう。今回はカメラの前方から的に向かってイガグリを飛ばしたいので、Fig.7-23のようにカメラの前にくるようにイガグリを配置します。

　プロジェクトウィンドウの左側のフォルダー覧からAssetsフォルダを選択し、igaguriを選択してシーンビューにドラッグ＆ドロップし、インスペクターからTransform項目のPositionを「0, 1, -9」に設定してください。

Fig.7-23 イガグリの配置イメージ

Fig.7-24 イガグリをシーンビューに配置する

❶Assetsフォルダを選択します。

❷igaguriをシーンビューにドラッグ＆ドロップします。　❸Positionを0, 1, -9に設定します。

7-4-2　イガグリにPhysicsをアタッチする

イガグリを物理法則にしたがって動かせるように、Rigidbodyコンポーネントをアタッチします（6章でも書きましたが、Physicsは楽をするためのツールです。もし余計に手間だと感じたり、自前スクリプトで動かしたりしたい場合は、Physicsを使わない方がよい場合もあります）。

ヒエラルキーウィンドウでigaguriが選択された状態で、インスペクターのAdd Componentボタンをクリックし、Physics→Rigidbodyを選択してください。

Fig.7-25　イガグリオブジェクトにRigidbodyをアタッチする

❶igaguriを選択します。　❷Add Componentをクリックします。　❸Physics→Rigidbodyを選択します。

的との当たり判定用に、イガグリにもColliderコンポーネントをアタッチします。インスペクターのAdd Component→Physics→Sphere Colliderを選択します。

Fig.7-26 イガグリオブジェクトにColliderをアタッチする

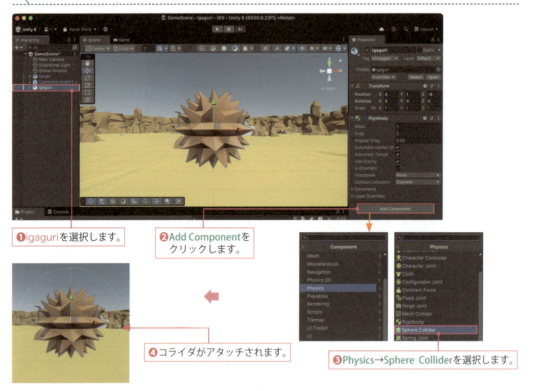

コライダが少し大きいので、イガグリにフィットするようにもう少し小さくしましょう。ヒエラルキーウィンドウでigaguriを選択した状態で、インスペクターからSphere Collider項目のRadiusを「0.35」に設定してください。

Fig.7-27 イガグリのコライダを調節する

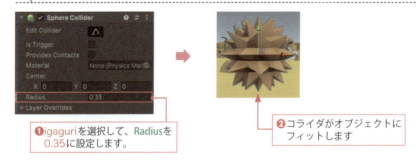

RigidbodyとColliderをアタッチしたことで、イガグリは物理法則にしたがって動くようになります。ゲームを実行してみて、イガグリが重力にしたがって落下するかを確かめてみましょう。

Fig.7-28 イガグリの落下を確認する

イガグリが重力にしたがって落下します。

7-4-3 イガグリを飛ばすスクリプトを作る

イガグリを的に向けて飛ばすためには、力を加える必要があります（Physicsを使う場合には、座標を操作するのではなく、力を加えるのでしたね。268ページ）。イガグリに力を加えるために、イガグリコントローラを作成します。

プロジェクトウィンドウで右クリックしてCreate→Scripting→MonoBehaviour Scriptを選択し、スクリプトファイル名をIgaguriControllerに変更します。

スクリプトの作成→IgaguriController

プロジェクトウィンドウに追加された「IgaguriController」をダブルクリックして開き、List 7-1のスクリプトを入力・保存してください。

List 7-1 イガグリを飛ばすスクリプト

```
1  using UnityEngine;
2
3  public class IgaguriController : MonoBehaviour
4  {
5      public void Shoot(Vector3 dir)
6      {
7          GetComponent<Rigidbody>().AddForce(dir);
8      }
9
10     void Start()
11     {
12         Application.targetFrameRate = 60;
13         Shoot(new Vector3(0, 200, 2000));
14     }
15 }
```

このスクリプトでは、今後の拡張性も考えて、引数で指定した方向に力を加えることができるShootメソッドを作成しています（5〜8行目）。Shootメソッドのなかで、AddForceメソッドを使って引数方向への力を加えています。

Startメソッドでは、画面奥に向かって飛ぶように＋Z軸方向のベクトルを引数に渡してShootメソッドを呼び出しています（13行目）。Y軸方向にも200の力をかけているのは、イガグリが的に届く前に重力の影響で地面に落下することを防ぐためです。Startメソッド内でShootメソッドを呼び出しているので、ゲーム開始と同時に発射されます。

> **Tips　イガグリの速度が高速すぎる**
>
> 間違ってUpdateメソッドのなかでShootメソッドを呼び出すと、ものすごい速さで飛んでいくので注意してください。

7-4-4　イガグリのスクリプトをアタッチする

イガグリコントローラのスクリプトが完成したので、イガグリにアタッチしましょう。スクリプトをアタッチするため、プロジェクトウィンドウのIgaguriControllerを、ヒエラルキーウィンドウのigaguriにドラッグ＆ドロップします。

Fig.7-29　イガグリオブジェクトにスクリプトをアタッチする

IgaguriControllerをigaguriにドラッグ＆ドロップします。

スクリプトをアタッチできたら、意図した通りに画面奥方向にイガグリが飛んでいくかを確認しましょう。ゲームを実行してみてください。ゲームの開始と同時にちゃんとイガグリが的に向かって飛んでいくはずです。

`Fig.7-30` イガグリが飛んでいくことを確認する

ゲームを開始すると、イガグリが的に向かって飛んでいきます。

7-4-5 イガグリを的に刺す

今のままでは、イガグリが的に当たると下に落ちてしまいます。的に当たった場合は刺さるように修正しましょう。的にイガグリを刺すといっても、物理的な演算をする必要はありません。今回の場合は**的に衝突した瞬間に、イガグリに加わる力（重力や画面奥方向への力）を無効にします**。

今回のゲームではPhysicsを使っているので、的とイガグリの衝突時には、オブジェクトにアタッチされているスクリプトのOnCollisionEnterメソッドが呼ばれます。このメソッド内でイガグリに加わる力を無効にしましょう。

`Fig.7-31` 衝突時にイガグリの動きを止める

プロジェクトウィンドウからダブルクリックでIgaguriControllerを開いて、List 7-2のようにスクリプトを追加してください。

`List 7-2` イガグリを的に刺す

```
1  using UnityEngine;
2
3  public class IgaguriController : MonoBehaviour
4  {
5      public void Shoot(Vector3 dir)
6      {
```

```
 7            GetComponent<Rigidbody>().AddForce(dir);
 8        }
 9
10        void OnCollisionEnter(Collision collision)
11        {
12            GetComponent<Rigidbody>().isKinematic = true;
13        }
14
15        void Start()
16        {
17            Application.targetFrameRate = 60;
18            Shoot(new Vector3(0, 200, 2000));
19        }
20    }
```

衝突を検知するために、OnCollisionEnterメソッドを10〜13行目に追加しています。的とイガグリが衝突した場合には、このメソッドが実行されます。衝突時にイガグリの動きを止めるため、このメソッド内でRigidbodyコンポーネントのisKinematicをtrueにしています。isKinematicをtrueにすることで、オブジェクトにかかる重力など、外部から働く力を無効にします。ここでは、的に当たった瞬間にイガグリのisKinematicを「true」にしているので、的に当たるとイガグリの動きが止まり、的にイガグリが刺さったような表現ができます。

ゲームを実行してみて、的に当たった場合にイガグリが刺さるかをチェックしましょう。

Fig.7-32 イガグリが的に刺さることを確認する

イガグリが的に刺さります。

7-5 パーティクルを使ってエフェクトを表示しよう

①プロジェクトの作成 ②ステージの作成 ③イガグリを飛ばす ④エフェクトの表示 ⑤工場の建設

7-5-1 パーティクルとは？

　イガグリが的に当たった時に、的に刺さるようになりました。ただ、イガグリが的に刺さった時の反応が小さい気がします。**気持ちよく遊んでもらうためには、もう少し演出が必要です。** ここでは、パーティクルを利用したエフェクトを追加してみましょう。

　パーティクルとは日本語で粒子のことです。粒子と聞いても何の役に立つのか想像しにくいと思いますが、**粒子を大量に表示して、各粒子の動き・色・大きさを制御する**ことで水や煙、火など幅広い表現が可能になります。ゲームではエフェクトを作るために欠かせない存在です。

Fig.7-33 パーティクルの表現

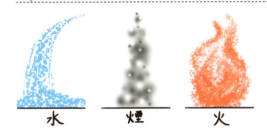

水　　煙　　火

　例えばパーティクルで水を表現する場合、各粒子を細かくして重力にしたがって動くようにします。煙や火を表現する場合は、粒子の透明度と大きさを変えながら上方向に移動させます。このように、**パーティクルを使った表現では、各粒子の色や大きさ、速度などの微調整が非常に重要**になります。

　Unityではパーティクルをコンポーネントとして用意しているので、これらのパラメータをエディターで簡単に編集できます。よく使うパラメータを、次のFig.7-34にまとめておきます。

Fig.7-34 パーティクルの主なパラメータ

Duration
パーティクルの放出時間
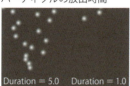

Looping
パーティクルを放出し続ける

Start Delay
パーティクル放出までの時間
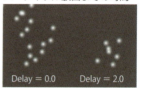

Start Lifetime
パーティクルの寿命
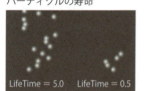

Start Speed
パーティクルの放出速度
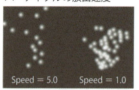

Start Size
パーティクルの放出サイズ
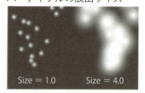

Start Color
パーティクルの初期色
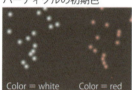

Gravity Modifier
パーティクルにかける重力
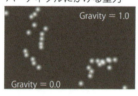

Max Particles
パーティクル数の上限
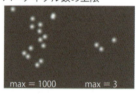

Rate over Time
1秒あたりのパーティクル生成数
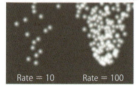

Bursts
指定時間のパーティクル生成数
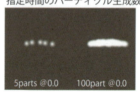

Shape
パーティクルの放出形状
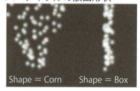

　イガグリが的に当たった時にパーティクルを表示しましょう。今回のゲームではFig.7-35のように、的に当たった時に弾けるようなエフェクトを表示します。

Fig.7-35 衝突時のエフェクトイメージ

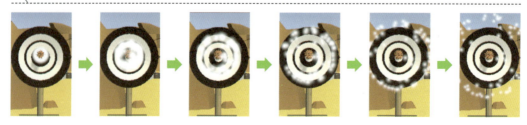

7-5-2 弾けるエフェクトを表示する

パーティクルを表示するための手順は以下の3ステップです。

> **パーティクルの表示** 重要!
> ❶オブジェクトにParticle Systemコンポーネントをアタッチします。
> ❷Particle Systemコンポーネントのパラメータを調整して、エフェクトを作成します。
> ❸スクリプトでパーティクルの再生を指定します。

イガグリにParticle Systemコンポーネントをアタッチする

まずはヒエラルキーウィンドウからigaguriを選択し、インスペクターのAdd Componentボタンをクリックして、Effects→Particle Systemを選択します。

Fig.7-36 Particle Systemコンポーネントをアタッチする

Fig.7-37 パーティクルの表示を確認する

シーンビューを見るとイガグリからピンク色の四角形が放出されていますね。これがパーティクルです（Fig.7-37）。でもこのままだと今回表示したい弾けるエフェクトとは似ても似つかないですね。Particle Systemのパラメータを少しずつ変化させながら調整していきましょう。

パーティクルにマテリアルを設定する

ピンク色の四角は、パーティクルにマテリアルが設定されていない状態です。まずは、白い粒が放出されるように設定しましょう。

ヒエラルキーウィンドウでigaguriを選択し、インスペクターのParticle System項目の一番下にあるRendererをクリックして展開し、Materialの⦿をクリックしてください。

Fig.7-38 マテリアルを設定する①

Select Materialウィンドウが開くので、Default-ParticleSystemを選択してください。シーンビューで確認してみると、ピンク色の四角だったものが白い粒に変わっています。

Fig.7-39 マテリアルを設定する②

Particle Systemのパラメータを調整して、弾けるエフェクトを作成する

パーティクルの放出形状を調整しましょう。今は手持ち花火のように円すい状に放出されていますが、今回のエフェクトでは打ち上げ花火のように球状に広げます。

ヒエラルキーウィンドウでigaguriを選択した状態で、インスペクターのParticle System項目のShapeをクリックして展開し、Shapeを「Sphere」に変更します。また、放出開始時の半径は小さくしたいので、Radiusを「0.01」に設定してください。

パラメータの修正後、シーンビューで見栄えをもう一度確認してみましょう。

Fig.7-40 パーティクルの放出形状を調整する

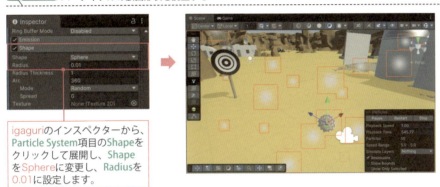

igaguriのインスペクターから、Particle System項目のShapeをクリックして展開し、ShapeをSphereに変更し、Radiusを0.01に設定します。

先ほどのものと比べると、少しは弾けるエフェクトに近づきました。次に、パーティクルの生成パターンを調節します。今はパーティクルが常に放出され続けていますが、間欠的にパーティクルが放出されるようにしましょう。

パーティクルの生成パターンを変化させるには、Particle System項目のEmissionを設定します。Rateは毎フレーム生成されるパーティクルの数で、Burstsは指定した時間に生成するパーティクルの数を表します。

Fig.7-41 パーティクルの放出量を調節する

Rateを使ったパーティクル生成　　Burstsを使ったパーティクル生成

今回はパーティクルを生成し続ける必要はないので、インスペクターのParticle System項目のEmissionをクリックして展開し、Rate over Timeを「0」にします。また、イガグリが当たった時にパーティクルを一気に放出したいので、Burstsの右下の＋をクリックし、Timeを「0」、Countを「100」に設定してください。

Fig.7-42 パーティクルのパラメータを設定する

Particle System項目のEmissionをクリックして展開し、Rate over Timeを0に、Burstsの＋をクリックしてからTimeを0、Countを100に設定します。

かなり弾けるエフェクトに近づいてきました！ あとはパーティクルが消えるまでの時間が長いことが気になります。パーティクルの再生時間を短くするためDurationとStart Lifetimeを「1」（1秒）に設定します。「Duration」はエフェクトの再生時間、「Start Lifetime」はパーティクルの表示時間を表します。また、放出速度を速くするため、Start Speedを「8」に設定します。

Fig.7-43 パーティクルが消えるまでの時間を調節する

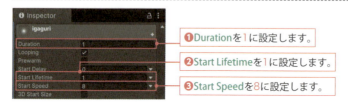

❶Durationを1に設定します。
❷Start Lifetimeを1に設定します。
❸Start Speedを8に設定します。

パーティクルがもう少しスムーズに消える（フェードアウトする）ようにしましょう。スムーズに消すには、パーティクルの透明度を徐々に上げるか、サイズを徐々に小さくします。今回は後者の方法を実装してみましょう。

パーティクルのサイズを時間とともに変化させるため、Size over Lifetimeにチェックを入れてから項目を展開し、Sizeの右側のグレーのエリアをクリックします。パーティクルサイズの変化はインスペクターの一番下にあるParticle System Curvesウィンドウ（表示されていない場合はParticle System Curvesと書かれたバーを上方向にドラッグ）で行います。今回は徐々にパーティクルを小さくしたいので、減衰カーブを選択します。これにより、パーティクル生成から時間が経つにつれてパーティクルサイズが小さくなります。

Fig.7-44 パーティクルの消え方を調節する

❶igaguriのインスペクターから、Particle System項目のSize over Lifetimeにチェックを入れます。

❷Size over Lifetimeの欄をクリックして展開し、Sizeの右側のグレーのエリアを選択します。

❸Particle System Curvesから減衰カーブを選択します。

最後に再生タイミングを設定します。今回のエフェクトはループ再生を行わないので、Loopingのチェックを外します。また、的に当たった時に初めてエフェクトを表示するために、Play On Awakeのチェックも外します。「Play On Awake」をチェックすると、パーティクルをアタッチしたオブジェクトがアクティブになると同時にエフェクトが再生されてしまいます。

Fig.7-45 ループ再生を行わないように設定する

❶Particle System項目のLoopingのチェックを外します。

❷Play On Awakeのチェックを外します。

的との当たりを検知してパーティクルを再生する

イガグリが的に当たった瞬間にパーティクルが再生されるようにスクリプトを修正します。プロジェクトウィンドウからIgaguriControllerをダブルクリックして開き、List 7-3のようにスクリプトを追加してください。

List 7-3 的に当たった瞬間にエフェクトを発生させる

```
1  using UnityEngine;
2
3  public class IgaguriController : MonoBehaviour
4  {
5      public void Shoot(Vector3 dir)
6      {
7          GetComponent<Rigidbody>().AddForce(dir);
8      }
9
10     void OnCollisionEnter(Collision collision)
11     {
12         GetComponent<Rigidbody>().isKinematic = true;
13         GetComponent<ParticleSystem>().Play();
14     }
15
16     void Start()
17     {
18         Application.targetFrameRate = 60;
19         Shoot(new Vector3(0, 200, 2000));
20     }
21 }
```

　イガグリが的に当たったタイミングでOnCollisionEnterが呼ばれます。OnCollisionEnterメソッドのなかでGetComponentメソッドを使ってParticleSystemコンポーネントを取得し、ParticleSystemコンポーネントのPlayメソッドを呼び出してエフェクトを再生しています（13行目）。

　ゲームを実行してパーティクルが表示されるかを確認してください。

Fig.7-46 パーティクルの動きを確認する

的に当たるとパーティクルが表示されます。

7-6 イガグリを生産する工場を作ろう

① プロジェクトの作成 ② ステージの作成 ③ イガグリを飛ばす ④ エフェクトの表示 ⑤ 工場の建設

7-6-1 イガグリのPrefab（設計図）を作る

画面をクリックするたびにイガグリを生成するには、イガグリを作る工場が必要になります。工場の建設は5章と同じく、下記の順番で行います。

> **工場の作り方** 重要!
> ❶ すでにあるオブジェクトを使ってPrefab（設計図）を作ります。
> ❷ ジェネレータスクリプトを作ります。
> ❸ 空のオブジェクトにジェネレータスクリプトをアタッチします。
> ❹ ジェネレータスクリプトにPrefabを渡します。

まずはイガグリのPrefab（設計図）を作成します。ヒエラルキーウィンドウのigaguriをプロジェクトウィンドウにドラッグ&ドロップしてください。そして、作成されたPrefabの名前を「igaguriPrefab」に変更します。

Fig.7-47 イガグリのPrefabを作成する

❶ igaguriをプロジェクトウィンドウにドラッグ&ドロップします。

Prefabができたら、ヒエラルキーウィンドウにあるイガグリは不要なので消しておきましょう。ヒエラルキーウィンドウのigaguri上で右クリックし、Deleteを選択します。

Fig.7-48 ヒエラルキーウィンドウの「igaguri」を消す

7-6-2 イガグリのジェネレータスクリプトを作る

次にジェネレータスクリプトを作ります。5章で矢の工場を作った時は、1秒間に1本ずつ矢を作りましたが、今回は画面をクリックするごとにイガグリを1つ生成します。

プロジェクトウィンドウで右クリックしてCreate→Scripting→MonoBehaviour Scriptを選択し、名前を「IgaguriGenerator」に変更します。

スクリプトの作成→IgaguriGenerator

作成したIgaguriGeneratorをダブルクリックして開き、List 7-4のスクリプトを入力・保存してください。

List 7-4 イガグリを生成するスクリプト

```
1  using UnityEngine;
2  using UnityEngine.InputSystem;   // 入力を検知するために必要!!
3
4  public class IgaguriGenerator : MonoBehaviour
5  {
```

```
 6        public GameObject igaguriPrefab;
 7
 8        void Update()
 9        {
10            if (Mouse.current.leftButton.wasPressedThisFrame)
11            {
12                GameObject igaguri =
                      Instantiate(igaguriPrefab);
13                igaguri.GetComponent<IgaguriController>().Shoot(
                      new Vector3(0, 200, 2000));
14            }
15        }
16    }
```

6行目では、イガグリのPrefabを入れる変数を宣言しています。ここでは変数を宣言しただけなので、後のステップでPrefabの実体を代入する必要があります。アウトレット接続を使って代入できるように、publicを付けて宣言しています。

10行目のMouse.current.leftButton.wasPressedThisFrameで、画面がクリックされたかどうかをチェックし、クリックされていたらイガグリのインスタンスを作ります。

続いて、作成したイガグリのインスタンスを飛ばす方向を指定します。これまでは、イガグリを飛ばす方向は「IgaguriController」のなかで指定していました。ここでは、イガグリを飛ばす方向をIgaguriGeneratorで指定するように変更するため、GetComponentメソッドを使って「IgaguriController」スクリプトを取得した後、Shootメソッドの引数に画面奥方向へのベクトルを指定しています（13行目）。

🐟 Shootメソッドの呼び出しをコメントアウトする

ここまでは「IgaguriController」のStartメソッド内でイガグリの発射方向を決めていました。今後は、工場でイガグリを生成すると同時に発射方向も決めるので、IgaguriControllerのStartメソッドのなかのShootメソッドの呼び出し（19行目）をコメントアウトしてください。

List 7-5 Shootメソッドの呼び出しをコメントアウトする

```
1  using UnityEngine;
2
3  public class IgaguriController : MonoBehaviour
4  {
5      public void Shoot(Vector3 dir)
6      {
7          GetComponent<Rigidbody>().AddForce(dir);
8      }
9
```

```
10      void OnCollisionEnter(Collision collision)
11      {
12          GetComponent<Rigidbody>().isKinematic = true;
13          GetComponent<ParticleSystem>().Play();
14      }
15
16      void Start()
17      {
18          Application.targetFrameRate = 60;
19          // Shoot(new Vector3(0, 200, 2000));
20      }
21  }
```

> **Tips** メソッドにアクセスできない
>
> 自分以外のスクリプトが持つメソッドを呼び出したい場合には、呼び出したいメソッドがpublicで宣言されている必要があります。IgaguriGeneratorで「Shoot is inaccessible due to its protection level」というエラーが出た場合は、IgaguriControllerのなかのShootメソッドにpublicが付いているか確認してください。

7-6-3 イガグリの工場オブジェクトを作る

イガグリ工場を建設するため、空のオブジェクトを作成します。ヒエラルキーウィンドウの＋→Create Emptyを選択します。するとヒエラルキービューに「GameObject」が作成されるので、名前を「IgaguriGenerator」に変更してください。

Fig.7-49 空のオブジェクトを作成する

❶＋をクリックします。
❷Create Emptyを選択します。
❸作成されたオブジェクトの名前をIgaguriGeneratorに変更します。

作成した空のオブジェクトにジェネレータスクリプトをアタッチして、工場オブジェクトを作りましょう。

Fig.7-50 空のオブジェクトに工場スクリプトをアタッチする

プロジェクトウィンドウにあるIgaguriGeneratorスクリプトを選択し、ヒエラルキーウィンドウのIgaguriGeneratorオブジェクトにドラッグ＆ドロップしてください。

Fig.7-51 空のオブジェクトにジェネレータスクリプトをアタッチする

IgaguriGeneratorスクリプトを、IgaguriGeneratorオブジェクトにドラッグ＆ドロップします。

7-6-4 設計図を工場に渡す

工場にイガグリの設計図を渡します。スクリプト内で宣言した変数に、オブジェクトの実体を代入するにはアウトレット接続を使います。

> 🐾 **アウトレット接続** 重要!
> ❶スクリプト側にコンセントの差込口を作るため、変数の前にpublic修飾子を付けます。
> ❷public修飾子を付けた変数がインスペクターから見えるようになります。
> ❸代入したいオブジェクトをインスペクターの差込口に（ドラッグ＆ドロップして）差し込みます。

イガグリのPrefab変数はすでにpublic宣言しているので、あとはインスペクターにドラッグ＆ドロップするだけですね。ヒエラルキーウィンドウでIgaguriGeneratorを選択した状態で、インスペクターから「Igaguri Generator（Script）」を探し、その項目のなかからIgaguri Prefab欄を見つけてください。そこにプロジェクトウィンドウのigaguriPrefabをドラッグ＆ドロップします。

Fig.7-52 設計図を工場に渡す

❶IgaguriGeneratorを選択します。　❷IgaguriPrefabを、インスペクターのIgaguri Prefabにドラッグ＆ドロップします。

　これで工場が完成したので、ゲームを実行してみましょう。クリックするたびに画面手前から奥側に向かってイガグリが飛びましたね！

Fig.7-53 イガグリの生成を確認する

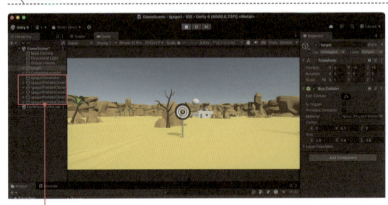

画面をクリックするたびに、イガグリが生成されます。

7-6-5 クリックした場所にイガグリを飛ばす

　ここまでは決まった方向に向かってイガグリを飛ばしていました。よりゲームらしさを出すため、クリックした場所に向かってイガグリを飛ばせるようにジェネレータスクリプトをアップグレードしてみましょう。

クリックした場所に向かってイガグリを飛ばすには、クリックした座標がわからないといけません。クリックした座標はMouse.current.position.valueで取得可能ですが、3DゲームではMouse.current.position.valueの値をそのまま使うことができません。**Mouse.current.position.valueの値がワールド座標系の値ではなくスクリーン座標系の値だからです。**

4章（173ページ）でも説明したように、ワールド座標系とはオブジェクトが「ゲーム世界」のどこにあるのかを示すための座標系です。一方でスクリーン座標系とは、「ゲーム画面上」の座標を表す時に使う2Dの座標系です。

Fig.7-54 ワールド座標とスクリーン座標

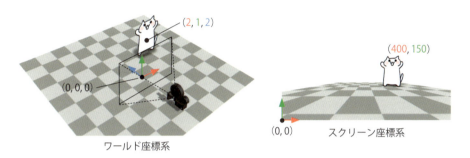

ワールド座標系 / スクリーン座標系

Fig.7-54のイメージで示しているように、ワールド座標系とスクリーン座標系はまったく異なる尺度（単位）を持っています。つまり、ワールド座標系で猫がいる座標 (2, 1, 2) とスクリーン座標系で猫がいる座標 (400, 150) はまったく関係のない別々のものなのです。

ここまでに出てきた「的」や「イガグリ」の座標はすべてワールド座標系なので、**イガグリを飛ばす方向もワールド座標系で計算**しなければいけません。

実は、UnityにはScreenPointToRayというメソッドが用意されています。このメソッドは**スクリーン座標を渡すと、「カメラ」から「スクリーン座標」に向かうワールド座標系でのベクトル（Fig.7-55のピンク色のベクトル）を取得できます。**このベクトルを使ってイガグリをクリックした方向に飛ばします。

Fig.7-55 ScreenPointToRayメソッドを使ってワールド座標に変換する

イガグリの生成と同時にScreenPointToRayメソッドで得られる方向に力を加えれば、クリックした方向にイガグリが発射されそうです。この仕組みをジェネレータスクリプトに追加しましょう。

プロジェクトウィンドウのIgaguriGeneratorをダブルクリックして開き、List 7-6のようにスクリプトを追加してください。

List 7-6 クリックした位置に向けてイガグリを飛ばす

```
1  using UnityEngine;
2  using UnityEngine.InputSystem;
3
4  public class IgaguriGenerator : MonoBehaviour
5  {
6      public GameObject igaguriPrefab;
7
8      void Update()
9      {
10         if (Mouse.current.leftButton.wasPressedThisFrame)
11         {
12             GameObject igaguri =
                   Instantiate(igaguriPrefab);
13
14             Ray ray = Camera.main.ScreenPointToRay(
                   Mouse.current.position.value);
15             igaguri.GetComponent<IgaguriController>().Shoot(
                   ray.direction * 2000);
16         }
17     }
18 }
```

14行目で、ScreenPointToRayメソッドにクリックした座標を渡しています。ScreenPointToRayメソッドはカメラからクリック座標へ向かうベクトルに沿って進むRay（光線）クラスを返します。

このRayクラスについて少し説明しましょう。Ray（レイ）は名前通り光線のことで、光源の座標（origin）と光線の方向（direction）をメンバ変数に持っています。このRayの特徴として、**コライダがアタッチされたオブジェクトとの当たりを検知**できます。つまり光線がオブジェクトによって遮られた場合には、それを検知できます。

Fig.7-56 Rayクラスの特徴

Fig.7-57に示すように、ScreenPointToRayメソッドの返り値として得られるRayは、originがMain Cameraの座標、directionがカメラからクリックした座標に向かうベクトルになります。

ここでは「direction」の方向にイガグリを飛ばしたいので、ray.directionのベクトルに2000の力をかけています。

Fig.7-57 ScreenPointToRayメソッドの返り値

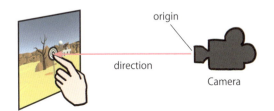

再度ゲームを実行してください。画面上のクリックしたところにイガグリが飛んでいきました。イガグリを飛ばす方向を指定できるようになったので、俄然ゲームっぽくなりました！

Fig.7-58 クリックした場所にイガグリが飛ぶ

クリックした場所に向かってイガグリが飛んでいきます。

> **Tips** クリックした場所に飛ばない
>
> イガグリがクリックした場所に飛ばない場合は、「IgaguriController」スクリプトのStartメソッドにあるShootメソッドをちゃんとコメントアウトしているか（337ページ）を確認してください。このメソッドが残っているとメソッド内のAddForceで加えた力と、今回クリックした地点へ向かう力が足されて上手く動作しない可能性があります。

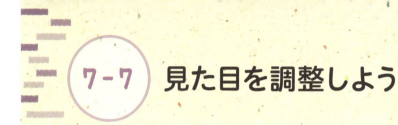

7-7 見た目を調整しよう

前節までで、ゲームに必要な機能を作ることができました。最後にゲームの見た目を調整する方法を紹介します。3Dゲームではライトや空、フォグ、ポストエフェクトなど、見た目を変える方法はたくさんあります。ここでは、そのなかでも、よく使うものを紹介します。

7-7-1 空の色の設定

砂漠の空を、もっと抜けるような青色の空にしましょう。ここでは マテリアル を使って空の色を設定します。マテリアルとは、オブジェクトの見た目や質感を決めるために使うものです。

まずは空のマテリアルを作ります。プロジェクトウィンドウで右クリックして、Create→Materialを選択します。作成したマテリアルの名前は「Sky」にしておきましょう。

Fig.7-59 マテリアルを作成する

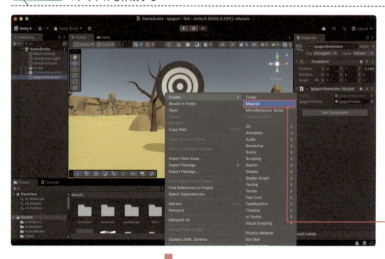

❶プロジェクトウィンドウで右クリックして、Create→Materialを選択します。

❷作成されたマテリアルの名前をSkyに変更します。

次に、このマテリアルを空の色として使えるように設定します。プロジェクトウィンドウでSkyマテリアルを選択し、インスペクターの上部にあるShader欄のドロップダウンリストからSkybox→Proceduralを選択してください。Proceduralは、空と地面の色味をインスペクターで設定するものです。

Fig.7-60 マテリアルを空の色として設定する

❶Skyマテリアルを選択します。
❷Shader欄をクリックします。
❸Skybox→Proceduralを選択します。

ここで設定するのはAtomosphere ThicknessとSky Tint、Exposureになります。それぞれの設定内容は次の表の通りです。

Table 7-2 Proceduralで設定する項目

設定項目	内容
Atomosphere Thickness	大気の密度
Sky Tint	空を彩る色
Exposure	Skayboxの露出

ここではAtomosphere Thicknessを「0.6」に設定します。次にSky Tintのカラーバーをクリックしてколорウィンドウを開き、Hexadecimalを「72A6F8」に設定します。また、Exposureを「1」に設定しました。

Fig.7-61 空の色味を設定する

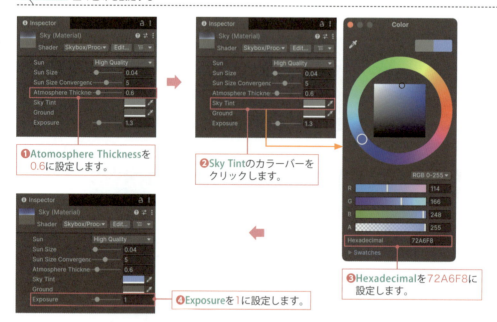

設定ができたらプロジェクトウィンドウのSkyマテリアルをシーンビューの空にドラッグ＆ドロップしてください。

Fig.7-62 空のマテリアルをシーンビューに設定する

次のように空の色が深い青色に変わったと思います。このように、色味を変えるだけでも印象に変化が出るので、見た目の調整は大切です。

Fig.7-63 空の色が変わることを確認する

空が濃い青色になります。

7-7-2 ライトの強度の設定

ステージが砂漠なので、太陽光はもう少し強くてもよさそうです。ヒエラルキーウィンドウからDirectional Lightを選択し、インスペクターでLight項目の▶Emissionをクリックして展開し、Intensityを「3.5」に設定しましょう。Intensityは、ライトの強さを設定する項目です。

Fig.7-64 ライトの明るさを調節する

❶Directional Lightを選択します。

❷▶Emissionをクリックして展開します。

❸Intensityを3.5に設定します。

全体的に画面が明るくなり、砂漠の砂が輝いているような見栄えになりましたね！

Fig.7-65 明るくなることを確認する

画面が全体的に明るくなります。
地表付近がわかりやすいです。

7-7-3 Fogの設定

このステージでは遠くの岩肌までしっかりと見えていますが、現実では遠くの風景は青く霞んで見えることが多いです。UnityではFog（フォグ）という機能を使うことで、遠くなるにつれて淡い色になっていく設定ができます。

メニューバーからWindow→Rendering→Lightingを選択するとLightingウィンドウが開きます。Lightingウィンドウ上部のEnvironmentをクリックしてください。Other Settings項目のFogのチェックボックスにチェックを入れるとFogが有効になります。シーンビューで見ると、奥にいくほど霞んで見えるようになりました。

Fig.7-66 Fogを有効にする

❶Window→Rendering
→Lightingを選択します。

このままでは色がくすみ過ぎているので、Colorを調整します。ここでは空の色を考慮して、くすんだ水色にしましょう。引き続きLightingウィンドウで、Fogの下にあるColorのカラーバーをクリックし、ColorウィンドウでHexadecimalを「8492BC」に設定してください。そしてLightingウィンドウに戻り、Densityを「0.002」に設定してください。Densityの値を小さくすることで、霧の濃度を薄くできます。

 Fig.7-67 Fogの見た目を設定する

背景の岩肌が少し青っぽく霞んで見えるようになりましたね。これでゲームの見た目は完成です！

Fig.7-68 遠くが霞んで見えることを確認

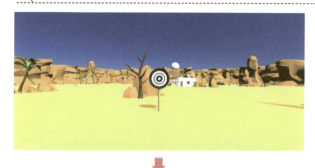

遠くの岩場が少し霞んで見えます。

7-8 スマートフォンで動かしてみよう

パソコン上でちゃんと動くゲームができたので、最後にスマートフォンの実機上で動かしてみましょう。スマートフォン画面でタップした方向にイガグリを飛ばすために、IgaguriGeneratorの10行目と14行目を次のように書き換えてください。

List 7-7 スマートフォンの操作に対応させる

```
10        if (Touchscreen.current.primaryTouch.press.wasPressedThisFrame)
11        {
12            GameObject igaguri =
                  Instantiate(igaguriPrefab);
13
14            Ray ray = Camera.main.ScreenPointToRay(
                  Touchscreen.current.primaryTouch.position.value);
```

Touchscreen.current.primaryTouch.press.wasPressedThisFrameでスマートフォンの画面がタップされたことを検出し、タップされた座標(Touchscreen.current.primaryTouch.position.value)をScreenPointToRayメソッドに渡しています

実機で検証するために、まずはUSBケーブルでPCとスマートフォンを接続してください。また、スマートフォン向けのビルド設定(310ページ)は既に行われているものとします。

7-8-1 iPhoneでビルドする場合

Build ProfilesウィンドウでPlayer Settingsをクリックし、Company Nameに英数字でご自身のお名前などを入力します(他の人と重複しない文字列にしてください)。Build Profilesウィンドウの左側のPlatforms欄からScene Listを選択し、右側のScene Listにプロジェクトウィンドウの GameSceneをドラッグ&ドロップして、Scenes/SampleSceneのチェックを外してください。設定ができたらBuildボタンをクリックし、New Folderボタンを押して「Igaguri_iOS」と入力し、Createボタン→Chooseボタンの順にクリックして書き出しをスタートしてください。

プロジェクトフォルダに作られた「Igaguri_iOS」フォルダのUnity-iPhone.xcodeprojをダブルクリックしてXcodeを開き、Signing項目のTeamを選択してから、実機に書き込んでください。

iPhone向けビルドの詳細は、145ページを参照してください。

7-8-2 Androidでビルドする場合

Build ProfilesウィンドウでPlayer Settingsをクリックし、Company Nameに英数字でご自身のお名前などを入力します（他の人と重複しない文字列にしてください）。Build Profilesウィンドウの左側のPlatforms欄からScene Listを選択し、右側のScene Listにプロジェクトウィンドウの GameSceneをドラッグ＆ドロップして、Scenes/SampleSceneのチェックを外してください。設定ができたらBuild SettingsウィンドウのBuild And Runボタンをクリックし、プロジェクト名を「Igaguri_Android」、保存先には「Igaguri」のプロジェクトフォルダを指定して、apkファイルの作成と実機への書き込みをスタートしてください。

Android向けビルドの詳細は、151ページを参照してください。

>Tips< ポストエフェクトで画面を豪華にしよう

3Dゲームの場合、3Dモデルをシーンに配置しただけでは、まとまりがないような画面に見えてしまいがちです。そんな時に役に立つのがポストエフェクトです。ポストエフェクトとはゲーム画面全体に画像処理をかけることです。Instagramなどのフィルタと同じようなものと考えると理解しやすいかと思います。

Unityでポストエフェクトを使うには、ヒエラルキーウインドウからGlobal Volumeを選択し、インスペクターのVolume項目から設定を行います。

この項目のTonemappingでは画面全体のコントラストを調整することができ、Bloomでは光が溢れ出すようなエフェクトを表示できます。またAdd Override→Post-processingのなかにある各種エフェクトを選択することで、新たなエフェクトを追加することもできます。興味のある方は試してみてください。

Fig.7-69 Post Processing

❶Global Volumeを選択します。　❷Volumeの項目で各種エフェクトを調整できます。　❸Add Overrideからエフェクトを追加できます。

Chapter 8
レベルデザイン

ゲームを面白くするためのテクニックを
学びましょう！

> この章ではこれまで学んできた知識を活かして、総まとめの
> ゲームを作りましょう。ゲームの作り方に加えて、ゲームを面
> 白くするための「レベルデザイン」についても説明します。
>
> **この章で学べる項目**
> - これまでのゲーム作りの総復習
> - Tagの役割
> - レベルデザインの方法

8-1 ゲームの設計を考えよう

最終章では、これまでの総まとめとなるようなゲームを作っていきましょう。これまではゲームの作り方に重点を置いて紹介してきましたが、**本章ではゲームを面白いものにするための難易度調整（レベルデザイン）** についても説明します。

8-1-1 ゲームの企画を作る

この章で作るのは、「落下してくるりんごをバスケットでキャッチするゲーム」です。ステージは3×3のエリアに分割されていて、マス目をタップするとそのマス目にバスケットが移動します。バスケットのなかにりんごが入るとキャッチしたことになり、得点が加算されます。

また、りんごのかわりに爆弾が降ってくることがあります。この爆弾を誤ってキャッチすると取得した点数が半減してしまいます。制限時間内に何点取得できるかを競います。

Fig.8-1　これから作るゲームのイメージ

8-1-2 ゲームの部品を考える

Fig.8-1のゲームイメージをもとに、いつもと同じ手順でゲームの設計を考えていきましょう。

Step❶　画面上のオブジェクトをすべて書き出す
Step❷　オブジェクトを動かすためのコントローラスクリプトを決める
Step❸　オブジェクトを自動生成するためのジェネレータスクリプトを決める
Step❹　UIを更新するための監督スクリプトを用意する
Step❺　スクリプト作りの流れを考える

ステップ① 画面上のオブジェクトをすべて書き出す

画面上にあるオブジェクトを書き出します。ここでは「りんご」「爆弾」「バスケット」「ステージ」「UI」の5つを書き出しました。

Fig.8-2　画面上のオブジェクトを書き出す

りんご

爆弾

バスケット

ステージ

5 Point
UI

ステップ② オブジェクトを動かすためのコントローラスクリプトを決める

次に、動くオブジェクトを探しましょう。「りんご」と「爆弾」は落下するので動くオブジェクトですね。また、「バスケット」もユーザが動かすので、動くオブジェクトに含めます。

Fig.8-3　動くオブジェクトを書き出す

りんご

爆弾

バスケット

ステージ

5 Point
UI

動くオブジェクトには、動きを制御するコントローラスクリプトが必要です。動くオブジェクトは「りんご」「爆弾」「バスケット」なので、必要なコントローラスクリプトは「りんごコントローラ」「爆弾コントローラ」「バスケットコントローラ」になります。

> 必要なコントローラスクリプト
> ・りんごコントローラ　　・爆弾コントローラ　　・バスケットコントローラ

🐟 ステップ③ オブジェクトを自動生成するためのジェネレータスクリプトを決める

このステップではゲーム中に生成されるオブジェクトを探します。今回のゲームでは「りんご」と「爆弾」は時間がたつにつれて何個も落下してきます。したがって、これらのアイテムを生成するための工場（ジェネレータスクリプト）が必要になります。

Fig.8-4 ゲーム中に生成されるオブジェクトを書き出す

りんご

爆弾

バスケット

ステージ

5 Point

UI

> 必要なジェネレータスクリプト
> ・アイテムジェネレータ

🐟 ステップ④ UIを更新するための監督スクリプトを用意する

UIの更新やゲームの進行状況を判断するには監督スクリプトが必要になります。今回のゲームには得点と制限時間のUIがあります。これらを更新するために監督スクリプトを作成しましょう。

🐟 ステップ⑤ スクリプトを作る流れを考える

スクリプトを作成する流れを考えましょう。あなた1人でも、ゲームを作る流れがなんとなく浮かんできているのではないでしょうか。

Fig.8-5 スクリプトを作る流れ

りんごコントローラ・爆弾コントローラ

りんごと爆弾を、画面上部から下に向かって移動させます。アイテムがステージより下まで移動したら破棄します。両方とも同じ動きをするので、アイテムコントローラとして1つにまとめてしまいましょう。

バスケットコントローラ

タップした場所にバスケットを移動させます。移動する座標はマス目の中心になるようにします。

アイテムジェネレータ

りんごと爆弾を画面の上部に生成します。ゲームの進行状況に合わせて生成速度や爆弾の割合を変化させます。

ゲームシーン監督

制限時間と得点の管理を行います。りんごをキャッチした場合は+100点、爆弾をキャッチした場合は取得した点数を半分にします。また、制限時間は60秒からカウントダウンし、これらの値をUIに表示します。

ゲームを作る流れを簡単にまとめるとFig.8-6のようになります。8-2節からはこの流れに沿ってゲームを作っていきましょう！

Fig.8-6 ゲームを作る流れ

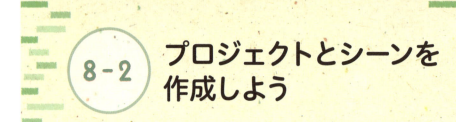

8-2 プロジェクトとシーンを作成しよう

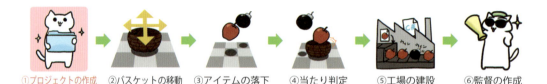

①プロジェクトの作成　②バスケットの移動　③アイテムの落下　④当たり判定　⑤工場の建設　⑥監督の作成

8-2-1 プロジェクトの作成

　プロジェクトの作成から始めましょう。プロジェクトを作成するには、Unity Hubを起動した時に表示される画面から新しいプロジェクトをクリックしてください。

　「新しいプロジェクト」をクリックすると、プロジェクトの設定画面が表示されます。テンプレートの項目は「Universal 3D」を選択し、プロジェクト名は「AppleCatch」と入力してください。また、保存場所を決めて、Unity Cloudに接続のチェックを外します。プロジェクトを作成ボタンをクリックすると、指定したフォルダにプロジェクトが作成され、Unityエディターが起動します。

テンプレートの選択→Universal 3D
プロジェクトの作成→AppleCatch

プロジェクトに素材を追加する

　Unityエディターが起動したら、今回のゲームで使用する素材をプロジェクトに追加しましょう。ダウンロードした素材データの「chapter8」フォルダを開いて、中身の素材をすべてプロジェクトウィンドウにドラッグ＆ドロップしてください（Fig.8-7）。

URL 本書のサポートページ
https://isbn2.sbcr.jp/28192/

　今回使用するファイルの役割は、Table 8-1のようになります。

Fig.8-7 素材を追加する

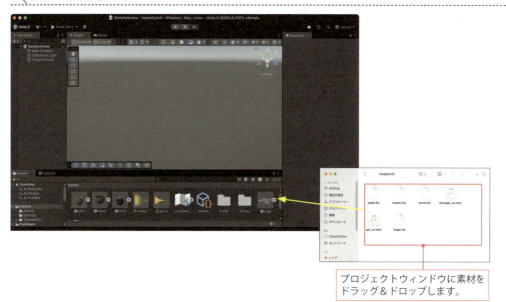

プロジェクトウィンドウに素材を
ドラッグ&ドロップします。

Table 8-1 使用する素材の形式と役割

ファイル名	形式	役割
apple.fbx	fbxファイル	りんごの3Dモデル
bomb.fbx	fbxファイル	爆弾の3Dモデル
basket.fbx	fbxファイル	バスケットの3Dモデル
stage.fbx	fbxファイル	ステージの3Dモデル
get_se.mp3	mp3ファイル	りんごを取った時の効果音
damage_se.mp3	mp3ファイル	爆弾を取った時の効果音

Fig.8-8 使用する素材

apple.fbx　　basket.fbx　　bomb.fbx　　damage_se.mp3　　get_se.mp3　　stage.fbx

8-2-2 スマートフォン用に設定する

　スマートフォン用にビルドするための設定をします。メニューバーからFile→Build Plofilesを選択します。Build Plofilesウィンドウが開くので、左側のPlatforms欄から「iOS（Android用にビルドする場合はAndroid）」を選択して、Switch Platformボタンをクリックしてください。詳しい手順は3章を参照してください（126ページ）。

画面サイズの設定

　続けて、ゲームの画面サイズを設定しましょう。Gameタブをクリックし、ゲームビューの左上にある画面サイズ設定のドロップダウンリストを開き、**対象となるスマートフォンの画面サイズに合ったもの**を選択してください。本書では、「iPhone 12 Pro 2532×1170 Landscape」を選択しています。詳しい手順は3章を参照してください（127ページ）。

8-2-3 シーンを保存する

　続いてシーンを作成します。メニューバーからFile→Save Asを選択し、シーン名を「GameScene」として保存してください。保存できるとUnityエディターのプロジェクトウィンドウにシーンのアイコンが出現します。詳しい手順は3章を参照してください（128ページ）。

シーンの作成→GameScene

Fig.8-9　シーンの作成までを行った状態

シーンが保存されます。

8-3 バスケットを動かそう

①プロジェクトの作成

②バスケットの移動

③アイテムの落下

④当たり判定

⑤工場の建設

⑥監督の作成

8-3-1 ステージの配置

8-3節では、ゲームのステージ作成とカメラの位置調整から始めます。続いて、バスケットの配置と、バスケットを動かすためのコントローラスクリプトを作成しましょう。

まずはステージを原点に配置します。Sceneタブをクリックして、プロジェクトウィンドウからシーンビューにstageをドラッグ&ドロップしてください。ヒエラルキーウィンドウでstageを選択し、インスペクターのTransform項目のPositionを「0, 0, 0」に設定します。

今後の作業のやりやすさを考えて、配置したオブジェクトが見えやすくなるように視点を変更しておきます。「option」あるいは「Alt」キーを押しながら画面上をドラッグして、Fig.8-10（次ページ）のようにX軸が右向きになるように視点を回転します。ギズモの向きに注意しながら作業してください。

Fig.8-10 「stage」をシーンに配置する

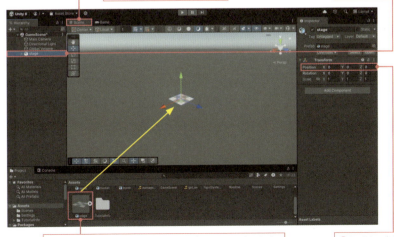

❶Sceneをクリックします。
❷stageをシーンビューにドラッグ&ドロップします。
❸stageを選択します。
❹Positionを0, 0, 0に設定します。

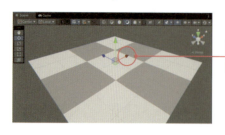

❺X軸が右を向くようにシーンを回転させます。

8-3-2 カメラの位置を調節する

　ステージを上から見下ろしてプレイするために、カメラの位置と角度を調整し、ステージ中央を向くように配置します。

　ヒエラルキーウィンドウでMain Cameraを選択し、インスペクターからTransform項目のPositionを「0, 3.8, -1.6」、Rotationを「60, 0, 0」に設定します。

Fig.8-11 カメラの位置を調節する

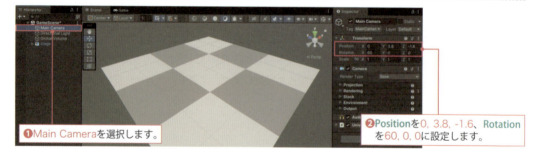

❶Main Cameraを選択します。

❷Positionを0, 3.8, -1.6、Rotationを60, 0, 0に設定します。

　カメラの位置とアングルを設定できたら、意図した見え方になっているかを確かめるため、一度ゲームを実行してみてください。

Fig.8-12 ゲームの見え方を確認する

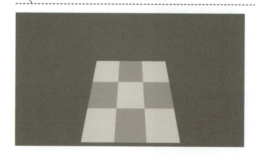

8-3-3 ライトを設定して影を付ける

今回のゲームではアイテムが落下してきます。**落下する位置に影を付けることで、どこにアイテムが落下するかを示しましょう。**影を付けるにはライト（光源）の設定が必要になります。

Unityには3Dゲームの世界を照らすためのライトとして「Directional Light」「Point Light」「Spot Light」「Area Light」の4種類が用意されています。

Table 8-2 ライトの名前と役割

ライト名	役割
Directional Light	太陽光のように無限遠から並行に光を放つライトで、光源から離れても光の強さは減衰しない
Point Light	全方向に同等に光を放つライトで、光源から離れると光の強さは減衰する
Spot Light	特定の方向に放射状に光を放つライトで、光源から離れると光の強さは減衰する
Area Light	長方形の平面から全方向に投射されるライトで、ライトをベイク※する時のみ使える

Fig.8-13 ライトの種類

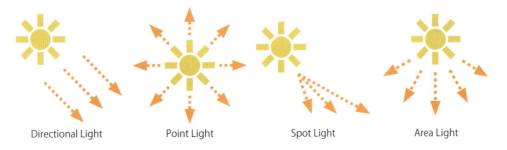

Directional Light　Point Light　Spot Light　Area Light

これらのライトがシーン上に配置されていれば、**影の位置や影の見え方はUnityが自動的に計算して表示**してくれます。3Dのプロジェクトではデフォルトで「Directional Light」が配置されているので、影も自動的に表示されます。

影を使ってアイテムの落下位置を表示するため、ライトの方向を調節します。Fig.8-14（左）のようにライトがアイテムに対して斜め方向から当たっていると、どこにアイテムが落下するのかわかりにくいですね。そこで、Fig.8-14（右）のようにライトの方向を真下に向けることで、アイテムの落下地点に影ができるように修正しましょう。

※ベイク
ベイクは、ライトによる光と影の情報をあらかじめ計算しておき、テクスチャに焼き付けておく処理のことです。ベイクをしておくことで、ゲーム実行時の負荷を減らすことができます。

Fig.8-14 ライトの方向と影

斜めからライトを当てた場合

真上からライトを当てた場合

ヒエラルキーウィンドウからDirectional Lightを選択し、インスペクターからTransform項目のRotationを「90, 0, 0」にします。これでライトが真下を向きます。

Fig.8-15 ライトの方向を調節する

❶Directional Lightを選択します。　　❷Rotationを90, 0, 0に設定します。

また、真上からライトを当てると光が強すぎるため、少しだけライトの光を弱くします。ヒエラルキーウィンドウからDirectional Lightを選択し、インスペクターのLight項目の▶Emissionをクリックして展開して、Intensityを「0.7」に設定してください。

Fig.8-16 ライトの強さを設定する

❶Directional Lightを選択します。　❷▶Emissionをクリックして展開します。　❸Intensityを0.7に設定します。

8-3-4 バスケットの配置

8-3-3項までで、シーンの下準備が整いました。続いてバスケットを配置し、ユーザの入力に応じて移動させます。バスケットを動かすため「動くオブジェクトの作り方」にしたがって、**「バスケットの配置」→「スクリプトの作成」→「スクリプトのアタッチ」**の順番で作業を進めましょう。

動くオブジェクトの作り方 重要!
❶シーンビューにオブジェクトを配置します。
❷オブジェクトの動かし方を書いたスクリプトを作成します。
❸作成したスクリプトをオブジェクトにアタッチします。

バスケットをステージ中央に配置します。プロジェクトウィンドウからシーンビューにbasketをドラッグ&ドロップしてください。そのうえで、ヒエラルキーウィンドウのbasketを選択し、インスペクターからTransform項目のPositionを「0, 0, 0」に設定します（Fig.8-17）。

Fig.8-17 「basket」を配置する

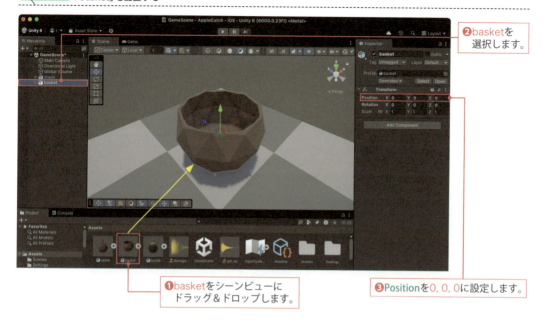

❶basketをシーンビューにドラッグ＆ドロップします。
❷basketを選択します。
❸Positionを0, 0, 0に設定します。

8-3-5 バスケットを動かすスクリプトを作る

続いて、クリックした場所にバスケットを移動させるスクリプトを作りましょう。**ステージは3×3のエリアに分割されており、クリックしたエリアの中心にバスケットを配置します。**どのようにしてエリアの中心に配置するかを考えましょう。

Fig.8-18に示すように、ステージは1辺の長さが「3」の正方形です。X方向だけを考えると、クリックした座標が「-1.5 ≦ X < -0.5」の時には「X = -1.0」に、「-0.5 ≦ X < 0.5」の時には「X = 0.0」に、「0.5 ≦ X < 1.5」の時には「X = 1.0」にバスケットを移動すればよさそうです。つまり、クリックした座標を四捨五入すればバスケットを配置する座標になります。

Fig.8-18 バスケットを配置する座標

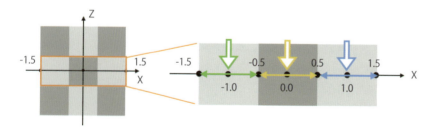

Unityには、Mathf.RoundToIntという四捨五入用のメソッドが用意されています。これを使ってスクリプトを作成しましょう。なお、ここではX軸について考えましたが、Z軸についても同じ考え方が適用できます。

プロジェクトウィンドウで右クリックしてCreate→Scripting→MonoBehaviour Scriptを選択し、スクリプトファイル名を「BasketController」に変更して保存します。

スクリプトの作成→BasketController

プロジェクトウィンドウのBasketControllerをダブルクリックして開き、List 8-1のスクリプトを入力・保存してください。

List 8-1 バスケットを動かすスクリプト

```csharp
using UnityEngine;
using UnityEngine.InputSystem;    // 入力を検知するために必要!!

public class BasketController : MonoBehaviour
{
    void Start()
    {
        Application.targetFrameRate = 60;
    }

    void Update()
    {
        if (Mouse.current.leftButton.wasPressedThisFrame)
        {
            Ray ray = Camera.main.ScreenPointToRay(
                Mouse.current.position.value);
            RaycastHit hit;
            if (Physics.Raycast(ray, out hit, Mathf.Infinity))
            {
                float x = Mathf.RoundToInt(hit.point.x);
                float z = Mathf.RoundToInt(hit.point.z);
                transform.position = new Vector3(x, 0, z);
            }
        }
    }
}
```

このスクリプトでは、クリックされた座標（Mouse.current.position.value）をもとにして、バスケットを移動させる座標を計算しています。Mouse.current.position.valueはスクリーン座標なので、そのままでは使えません。スクリーン座標をワールド座標に変換してから使うために、ScreenPointToRayメソッドを使用して、カメラの座標からゲーム画面の奥方向に向かって進む光線（Ray）を求めています（15行目）。

Fig.8-19 クリックした点の取得方法

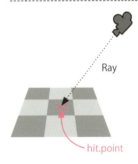

この光線は、コライダと衝突したことを検知できるのでしたね（7章の342ページ）。Physics.Raycastメソッドを使って光線がstageオブジェクトと当たったかを調べています（17行目）。Physics.Raycastのhitの引数の前に「out」というキーワードが付いています。このキーワードは「outに続く変数にメソッドのなかで値を詰めて返してください」という目印です。今回の場合、Raycastメソッドのなかで、光線が「stage」と衝突した座標をhit.point変数に詰めて返します。その座標を、RoundToIntメソッドを使って四捨五入し、バスケットの座標に代入しています（19～21行目）。

8-3-6 スクリプトをアタッチする

スクリプトが作成できたらオブジェクトにアタッチしましょう。プロジェクトウィンドウのBasketControllerを、ヒエラルキーウィンドウのbasketにドラッグ＆ドロップします。

Fig.8-20 「basket」にスクリプトをアタッチする

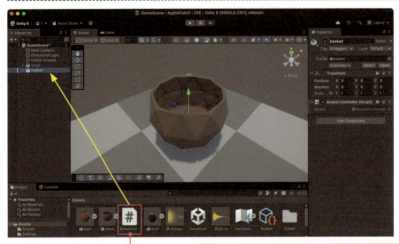

BasketControllerをbasketにドラッグ＆ドロップします。

ゲームを実行して、バスケットがクリックしたエリアに移動するかを確認してみましょう！ あれ、クリックしてもバスケットが動きませんね･･･。

Fig.8-21 バスケットが動かない

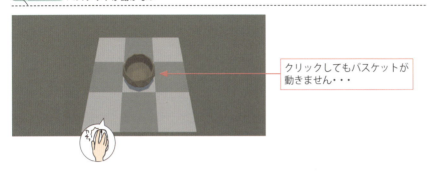

クリックしてもバスケットが動きません･･･

これはステージにコライダがアタッチされていないことが原因です。カメラから出したRayがステージに当たらずに通り抜けてしまい、List 8-1の19〜21行目の処理が実行されていません。

正しく光線との当たり判定ができるように、ステージにColliderコンポーネントをアタッチします。ヒエラルキーウィンドウでstageを選択し、インスペクターのAdd Componentボタンをクリックして、Physics→Box Colliderを選択してください。

Fig.8-22 「stage」オブジェクトにコライダをアタッチする

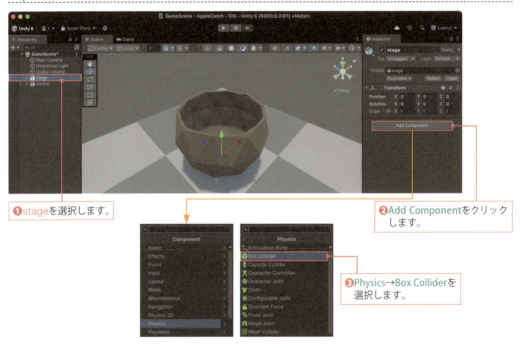

❶stageを選択します。
❷Add Componentをクリックします。
❸Physics→Box Colliderを選択します。

コライダが「stage」の全面を覆うように、Box Colliderのパラメータを設定しましょう。インスペクターでBox Collider項目のSizeを「3, 0.1, 3」に設定してください。

Fig.8-23 コライダのサイズを調節する

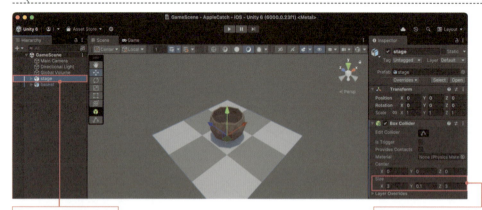

❶stageを選択します。　　❷Sizeを3, 0.1, 3に設定します。

「stage」にコライダをセットできました。実行ボタンを押して再度ゲームを実行してみましょう。ちゃんとバスケットがクリックしたエリアの中心に移動しますね！

Fig.8-24 バスケットが移動した

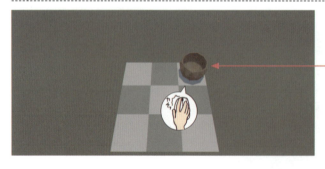

クリックしたエリアの中心にバスケットが移動します。

> Tips < **影のギザギザが気になったら**

　実行した時に、バスケットの影がギザギザで気になる人は、プロジェクトウィンドウの左側からAssets→SettingsフォルダーをMobile_RPAssetを選択し、インスペクターの▶Shadowsをクリックして展開し、Max Distanceを「20」、Cascade Countを「3」、Normal Biasを「0」に設定し、Soft Shadowsにチェックを入れてください。

　設定が終わったら、プロジェクトウィンドウの左側からAssetsフォルダを選択しておきましょう。

Fig.8-25 影のギザギザをなくす

❶Assets→Settingsフォルダを開きます。
❷Mobile_RPAssetを選択します。
❸▶Shadowsをクリックして展開します。
❹Max Distanceを「20」、Cascade Countを「3」、Normal Biasを「0」に設定し、Soft Shadowsにチェックを入れます。
❺Assetsフォルダを選択します。

> Tips < **ちゃんと褒めてあげよう！**

　プレイヤが何かを達成した時にはちゃんと褒めてあげることが大切です。それがゲームの手触りや満足感につながります。ここでは効果音を付けますが、どのようにしてプレイヤをよい気持ちにさせるのかを常に考えてゲームを作ってください！

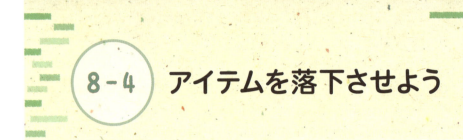

8-4 アイテムを落下させよう

①プロジェクトの作成　②バスケットの移動　③アイテムの落下　④当たり判定　⑤工場の建設　⑥監督の作成

8-4-1 アイテムの配置

　バスケットが動くようになったところで、次は**アイテムが落下する**ようにしましょう。落下してくるアイテムは「りんご」と「爆弾」の2種類です。これらのアイテムをシーンに配置してから、コントローラスクリプトを作成しましょう。

> 🐾 **動くオブジェクトの作り方** 重要!
> ❶ シーンビューにオブジェクトを配置します。
> ❷ オブジェクトの動かし方を書いたスクリプトを作成します。
> ❸ 作成したスクリプトをオブジェクトにアタッチします。

　まずはシーンビューにアイテムを配置します。最終的なアイテムの落下開始位置は、アイテム生成工場を作った際に決めるので、ここでは暫定的にアイテムの位置を指定します。
　まずは「りんご」から配置しましょう。プロジェクトウィンドウのappleをシーンビューにドラッグ&ドロップします。ヒエラルキーウィンドウでappleが選択された状態で、インスペクターからTransform項目のPositionを「-1, 3, 0」に設定してください。

Fig.8-26 「apple」を配置する

❶appleをシーンビューにドラッグ＆ドロップします。
❷appleを選択します。
❸Positionを-1, 3, 0に設定します。

「爆弾」も配置します。プロジェクトウィンドウのbombをシーンビューにドラッグ＆ドロップします。ヒエラルキーウィンドウでbombを選択した状態で、インスペクターのTransform項目のPositionを「1, 3, 0」に設定してください。

Fig.8-27 「bomb」を配置する

❶bombをシーンビューにドラッグ＆ドロップします。
❷bombを選択します。
❸Positionを1, 3, 0に設定します。

使用するアイテム（りんごと爆弾）をシーンビューに配置できました。次項ではアイテムを落下させるためのコントローラスクリプトを作成します。

8-4-2 アイテムを落下させるスクリプトを作る

今回は**レベルデザインの際に落下速度などを細かく調整したい**ので、Physicsは使わずに自前のスクリプトを作ってアイテムを落下させます。プロジェクトウィンドウで右クリックしてCreate→Scripting→MonoBehaviour Scriptを選択し、ファイル名を「ItemController」に変更します。

スクリプトの作成→ItemController

プロジェクトウィンドウのItemControllerをダブルクリックして開き、List 8-2のスクリプトを入力・保存してください。

List 8-2 アイテムを落下させるスクリプト

```
using UnityEngine;

public class ItemController : MonoBehaviour
{
    public float dropSpeed = -0.03f;

    void Update()
    {
        transform.Translate(0, this.dropSpeed, 0);
        if (transform.position.y < -1.0f)
        {
            Destroy(gameObject);
        }
    }
}
```

Updateメソッドのなかで Translate メソッドを使って毎フレーム少しずつ下方向に移動させています（9行目）。また、アイテムがステージよりも下にいって見えなくなった場合（Y座標が-1.0未満）には自分自身を破棄しています。この動作は5章の矢の動かし方と同じです。

8-4-3 スクリプトをアタッチする

スクリプトが作成できたところで、オブジェクトにアタッチして正しく動くか確認してみます。今回のゲームではりんごも爆弾も同じ挙動をするので、ItemControllerを使い回します。

プロジェクトウィンドウのItemControllerを、ヒエラルキーウィンドウのappleとbombにそれぞれドラッグ＆ドロップしてください。

Fig.8-28 「apple」と「bomb」オブジェクトにスクリプトをアタッチする

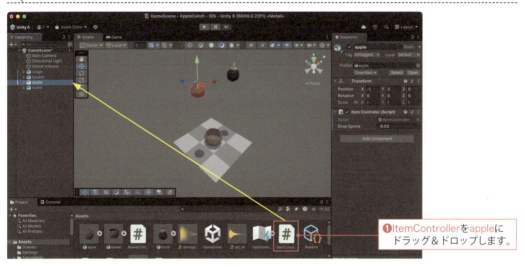

❶ItemControllerをappleにドラッグ＆ドロップします。

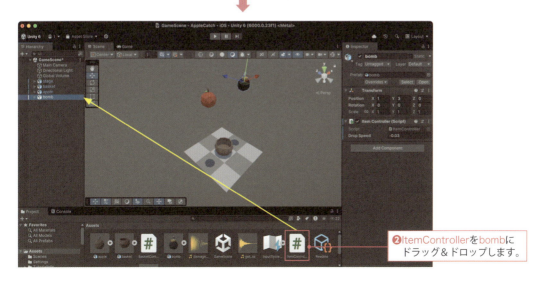

❷ItemControllerをbombにドラッグ＆ドロップします。

実行ボタンを押してゲームを実行してみましょう。りんごと爆弾のアイテムが落ちてきましたね。ステージ外に出るとヒエラルキーウィンドウから破棄されることも確認しておきましょう。

Fig.8-29 りんごと爆弾が落下する

> Tips 知識よりも手を動かそう
>
> 参考書を買ったり、インターネットで情報を集めたりするのも大切ですが、ちゃんと1つのゲームに仕上げることに注力してください。モノづくりはインプットとアウトプットのバランスが大切です。インプットが多すぎると、「やらなくてはいけないこと」「やってはいけないこと」でガンジガラメになって何もできなくなります。逆にアウトプットばかりしていると、どこかで行き詰まってしまいます。最初は、簡単なものでいいので、最後まで作り上げるという体験をしてみるのがよいと思います。

8-5 アイテムをキャッチしよう

①プロジェクトの作成　②バスケットの移動　③アイテムの落下　④当たり判定　⑤工場の建設　⑥監督の作成

8-5-1 バスケットとアイテムの当たり判定を行う

　8-4節ではアイテムを落下させるためのスクリプトを作成しました。8-5節では落ちてきたアイテムをバスケットでキャッチできるようにします。アイテムをキャッチした場合は、ひとまずコンソールウィンドウに「キャッチ！」と表示しましょう。

　バスケットでアイテムをキャッチするためには、**両者が衝突したことを知る必要があります**。当たり判定をするために、Physicsを利用します。Physicsを使えば、オブジェクト同士が衝突した時に、オブジェクトにアタッチされているスクリプトのOnTriggerEnterメソッドを呼び出すことができました（6章でプレイヤがゴールしたことを検知した時の仕組みです）。このメソッド内に「キャッチ！」と表示するスクリプトを追加しましょう。

Fig.8-30　衝突によるOnTriggerEnterメソッドの呼び出し

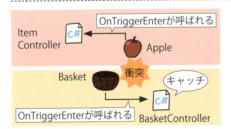

　Physicsによる当たり判定をするためには、次の2つの条件が必要です。

・両方のオブジェクトにColliderコンポーネントがアタッチされている
・少なくとも一方のオブジェクトにRigidbodyコンポーネントがアタッチされている

　そこでバスケットとアイテム（りんごと爆弾）の両方にColliderコンポーネントをアタッチし、バスケットにはRigidbodyコンポーネントもアタッチしましょう（Fig.8-31）。

Fig.8-31 アタッチするコンポーネント

Colliderのみアタッチ　　CollilderとRigidbodyをアタッチ

まずはりんごにColliderコンポーネントをアタッチします。ヒエラルキーウィンドウのappleを選択した状態で、インスペクターからAdd Componentボタンをクリックして、Physics→Sphere Colliderを選択します。

Fig.8-32 「apple」オブジェクトにコライダをアタッチする

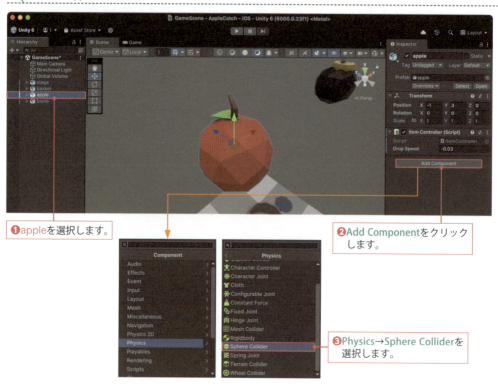

❶appleを選択します。
❷Add Componentをクリックします。
❸Physics→Sphere Colliderを選択します。

続いて、コライダの形状をりんごのモデルにフィットさせるため、Colliderコンポーネントのパラメータを調節します。引き続きヒエラルキーウィンドウでappleを選択した状態で、インスペクターのSphere Collider項目のCenterを「0, 0.25, 0」、Radiusを「0.25」に設定してください。

Fig.8-33 コライダを調整する

Centerを0, 0.25, 0、Radiusを0.25に設定します。

同様に、ヒエラルキーウィンドウのbombを選択した状態で、インスペクターからAdd Componentボタンをクリックして、Physics→Sphere Colliderを選択してコライダをアタッチします。

Fig.8-34 「bomb」オブジェクトにコライダをアタッチする

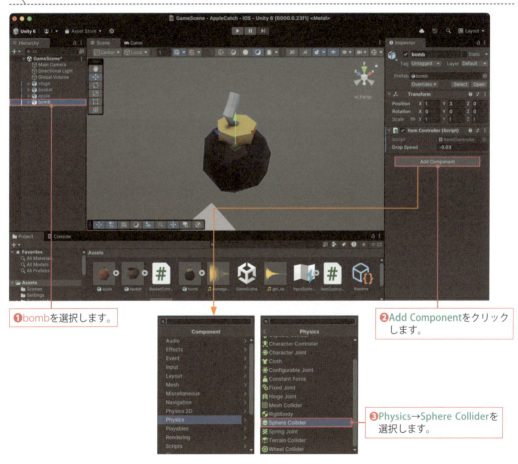

❶bombを選択します。

❷Add Componentをクリックします。

❸Physics→Sphere Colliderを選択します。

コライダの形状を爆弾のモデルにフィットさせるため、Colliderコンポーネントのパラメータを調節します。bombを選択した状態で、イスペクターからSphere Collider項目のCenterを「0, 0.25, 0」、Radiusを「0.25」に設定してください。

Fig.8-35 コライダを調整する

続いてバスケットにRigidbodyとColliderコンポーネントをアタッチします。ヒエラルキーウィンドウでbasketを選択し、インスペクターからAdd Componentボタンをクリックして、Physics→Rigidbodyを選択してください。

Fig.8-36 「basket」オブジェクトにRigidbodyをアタッチする

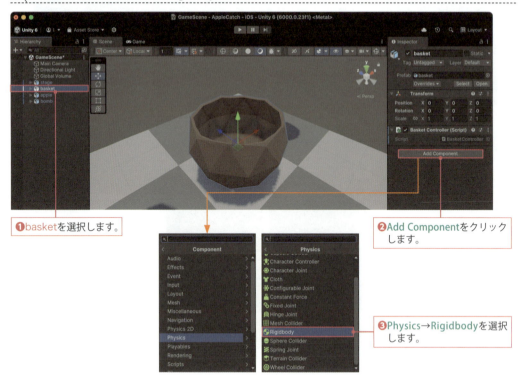

380

バスケットには物理演算は適用しないので、basketが選択された状態で、インスペクターのRigidbody項目のIs Kinematicのチェックボックスにチェックを入れておきます。

Fig.8-37 「Is Kinematic」にチェックを入れる

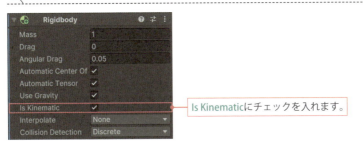

バスケットにアイテムが入ったかを判定するためのコライダをアタッチします。ヒエラルキーウィンドウでbasketが選択された状態で、インスペクターからAdd Componentボタンをクリックして、Physics→Box Colliderを選択します。

Fig.8-38 「basket」オブジェクトにコライダをアタッチする

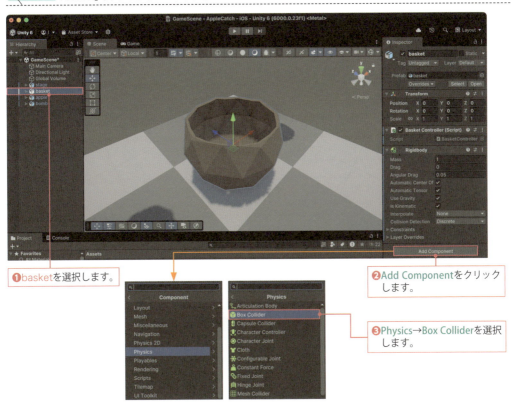

バスケットの入り口にコライダがくるように、Fig.8-39のようにパラメータを調節しましょう。インスペクターのBox Collider項目からCenterを「0, 0.5, 0」、Sizeを「0.5, 0.1, 0.5」に設定します。また、**バスケットとアイテムの間には衝突応答は不要なので、Box Collider項目のIs Triggerにチェックを入れ**ます。これにより、バスケットとアイテムが当たっても、跳ね返らずにすり抜けるようになります。

Fig.8-39 コライダを調整する

❶Is Triggerにチェックを入れます。

❷Centerを0, 0.5, 0、Sizeを0.5, 0.1, 0.5に設定します。

8-5-2 衝突したことをスクリプトで検知する

バスケットとアイテム間の当たり判定の準備が整いました。続いて、バスケットがアイテムと衝突した時に呼び出されるOnTriggerEnterメソッドをバスケットコントローラに追加しましょう。プロジェクトウィンドウのBasketControllerをダブルクリックして開き、List 8-3のようにスクリプトを追加します。

List 8-3 バスケットとアイテムの当たり判定を行う

```
1  using UnityEngine;
2  using UnityEngine.InputSystem;
3
4  public class BasketController : MonoBehaviour
5  {
6      void Start()
7      {
8          Application.targetFrameRate = 60;
9      }
10
11     void OnTriggerEnter(Collider other)
12     {
13         Debug.Log("キャッチ！");
14         Destroy(other.gameObject);
15     }
16
17     void Update()
18     {
19         if (Mouse.current.leftButton.wasPressedThisFrame)
```

```
20          {
21              Ray ray = Camera.main.ScreenPointToRay(
                    Mouse.current.position.value);
22              RaycastHit hit;
23              if (Physics.Raycast(ray, out hit, Mathf.Infinity))
24              {
25                  float x = Mathf.RoundToInt(hit.point.x);
26                  float z = Mathf.RoundToInt(hit.point.z);
27                  transform.position = new Vector3(x, 0, z);
28              }
29          }
30      }
31 }
```

11～15行目が追加したOnTriggerEnterメソッドです。Unityの2Dゲームでは衝突時にはOnTriggerEnter2Dメソッドが呼び出されましたが、3Dゲームの場合はOnTriggerEnterメソッドが呼び出されます。衝突時に呼び出されるメソッドは次のようになります。

Table 8-3 衝突時に呼び出されるメソッド

状態	2Dゲーム	3Dゲーム
衝突開始時	OnTriggerEnter2D	OnTriggerEnter
衝突中	OnTriggerStay2D	OnTriggerStay
衝突終了時	OnTriggerExit2D	OnTriggerExit

バスケットにアイテムが当たった場合は、コンソールに「キャッチ！」と表示して、アイテムは破棄します（13～14行目）。アイテムを破棄するためには、衝突したアイテムが誰かを知らなければいけませんが、幸いUnityには衝突相手を知る方法が用意されています。

衝突相手はOnTriggerEnterメソッドの引数として渡されます。 ただし引数として渡されるのは、衝突相手のゲームオブジェクトではなく衝突相手のゲームオブジェクトにアタッチされたコライダになります。そこで、other.gameObjectとして衝突相手のゲームオブジェクトを取得して、Destroyメソッドを使って衝突相手のアイテムを破棄しています。

Fig.8-40 メソッドに渡されるコライダ（りんごの場合）

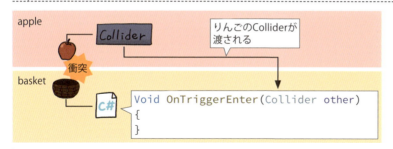

ゲームを実行してください。バスケットを動かしてアイテムをキャッチした場合は、アイテムが破棄されコンソールウィンドウに「キャッチ！」と表示されましたね！

Fig.8-41 アイテムをキャッチする

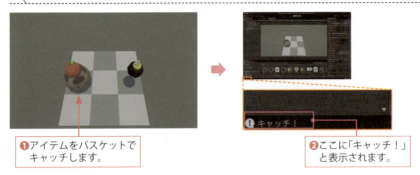

❶アイテムをバスケットでキャッチします。

❷ここに「キャッチ！」と表示されます。

8-5-3 Tagを使ってアイテムの種類を判別する

アイテムをキャッチしたことを検知できるようになりましたが、このままではりんごと爆弾のどちらをキャッチしたか判別することができません。キャッチしたアイテムを判別するため、Unityが用意してくれているTag（タグ）という仕組みを使います。

Tagを使えば、オブジェクトに特定の名前（タグ）を付けられ、**スクリプトからもそのタグを使ってオブジェクトの判別を行うことができるようになります。**

Fig.8-42 タグで判別する

りんごと爆弾にそれぞれ別のタグを付けることで、キャッチしたアイテムの種類を判別できそうですね。ここでは「Apple」と「Bomb」というタグを作り、各オブジェクトに貼り付けましょう。

メニューバーから、Edit→Project Settingsを選択するとProject Settingsウィンドウが開くので、Tags and Layersをクリックします。

`Fig.8-43` タグを作成する

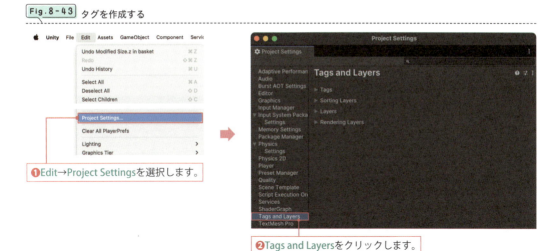

▶Tagsをクリックして展開してください。Appleタグから作ります。＋をクリックしてNew Tag Nameの欄に「Apple」と入力し、Saveボタンをクリックしてください。Bombタグの作成も同様に、＋をクリックしてNew Tag Nameの欄に「Bomb」と入力し、Saveボタンをクリックしてください。これで「Apple」と「Bomb」という名前のタグが作成できました。

`Fig.8-44` タグに名前を付ける

次に、今作ったタグをオブジェクトに設定していきます。ヒエラルキーウィンドウからappleを選択し、インスペクターのTag欄のドロップダウンリストからAppleを選択します。

Fig.8-45 「apple」オブジェクトにタグを設定する

同様に、ヒエラルキーウィンドウからbombを選択し、インスペクターのTag欄のドロップダウンリストからBombを選択します。

Fig.8-46 「bomb」オブジェクトにタグを設定する

各オブジェクトにタグが設定できました。キャッチしたアイテムがりんごか爆弾かを判別するため、「BasketController」のスクリプトを修正しましょう。

プロジェクトウィンドウのBasketControllerをダブルクリックして開き、List 8-4のようにスクリプトを修正してください。

List 8-4 タグでオブジェクトを判別する

```
1  using UnityEngine;
2  using UnityEngine.InputSystem;
3
4  public class BasketController : MonoBehaviour
5  {
6      void Start()
7      {
8          Application.targetFrameRate = 60;
9      }
10
11     void OnTriggerEnter(Collider other)
12     {
13         if (other.gameObject.tag == "Apple")
14         {
15             Debug.Log("Tag=Apple");
16         }
17         else
18         {
19             Debug.Log("Tag=Bomb");
20         }
21         Destroy(other.gameObject);
22     }
23
24     void Update()
25     {
...中略...

37     }
38 }
```

アイテムと衝突した時に呼ばれるOnTriggerEnterメソッドを修正しています。このメソッドの引数には、衝突相手のコライダが渡されます。タグはgameObjectに貼り付けられているので、other.gameObject.tagと書くことで「Tag」の値を取得できます。

衝突相手のタグが「Apple」の場合には「Tag=Apple」、「Bomb」の場合には「Tag=Bomb」とコンソールに表示しています。再度ゲームを実行してみましょう。りんごをキャッチした時と爆弾をキャッチした時でコンソールの表示が変わりましたね！

Fig.8-47 キャッチしたアイテムを判別できている

8-5-4 アイテムをキャッチした時に音を鳴らす

アイテムをキャッチできるようになりましたが、「キャッチした感」があまりないですね。キャッチした時のリアクションは、バスケットの大きさを変えるとか、ビックリマーク(アノテーション)を出すとかいろいろ考えられるのですが、ここでは一番手軽な効果音を付けましょう。

Fig.8-48 リアクションの種類

アニメーション　アノテーション　サウンド

次の3ステップで効果音を鳴らしましょう。効果音を鳴らすにはAudio Sourceコンポーネントを使うのでしたね(4章、186ページ)。

> **複数の効果音の鳴らし方** 重要!
> ❶音を鳴らしたいオブジェクトにAudio Sourceコンポーネントをアタッチします。
> ❷いつどの効果音を鳴らすかをスクリプトから指定します。
> ❸スクリプト内の変数に効果音ファイルを代入します。

バスケットにAudio Sourceコンポーネントをアタッチする

まずは、バスケットにAudio Sourceコンポーネントをアタッチします。
ヒエラルキーウィンドウからbasketを選択します。その状態で、インスペクターからAdd Componentボタンをクリックして、Audio→Audio Sourceを選択してください。

Fig.8-49 「basket」にAudio Sourceコンポーネントをアタッチする

❶basketを選択します。
❷Add Componentをクリックします。
❸Audio→Audio Sourceを選択します。

スクリプトから効果音を鳴らすタイミングを指定する

4章では、鳴らしたい音楽ファイルをAudio Sourceコンポーネントに直接登録していました。ただ、**Audio Sourceコンポーネントに登録できる音源は1種類しかありません。** 今回は、りんごと爆弾のキャッチ音を鳴らし分けたいので、スクリプトを使って鳴らす音楽ファイルを指定します。

Fig.8-50 単体の効果音を鳴らす場合と複数の効果音を鳴らす場合

「BasketController」のスクリプトを修正して、効果音を鳴らすタイミングを指定します。
プロジェクトウィンドウのBasketControllerをダブルクリックして開き、List 8-5のようにスクリプトを修正してください。

List 8-5 効果音を鳴らす

```
1  using UnityEngine;
2  using UnityEngine.InputSystem;
3
4  public class BasketController : MonoBehaviour
5  {
```

```
6      public AudioClip appleSE;
7      public AudioClip bombSE;
8      AudioSource aud;
9
10     void Start()
11     {
12         Application.targetFrameRate = 60;
13         this.aud = GetComponent<AudioSource>();
14     }
15
16     void OnTriggerEnter(Collider other)
17     {
18         if (other.gameObject.tag == "Apple")
19         {
20             this.aud.PlayOneShot(this.appleSE);
21         }
22         else
23         {
24             this.aud.PlayOneShot(this.bombSE);
25         }
26         Destroy(other.gameObject);
27     }
28
29     void Update()
30     {
31         if (Mouse.current.leftButton.wasPressedThisFrame)
32         {
33             Ray ray = Camera.main.ScreenPointToRay(
                   Mouse.current.position.value);
34             RaycastHit hit;
35             if (Physics.Raycast(ray, out hit, Mathf.Infinity))
36             {
37                 float x = Mathf.RoundToInt(hit.point.x);
38                 float z = Mathf.RoundToInt(hit.point.z);
39                 transform.position = new Vector3(x, 0, z);
40             }
41         }
42     }
43 }
```

　りんごをキャッチした時と爆弾をキャッチした時で別々の効果音を鳴らすため、2つのAudioClip変数を宣言しています（6〜7行目）。効果音を鳴らすタイミングはバスケットにアイテムが衝突した時なので、OnTriggerEnterのなかに効果音を再生するスクリプトを書いています。どちらのAudioClipを鳴らすかは、衝突相手のTagを見て鳴らし分けています（18〜25行目）。

スクリプト内の変数に音楽ファイルを代入する

スクリプトでは効果音の変数を宣言しただけ（AudioClipを入れる箱を作っただけ）なので、変数に音声ファイルの実体を代入しなければいけません。ここでは、もうおなじみのアウトレット接続を使います。

> 🐾 **アウトレット接続** 重要!
> ❶スクリプト側にコンセントの差込口を作るため、変数の前にpublic修飾子を付けます。
> ❷public修飾子を付けた変数がインスペクターから見えるようになります。
> ❸代入したいオブジェクトをインスペクターの差込口に（ドラッグ＆ドロップして）差し込みます。

ヒエラルキーウィンドウからbasketを選択し、インスペクターから「Basket Controller(Script)」の項目を見つけてください。先ほどスクリプト内で宣言したApple SEとBomb SEの欄があるので、プロジェクトウィンドウからget_seとdamage_seをそれぞれドラッグ＆ドロップしてください。

もう一度ゲームを実行して、効果音が再生されるか確認してみましょう！

Fig.8-51 音楽ファイルをアウトレット接続する

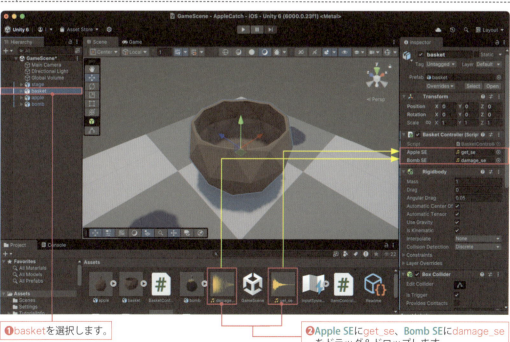

❶basketを選択します。
❷Apple SEにget_se、Bomb SEにdamage_seをドラッグ＆ドロップします。

8-6 アイテムを生成する工場を作ろう

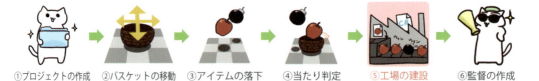

①プロジェクトの作成　②バスケットの移動　③アイテムの落下　④当たり判定　⑤工場の建設　⑥監督の作成

8-6-1 Prefab（設計図）を作る

　アイテム単体の動きは作れたので、次はアイテムを自動的に生成できるように工場を建設しましょう。この工場の役割は**「りんごと爆弾を一定の時間間隔でランダムな位置に生成する」**ことです。工場の建設は3回目なので、手順にも慣れてきたのではないでしょうか。

> 🐾 **工場の作り方** 重要!
> ❶すでにあるオブジェクトを使ってPrefab（設計図）を作ります。
> ❷ジェネレータスクリプトを作ります。
> ❸空のオブジェクトにジェネレータスクリプトをアタッチします。
> ❹ジェネレータスクリプトにPrefabを渡します。

　まずはアイテムのPrefab（設計図）を作成します。りんごと爆弾、両方のPrefabを作りましょう。Prefabを作るため、ヒエラルキーウィンドウのappleをプロジェクトウィンドウにドラッグ＆ドロップします。そして、作成したPrefabの名前を「applePrefab」に変更してください。
　設計図ができたら、ヒエラルキーウィンドウにあるりんごは不要なので消しておきましょう。ヒエラルキーウィンドウのappleの上で右クリックして、Deleteを選択してください。

Fig.8-52 「apple」のPrefabを作成する

同様の手順で爆弾のPrefabも作ります。ヒエラルキーウィンドウのbombをプロジェクトウィンドウにドラッグ&ドロップします。そして、名前を「bombPrefab」に変更します。ヒエラルキーウィンドウのbombは、右クリック→Deleteで消しておきましょう。

Fig.8-53 「bomb」のPrefabを作成する

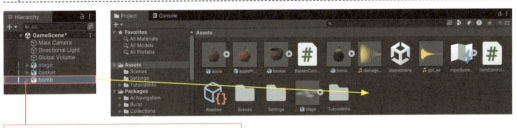

8-6-2 ジェネレータスクリプトを作る

アイテムを生成するための**ジェネレータスクリプト**を作ります。ジェネレータスクリプトでは「一定の間隔でりんごか爆弾をランダムな位置に生成」します。しかし、最初からすべての機能を実装するのは大変です。まずは**「りんごが1秒間隔で落ちてくる」**ようにして、動作確認ができたら少しずつ機能を追加していきましょう！

プロジェクトウィンドウで右クリックしてCreate→Scripting→MonoBehaviour Scriptを選択し、スクリプトファイル名を「ItemGenerator」に変更します。

スクリプトの作成→ItemGenerator

作成したItemGeneratorをダブルクリックして開き、List 8-6のスクリプトを入力・保存してください。

List 8-6 りんごが1秒間隔で落ちてくるスクリプト

```
1  using UnityEngine;
2
3  public class ItemGenerator : MonoBehaviour
4  {
5      public GameObject applePrefab;
6      public GameObject bombPrefab;
7      float span = 1.0f;
8      float delta = 0;
9
10     void Update()
```

```
11      {
12          this.delta += Time.deltaTime;
13          if (this.delta > this.span)
14          {
15              this.delta = 0;
16              Instantiate(applePrefab);
17          }
18      }
19 }
```

りんごと爆弾のインスタンスを作るために、5～6行目でPrefabの変数を宣言しています。このスクリプトではりんごだけを生成して爆弾は生成していませんが、後ほど使用するので爆弾用の変数も宣言しています。

1秒ごとにアイテムを生成するのは、5章の矢の生成と同じ仕組み（ししおどし方式）が使えそうです。Updateメソッドのなかで、フレーム間の時間差を足していき、その合計が1秒以上になったところで、Instantiateメソッドを使ってりんごのインスタンスを生成しています。

8-6-3 空のオブジェクトにジェネレータスクリプトをアタッチする

ジェネレータスクリプトをアタッチするための「空のオブジェクト」を作成します。ヒエラルキーウィンドウの＋→Create Emptyを選択します。するとヒエラルキーウィンドウに「GameObject」が作成されるので、名前を「ItemGenerator」に変更してください。

Fig.8-54 空のオブジェクトを作成する

❶＋をクリックします。
❷Create Emptyを選択します。
❸作成されたオブジェクトの名前をItemGeneratorに変更します。

ジェネレータスクリプトを、作成した空のオブジェクトにアタッチしましょう。プロジェクトウィンドウからItemGeneratorスクリプトを選択し、ヒエラルキーウィンドウのItemGeneratorオブジェクトにドラッグ＆ドロップしてください。

Fig.8-55 「ItemGenerator」にスクリプトをアタッチする

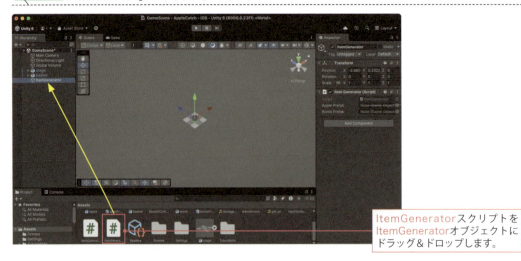

ItemGeneratorスクリプトを
ItemGeneratorオブジェクトに
ドラッグ＆ドロップします。

8-6-4 ジェネレータスクリプトにPrefabを渡す

作成したジェネレータスクリプトにPrefabの実体を渡しましょう。ヒエラルキーウィンドウでItem Generatorを選択した状態で、インスペクターから「Item Generator（Script）」を探して、そのなかのApple PrefabとBomb Prefabを見つけてください。これらの欄にプロジェクトウィンドウからapplePrefabとbombPrefabをそれぞれドラッグ＆ドロップします。

Fig.8-56 Prefabをアウトレット接続する

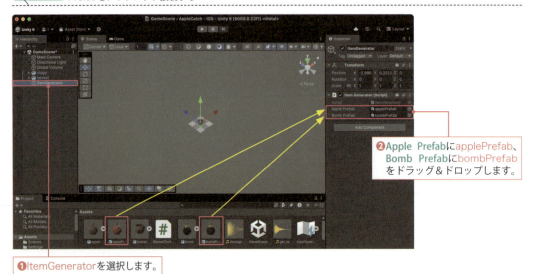

❷Apple PrefabにapplePrefab、
Bomb PrefabにbombPrefab
をドラッグ＆ドロップします。

❶ItemGeneratorを選択します。

これでいったん工場が完成しました！ ゲームを実行してみると、ちゃんと1秒ごとにりんごが落ちてきます。ただ、同じ場所にりんごが落ち続けてもゲームにはならないので、これから工場の機能を増やしていきましょう。

Fig.8-57 りんごが1秒ごとに落下する

8-6-5 工場をグレードアップする

　今のままでは、「アイテムが落ちてくる場所」も「落ちてくるアイテムの種類」も変わらないので、ゲームとして面白くないですね。この2点をこれから修正していきます。
　まずは、**アイテムが落ちてくる場所をランダムにしてみましょう。**

🐟 アイテムの出現位置をランダムにする

　ステージを9つに区切ったエリアのどこかにアイテムを落下させましょう。ステージ中央が原点で、それぞれ上下左右のエリアの中心が「±1」になっています。したがって、アイテムが落下する「X, Z」座標は、Fig.8-58のようになります。

Fig.8-58 アイテムが落下する座標

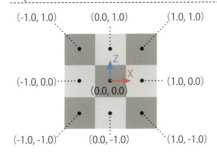

Fig.8-58をよく見ると、X座標もZ座標も「-1」か「0」か「1」になっています。したがって、「X, Z」座標にこの3つの値をランダムに指定すれば、アイテムが意図した位置にランダムに落下するはずです。

さっそく今考えた仕組みを「ItemGenerator」に実装してみましょう。プロジェクトウィンドウのItemGeneratorをダブルクリックして開き、List 8-7のようにスクリプトを修正してください。

List 8-7 アイテムの出現位置をランダムにする

```
1  using UnityEngine;
2
3  public class ItemGenerator : MonoBehaviour
4  {
5      public GameObject applePrefab;
6      public GameObject bombPrefab;
7      float span = 1.0f;
8      float delta = 0;
9
10     void Update()
11     {
12         this.delta += Time.deltaTime;
13         if (this.delta > this.span)
14         {
15             this.delta = 0;
16             GameObject item = Instantiate(applePrefab);
17             float x = Random.Range(-1, 2);
18             float z = Random.Range(-1, 2);
19             item.transform.position = new Vector3(x, 4, z);
20         }
21     }
22 }
```

Instantiateメソッドの返り値としてりんごのインスタンスを受け取り、このインスタンスの「X, Z」座標に、それぞれ「-1」「0」「1」の値をランダムに代入しています（16 〜 19行目）。ランダムな値を代入するためにRandomクラスのRangeメソッドを使用しています。

Rangeは第1引数以上、第2引数未満の整数をランダムに返すメソッドです。つまり、下記のように、

```
x = Random.Range(a, b);
```

と書いた場合、得られるxの範囲は「a ≦ x < b」になります。ここでbは含まれないことに注意してください。ここでは「-1 〜 1」の間の整数がほしいので、Rangeの引数には「-1」と「2」を指定しています。

スクリプトを修正できたらゲームを実行して、ランダムな位置にりんごが落ちてくることを確認しましょう。

Fig.8-59 りんごがランダムな位置に落下する

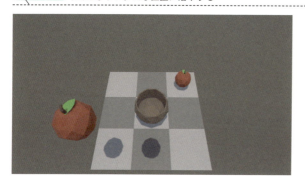

アイテムの種類もランダムにする

ランダムな位置にりんごが落ちてくるようになりました。そのりんごのなかに、取ってはいけない爆弾が混ざっていたら、ゲームとしてさらに面白くなりそうです。そこで、**りんごのかわりに一定の確率で爆弾を生成する**ように修正してみましょう。

一定の確率で爆弾を生成するにはどうすればよいでしょうか？ 例えば20%の確率で爆弾を生成したい場合、1〜10までの目が出るサイコロを振って、出た値が2以下なら爆弾を生成し、それ以外はりんごを生成すればよさそうです。

Fig.8-60 りんごと爆弾の生成方法

この仕組みを「ItemGenerator」に追加します。プロジェクトウィンドウのItemGeneratorをダブルクリックして開き、List 8-8のようにスクリプトを修正してください。

List 8-8 出現するアイテムをランダムにする

```
1  using UnityEngine;
2
3  public class ItemGenerator : MonoBehaviour
4  {
5      public GameObject applePrefab;
6      public GameObject bombPrefab;
7      float span = 1.0f;
8      float delta = 0;
9      int ratio = 2;
10
11     void Update()
12     {
13         this.delta += Time.deltaTime;
14         if (this.delta > this.span)
15         {
16             this.delta = 0;
17             GameObject item;
18             int dice = Random.Range(1, 11);
19             if (dice <= this.ratio)
20             {
21                 item = Instantiate(bombPrefab);
22             }
23             else
24             {
25                 item = Instantiate(applePrefab);
26             }
27             float x = Random.Range(-1, 2);
28             float z = Random.Range(-1, 2);
29             item.transform.position = new Vector3(x, 4, z);
30         }
31     }
32 }
```

　サイコロを振る部分は先ほども出てきたRangeメソッドを使います。1～10までのランダムな値を得るため、Random.Rangeの引数には「1」と「11」を渡しています（18行目）。爆弾を20％の確率で生成するため、サイコロの目が2以下なら爆弾を生成し、3以上であればりんごを生成しています（19～26行目）。

　もう一度ゲームを実行して、りんごと爆弾がランダムに落ちてくることを確認しましょう。

Fig.8-61 りんごと爆弾がランダムに落下する

🐟 パラメータを外部から調節できるようにする

　工場ではアイテムの生成に関するさまざまなパラメータ（生成位置・生成速度・アイテムの種類など）を使用しています。これらのパラメータを変更すると、ゲームの難しさを変えることができます。本章の最後で行う**レベルデザインとは、これらのパラメータを調節して、ゲーム中のワクワクが継続するように設定することです。**

　今後のことを考えて、これらのパラメータを一括で変更できるように、パラメータ調節用のメンバメソッドを用意しておきましょう。ItemGeneratorをList 8-9のように修正してください。

List 8-9 パラメータ調整用の変数を用意する

```csharp
using UnityEngine;

public class ItemGenerator : MonoBehaviour
{
    public GameObject applePrefab;
    public GameObject bombPrefab;
    float span = 1.0f;
    float delta = 0;
    int ratio = 2 ;
    float speed = -0.03f;

    public void SetParameter(float span, float speed, int ratio)
    {
        this.span = span;
        this.speed = speed;
        this.ratio = ratio;
    }

    void Update()
    {
        this.delta += Time.deltaTime;
        if (this.delta > this.span)
        {
```

```
24                this.delta = 0;
25                GameObject item;
26                int dice = Random.Range(1, 11);
27                if (dice <= this.ratio)
28                {
29                    item = Instantiate(bombPrefab);
30                }
31                else
32                {
33                    item = Instantiate(applePrefab);
34                }
35                float x = Random.Range(-1, 2);
36                float z = Random.Range(-1, 2);
37                item.transform.position = new Vector3(x, 4, z);
38                item.GetComponent<ItemController>().dropSpeed = this.speed;
39            }
40        }
41 }
```

　12～17行目で難易度調節に必要なパラメータを一括で設定できるSetParameterメソッドを定義しています。ここで設定できるパラメータは、アイテムの生成間隔と落下速度、りんごと爆弾の割合です。

　アイテムの落下速度には、メンバ変数としてspeed変数を追加しています（10行目）。speed変数の値をアイテムの落下速度に反映するため、38行目でItemControllerのなかで定義したdropSpeed変数に代入しています。

　この節では、アイテムを生成する工場を建設し、難易度調節用のメソッドを用意しました。これらのパラメータを使った難易度調節はレベルデザインの節（8-8節）で詳しく説明します。お楽しみに！

> Tips < 乱数とは？

　ゲーム作りにおいて、アイテムの出現確率や敵の行動パターン、敵とのエンカウント率など、乱数はさまざまな場面で使われています。この乱数の出現パターンがわかってしまうと、故意にレアアイテムを出現させたり、敵の行動パターンを解析したりできてしまい、ゲームの面白さが削がれてしまいます。これまでにも有名ゲームで乱数を操作する「裏ワザ」が発見されています。

　乱数なのに、どうして次に出る数字がわかるのでしょうか？　実はコンピュータで扱う乱数は真の乱数ではなく、擬似乱数と呼ばれるものです。真の乱数とはサイコロを振った時のように、出目がランダムで予測不可能なものを指します。一方で、**擬似乱数は一見ランダムに見えて、実は次の目以降の目もすべて決定しているものを指します。**

Fig.8-62 乱数と擬似乱数の違い

つまり擬似乱数の場合、数列パターンさえわかってしまえば次に出る数字もわかりますし、再現することもできます。この擬似乱数の数列パターンを毎回1番目から使ってしまうと、ゲームをリセットするたびに同じパターンで乱数が生成されてしまいます。それを防ぐために、何番目の乱数から使用するかを毎回変えて、数列パターンを変更する必要があります。この「何番目から使うか」を決める値のことを「乱数の種」と呼び、現在時刻などをもとにして決めることが多いです。

Fig.8-63 乱数の種

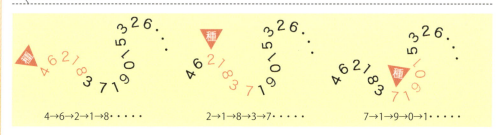

> **Tips** 破棄するオブジェクトから効果音を鳴らしたい

8章では、バスケットにAudio Sourceコンポーネントをアタッチして、アイテムとの衝突時に効果音を鳴らしていました。バスケットではなく、りんごや爆弾にAudio Sourceコンポーネントをアタッチしてもよさそうな気がしますが、これでは問題が発生します。

バスケットとアイテムが衝突した瞬間にアイテムはDestroyされるので、効果音を鳴らす前にアイテムにアタッチされたAudio Sourceコンポーネントも破棄されてしまいます。

破棄されるオブジェクトにアタッチされたスクリプトから効果音を鳴らしたい場合、AudioSource.PlayClipAtPoint(AudioClip clip, Vector3 pos)というメソッドを使います。このメソッドは音源と音を鳴らしたい座標を指定すると、指定した場所に新しくゲームオブジェクトを生成して、そこで効果音を再生します。これにより、元のゲームオブジェクトが破棄されても効果音は再生されます。

8-7 UIを作ろう

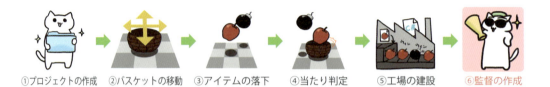

8-7-1 UIの配置

今回作るゲームは、制限時間と得点の表示の2つのUIを用意します。「制限時間のUI」には**ゲームの残り時間を表示**します。「得点のUI」には**プレイヤが取得した点数を表示**します。得点は、りんごを取ると100点が加算され、爆弾を取ると点数が半減します。

UIの作り方はこれまでと同様に、最初にUI部品を配置し、次にUIの内容を更新するための監督スクリプトを作成します。まずは制限時間のUIを配置するため、ヒエラルキーウィンドウの**＋→UI→Text - TextMeshPro**を選択します。TMP Importerのウィンドウが表示されるので、**Import TMP Essentials**ボタンをクリックし、インポートが終わったらウィンドウを閉じてください。ヒエラルキーウィンドウに「Text（TMP）」が作成されるので、名前を「Time」に変更してください。

Fig.8-64 制限時間のUIの「Text」を作成する

404

「Time」が画面右上に表示されるように調整していきます。ヒエラルキーウィンドウでTimeを選択し、インスペクターからアンカーポイントを右上、Rect Transform項目のPosを「-170, -70, 0」、Width・Heightを「250, 100」、TextMeshPro項目のTextを「60.0」、FontSizeを「84」、Alignmentを横方向をRight、縦方向をMiddleで設定してください。

Fig.8-65 Textの見た目を調整する

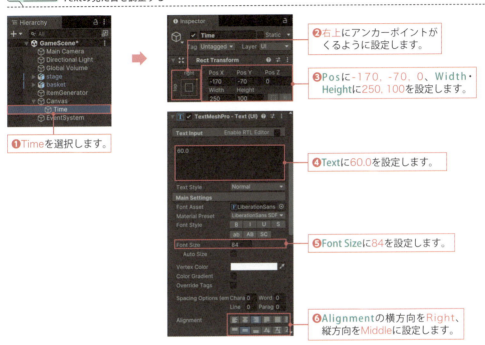

これで制限時間用のUIが配置できました。同様の手順で得点用のUIも配置していきましょう。ヒエラルキーウィンドウから＋→UI→Text-TextMeshProを選択してください。ヒエラルキーウィンドウの「Canvas」のなかにもう1つ「Text(TMP)」が作成されるので、名前を「Point」に変更してください。

Fig.8-66 得点のUIの「Text」を作成する

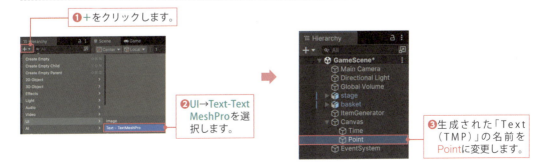

先ほどと同様に「Point」が画面右上に表示されるように調整していきます。ヒエラルキーウィンドウでPointを選択し、インスペクターからアンカーポイントを右上、RectTransform項目のPosを「-270, -180, 0」、Width・Heightを「450, 100」、TextMeshPro項目のTextに「0 point」、FontSizeを「84」、Alignmentを横方向をRight、縦方向をMiddleで設定してください。

Fig.8-67 Textの見た目を調整する

いったんここでゲームを実行して、UIの見栄えを確認しておきましょう。右上に制限時間と得点が表示されていますね！ 次は、このUIを更新するために監督を作ります。

Fig.8-68 制限時間と得点の表示

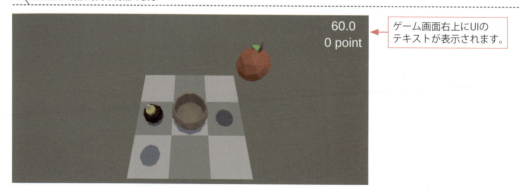

8-7-2 UIを書き換えるための監督を作る

UI部品をシーンビューに配置できました。このUIを、ゲームの進行状況によって更新する監督を作成します。**監督は制限時間と得点を管理し、これらの値が更新された時にUIに反映します。**

監督の作り方はこれまでと同じく、以下の3ステップです。

> **監督の作り方** 重要!
> ❶監督スクリプトを作成します。
> ❷空のオブジェクトを作ります。
> ❸空のオブジェクトに監督スクリプトをアタッチします。

監督スクリプトを作成する

これから監督スクリプトを作成していきますが、最初から制限時間と得点管理のどちらも実装しようとすると大変です。そこで、**まずは制限時間の部分だけを作っていきましょう。**

制限時間の表示は**60秒からカウントダウンを始めて0秒で停止**します。制限時間のカウントダウンにはフレーム間の時間の差分（Time.deltaTime）を使います。ゲーム開始時の制限時間を60秒にしておき、フレームごとに現在の制限時間からdeltaTimeを引くことで、カウントダウンが実現できます。Time.deltaTimeについては、2章の66ページを参照してください。

Fig.8-69 カウントダウンの仕組み

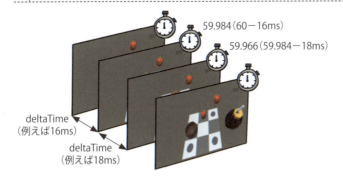

では、さっそくこの仕組みを実装しましょう。プロジェクトウィンドウを右クリックして、Create→Scripting→MonoBehaviour Scriptを選択し、ファイル名を「GameDirector」に変更します。

スクリプトの作成→GameDirector

続いて、作成したGameDirectorをダブルクリックして開き、List 8-10のスクリプトを入力・保存してください。

List 8-10 制限時間を管理するスクリプト

```
1  using UnityEngine;
2  using TMPro;    // TextMeshProを使う時は忘れないように注意!!
3
4  public class GameDirector : MonoBehaviour
5  {
6      GameObject timerText;
7      float time = 60.0f;
8
9      void Start()
10     {
11         this.timerText = GameObject.Find("Time");
12     }
13
14     void Update()
15     {
16         this.time -= Time.deltaTime;
17         this.timerText.GetComponent<TextMeshProUGUI>().text =
                this.time.ToString("F1");
18     }
19 }
```

6行目で、先ほど作ったUI部品の「Time」を代入するためのtimerText変数を宣言しています。StartメソッドのなかでシーンビューからUI部品の実体を検索してtimerText変数に代入しています。

7行目で残り時間用のtime変数を60秒で初期化し、Updateメソッドのなかでフレーム間の時間の差分を減算しています（16行目）。これによりUpdateメソッドが呼ばれるたび（フレームが更新されるごと）に、残り時間が減っていきます。17行目で残り時間をToStringメソッドで文字列に変換してtimerText変数に代入しています。制限時間は小数点以下第1位まで表示したいので、ToStringの引数に「F1」の文字列（書式指定子）を指定しています。

🐟 空のオブジェクトを作成する

監督スクリプトをアタッチするための空のオブジェクトを作りましょう。ヒエラルキーウィンドウの＋→Create Emptyを選択して空のオブジェクトを作成し、名前を「GameDirector」に変更します。

Fig.8-70 空のオブジェクトを作成する

❶＋をクリックします。
❷Create Emptyを選択します。
❸作成されたオブジェクトの名前をGameDirectorに変更します。

空のオブジェクトに監督スクリプトをアタッチする

作成した「GameDirector」オブジェクトに、「GameDirector」スクリプトをアタッチします。プロジェクトウィンドウのGameDirectorスクリプトを、ヒエラルキーウィンドウのGameDirectorオブジェクトにドラッグ＆ドロップしてください。

Fig.8-71 「GameDirector」オブジェクトにスクリプトをアタッチする

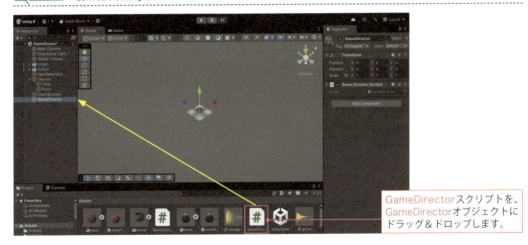

GameDirectorスクリプトを、GameDirectorオブジェクトにドラッグ＆ドロップします。

これで、制限時間の更新ができるようになりました。ゲームを実行して確認してみましょう。制限時間が時間経過とともに減っていきますね！

Fig.8-72 時間とともに制限時間が減っていく

時間とともにUIの数字が減っていきます。

8-7-3 監督に得点管理もしてもらう

制限時間が更新されるようになったので、監督のもう1つの仕事「得点の管理」を実装していきましょう。得点自体は監督が管理します。この得点を更新するタイミングを考えましょう。

得点が変化するのは、**アイテムがバスケットに当たった時**ですね。その際に、バスケットコントローラが監督に「得点を増やして・減らして」と伝えるようにしましょう。それを受けて監督はUIの表示を更新します。この流れをまとめると、

❶バスケットコントローラが監督に得点の増減を伝える
❷監督がUIを更新する

という2つの作業が必要になります。この流れは5章のHPゲージ更新でも出てきましたね（233ページ）。

🐟 監督がUIを更新する

今は監督スクリプトを作っているので、先に❷の監督がUIを更新する部分から作り始めましょう。

Fig.8-73 UIの更新を実装する

①ポイントの更新　　②UIの更新

プロジェクトウィンドウのGameDirectorをダブルクリックして開き、List 8-11のようにスクリプトを修正してください。

List 8-11 UIを更新するスクリプト

```
1  using UnityEngine;
2  using TMPro;
3
4  public class GameDirector : MonoBehaviour
5  {
6      GameObject timerText;
7      GameObject pointText;
```

```
8          float time = 60.0f;
9          int point = 0;
10
11         public void GetApple()
12         {
13             this.point += 100;
14         }
15
16         public void GetBomb()
17         {
18             this.point /= 2;
19         }
20
21         void Start()
22         {
23             this.timerText = GameObject.Find("Time");
24             this.pointText = GameObject.Find("Point");
25         }
26
27         void Update()
28         {
29             this.time -= Time.deltaTime;
30             this.timerText.GetComponent<TextMeshProUGUI>().text =
                   this.time.ToString("F1");
31             this.pointText.GetComponent<TextMeshProUGUI>().text =
                   this.point.ToString() + " point";
32         }
33     }
```

　7行目でシーンビューに配置したUI部品の「Point」を代入するためのpointText変数を宣言し、Startメソッド内でその実体をシーンビューからFindメソッドで検索して代入しています。そして、UpdateメソッドのなかでpointText変数に得点を代入し、表示の更新を行っています。

　11〜19行目では得点（point変数）を更新するためのGetAppleメソッドとGetBombメソッドを定義しています。これらはバスケットがりんごまたは爆弾を取った時に呼び出す関数です。

🐟 バスケットコントローラから監督に得点を伝える

　これで❷の部分は完成したので、次に、❶のバスケットが監督に得点の増減を伝える部分を作りましょう（Fig.8-74）。

| Fig.8-74 | ポイントの更新を実装する |

①ポイントの更新　　②UIの更新

プロジェクトウィンドウのBasketControllerをダブルクリックして開き、List 8-12のように修正してください。

| List 8-12 | ポイントを更新するスクリプト |

```csharp
using UnityEngine;
using UnityEngine.InputSystem;

public class BasketController : MonoBehaviour
{
    public AudioClip appleSE;
    public AudioClip bombSE;
    AudioSource aud;
    GameObject director;

    void Start()
    {
        Application.targetFrameRate = 60;
        this.aud = GetComponent<AudioSource>();
        this.director = GameObject.Find("GameDirector");
    }

    void OnTriggerEnter(Collider other)
    {
        if (other.gameObject.tag == "Apple")
        {
            this.aud.PlayOneShot(this.appleSE);
            this.director.GetComponent<GameDirector>().GetApple();
        }
        else
        {
            this.aud.PlayOneShot(this.bombSE);
            this.director.GetComponent<GameDirector>().GetBomb();
        }
        Destroy(other.gameObject);
    }

    void Update()
    {
        if (Mouse.current.leftButton.wasPressedThisFrame)
        {
```

```
37              Ray ray = Camera.main.ScreenPointToRay(
                    Mouse.current.position.value);
38              RaycastHit hit;
39              if (Physics.Raycast(ray, out hit, Mathf.Infinity))
40              {
41                  float x = Mathf.RoundToInt(hit.point.x);
42                  float z = Mathf.RoundToInt(hit.point.z);
43                  transform.position = new Vector3(x, 0, z);
44              }
45          }
46      }
47 }
```

バスケットから監督に得点の増減を伝えるために、「BasketController」が、先ほど作成した「GameDirector」スクリプトのGetAppleメソッドまたはGetBombメソッドを呼び出します。

「GameDirector」スクリプトが持つメソッドを呼び出すため、まずは15行目で監督オブジェクトをシーンビューからFindメソッドで検索し、director変数に代入しています。

りんごまたは爆弾をキャッチした時は、director変数を介してGetAppleメソッドまたはGetBombメソッドを呼び出しています（23行目と28行目）。これにより、バスケットコントローラから監督へ得点の増減が伝えられ、監督がUIに反映するという一連の流れが完成しました。

自分以外のオブジェクトの持つコンポーネントにアクセスする方法 重要!

❶Findメソッドでオブジェクトを探し出します。
❷GetComponentメソッドでオブジェクトの持つコンポーネントを取得します。
❸コンポーネントの持つデータにアクセスします。

Fig.8-75 点数も更新されるようになった

得点と制限時間が加わるとかなりゲームらしくなってきました！ 今のままでは、60秒経過した場合でもゲームが終了せずにアイテムが落ち続けます。この対策としては、残り時間がマイナスになったところで、監督スクリプトからジェネレータスクリプトに対して「生成中止」を伝えればよいでしょう。次のレベルデザインで、この対策を行っています。

8-8 レベルデザインをしよう

8-8節では**レベルデザイン**を行います。**レベルデザインとは、ゲームの進行状況に合わせて難易度を調節することで、ワクワクが継続するようにゲームを演出することです。**この調整次第で面白いゲームにも、つまらないゲームにもなるので、時間をかけて調整しましょう。

8-8-1 ゲームを遊んでみる

8-7節までで、一通り遊べるゲームが完成しました。このへんで、じっくりと遊んでみましょう！ この時、最も大切なのは客観的な視点でゲームを遊ぶことです。友人から「ゲームを作ったから遊んでみて！」と受け取った状況を想像してみるとよいかもしれません。

この時、どこが面白いと思ったか、どこが退屈だったかをちゃんと把握しましょう。この時に感じた感情が、そのままお客さんが遊んだ時の感情につながります。ここからは、**面白いと思った点をとことん伸ばし、退屈＆ストレスに感じたところをつぶしていきます。**

Fig.8-76 友人が作ったゲームを遊ぶイメージ

では、まっさらな気持ちで8章で作成したゲームを遊んでみてください。どう感じましたか？ 私は開始後30秒を過ぎたあたりから単調な作業に飽きを感じてきました。単調な作業を続けていると、脳は「おなかいっぱい状態」になります。最後の15秒くらいは「まだ終わらないのか…」とかなり苦痛に感じたのではないでしょうか。

もちろん、この段階で悲観的になることはまったくありません。**いっさい調整していない状態で、ゲームが面白いなんてことはまずありません。**これから調整していくなかでマイナスの部分を取り去っていけばよいのです！

`Fig.8-77` 時間が経つにつれて苦痛になる

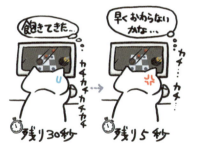

今回抽出できた問題点は次の2点です。

・制限時間が長すぎて飽きてくる
・ゲームにメリハリがないので単純作業になりがち

次の項以降で、この2点について修正していきましょう。

8-8-2 制限時間を調節する

　制限時間はゲームを面白くするためのスパイスのようなものです。ゲームだけにとどまらず、日常のつまらない作業も制限時間があることで面白くなったりしますね。退屈な作業でも「お昼までに終わらせる！」と自分ルールを作れば俄然やる気が出てきますし、効率もアップして一石二鳥です。

`Fig.8-78` 制限時間があるとやる気が出やすい

もちろん、制限時間がない方が楽しいゲームもたくさんありますし、あまりに制限時間を強くしすぎると、**楽しさよりも圧迫感の方が強くなって、遊んでいても心地よく感じられなくなってしまいます。**このあたりは、ゲームとの相性を見ながらほどほどに制限時間を設けていく必要があります。まさに料理のスパイスと同じですね！

Fig.8-79　制限時間はスパイスに似ている

今回作ったゲームを遊んでみて、制限時間1分は長すぎたことがわかりました。そこで、制限時間を削ってもう少し短くしてみましょう。

短くするといっても、どれくらい短くすればよいのでしょうか？　さっき遊んでみた結果から、30秒程度で操作に慣れて飽きてくることがわかりました。どうやら今回のゲームが楽しく遊べるのは、30秒程度が限界のようですね。そこで、今回は制限時間を30秒に設定します。

プロジェクトウィンドウのGameDirectorをダブルクリックして開き、time変数の初期値を60秒から30秒に変更します。

List 8-13　制限時間を変更する

```
1  using UnityEngine;
2  using TMPro;
3
4  public class GameDirector : MonoBehaviour
5  {
6      GameObject timerText;
7      GameObject pointText;
8      float time = 30.0f;
9      int point = 0;
       ...省略...
```

制限時間を30秒にしたところで、もう一度ゲームで遊んでみてください。制限時間が短くなったおかげで、退屈に感じることはなくなりました。でも、特に面白くもありませんね（笑）。これは**ゲームが進行しても難しさに変化がないのが原因**です。

アクションゲームでも、最初の初心者ステージから最後のボス戦まで全部同じ難しさでは、すぐに飽きてしまいますよね？ そこで**ゲームの進行に応じて難しさに変化を付ける「レベルデザイン」**の出番です！

8-8-3 レベルデザインとは？

レベルデザインはゲーム業界で使われる専門用語です。文字通りレベルをデザインするものなのですが、ゲーム業界では**難易度のことをレベルと呼ぶ場合もあれば、ゲームのマップ（ステージ）のことをレベルと呼ぶこともあります。**

本書ではあくまで難易度の調整のことをレベルデザインと呼ぶことにします。このレベルデザインの最大のミッションは**「プレイヤをワクワクドキドキさせること」**です。このワクワクドキドキが「楽しい」「ハマっている」「中毒性」につながるのですが、どのようにしてこの楽しさを作り出せばよいのでしょうか？ ゲーム作りからは少し脱線しますが、「楽しさとは何か？」についてもう少し説明したいと思います。

チクセントミハイという科学者が、「楽しさ」に関して興味深い研究結果を発表しています。チクセントミハイは「ハマっている」状態に**「フロー状態（没入状態）」**という名前を付けました。そして**「プレイヤの能力と挑戦内容の難易度が釣り合っている時にフロー状態になる」**と言い、**「フロー状態へ向かう行動を人は面白いと感じる」**と言っています。

Fig.8-80 面白さと難易度の関係

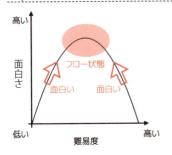

このフロー状態をゲーム中で意図的に作り出すことで、プレイヤは面白さを感じます。**フロー状態を作り出すにはユーザにとって「最適の難易度」を設定することが大切です。**

ゲーム内での挑戦が簡単すぎては退屈ですし、難しすぎては投げ出したくなってしまいます。**常に少し難しい挑戦ができるように**難易度を調整してみましょう。今回調整する難易度をグラフにすると、Fig.8-81のようになります。

Fig.8-81 難易度と時間の関係

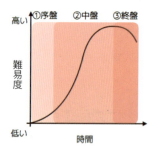

①はゲーム開始時で、これから挑戦する内容を理解するための準備運動期間です。難しくなりすぎないように、難易度は低めに設定しています。

②はゲームに慣れてくる頃なので、難易度を徐々に上げていきます。この段階の終わりに難しさのピークがくるようにしています。

③のゲームの終盤は少し難易度を落としています。これはゲームを気持ちよくクリアしてもらうための配慮で、ここまで頑張ったプレイヤに対するご褒美タイムです。最後までずっと難しいままだと、ゲーム終了後に面白さよりも疲労感が残ってしまいます。これを避けるため、最後は少しだけ難易度を下げて気持ちよく終わらせましょう。

8-8-4 レベルデザインに挑戦！

今回のゲームのレベルデザインをしていきましょう。難易度に直結しそうなパラメータは、

- アイテムの生成速度
- アイテムの落下速度
- りんごと爆弾の割合

が考えられます。これらのパラメータを適切な難易度に調整していきましょう。Fig.8-81の難易度曲線に沿うように、ゲームの進行（時間経過）を軸として各パラメータをTable 8-4のように設定しました。

| Table 8-4 | 難易度曲線を考慮したパラメータの設定 |

残り時間	生成時間	落下速度	爆弾の割合
0～5秒	0.9秒間隔	-0.04	3割
5秒～10秒	0.4秒間隔	-0.06	6割
10秒～20秒	0.7秒間隔	-0.04	4割
20秒～30秒	1秒間隔	-0.03	2割

　もちろん、ここで設定した値は「大体こんな感じかな？」と適当に決めた値なので、まだまだ調整の余地はありますが、いったんこの設定で遊んでみて、再度パラメータの調整をします。

　制限時間を管理しているのは監督なので、監督が指定時間になったら工場に対して「各パラメータは○○に設定して！」とお願いするようにしましょう。

Fig.8-82　工場にパラメータの値を渡しておく

　パラメータを設定するためのメソッドは、ジェネレータスクリプトに既に実装したので（List 8-9）、ここでは監督のスクリプトにパラメータをセットする部分を実装します。プロジェクトウィンドウのGameDirectorをダブルクリックして開き、List 8-14のようにスクリプトを修正してください。

List 8-14　パラメータをセットする

```
 1  using UnityEngine;
 2  using TMPro;
 3
 4  public class GameDirector : MonoBehaviour
 5  {
 6      GameObject timerText;
 7      GameObject pointText;
 8      float time = 30.0f;
 9      int point = 0;
10      GameObject generator;
11
12      public void GetApple()
13      {
14          this.point += 100;
15      }
16
```

```csharp
17      public void GetBomb()
18      {
19          this.point /= 2;
20      }
21
22      void Start()
23      {
24          this.timerText = GameObject.Find("Time");
25          this.pointText = GameObject.Find("Point");
26          this.generator = GameObject.Find("ItemGenerator");
27      }
28
29      void Update()
30      {
31          this.time -= Time.deltaTime;
32
33          if (this.time < 0)
34          {
35              this.time = 0;
36              this.generator.GetComponent<ItemGenerator>().SetParameter(
                    10000.0f, 0, 0);
37          }
38          else if (0 <= this.time && this.time < 5)
39          {
40              this.generator.GetComponent<ItemGenerator>().SetParameter(
                    0.9f, -0.04f, 3);
41          }
42          else if (5 <= this.time && this.time < 10)
43          {
44              this.generator.GetComponent<ItemGenerator>().SetParameter(
                    0.4f, -0.06f, 6);
45          }
46          else if (10 <= this.time && this.time < 20)
47          {
48              this.generator.GetComponent<ItemGenerator>().SetParameter(
                    0.7f, -0.04f, 4);
49          }
50          else if (20 <= this.time && this.time < 30)
51          {
52              this.generator.GetComponent<ItemGenerator>().SetParameter(
                    1.0f, -0.03f, 2);
53          }
54
55          this.timerText.GetComponent<TextMeshProUGUI>().text =
                this.time.ToString("F1");
56          this.pointText.GetComponent<TextMeshProUGUI>().text =
                this.point.ToString() + " point";
57      }
58  }
```

Updateメソッドのなかで制限時間の残りを見て、その時間に応じたパラメータを工場に設定しています。パラメータの設定はList 8-9で作成したSetParameterメソッドを使っています。

また、ゲーム終了後には、アイテムの生成を止めるために、生成期間に大きな値を設定しています。これにより、次にアイテムが生成するまでに長い時間がかかり、見かけ上アイテムの生成が停止したように見えます（もちろん、工場側できちんと生成を止めるメソッドを作っておく方法もありますが、ここは今回の趣旨ではないので暫定的に上記のような方法を使っています）。

再度ゲームを実行して遊んでみてください。この時も、客観的にゲームを体験することを忘れないでくださいね！

8-8-5 パラメータを調節しよう

難易度曲線に沿って難易度を設定して遊んでみてどう感じましたか？ 難易度曲線にしたがって難しさを変えたことでメリハリがついたのはよいのですが、急に難しくなったり簡単になったりして、遊んでいてもあまり楽しくありません。もう少し自然に次の難易度に移行するように、パラメータを調整してみましょう。

Table 8-5 自然な難易度を考慮したパラメータの設定

残り時間	生成時間	落下速度	爆弾の割合
0～5秒	0.7秒間隔	-0.04	3割
5秒～10秒	0.8秒間隔	-0.05	6割
10秒～20秒	0.8秒間隔	-0.04	4割
20秒～30秒	1秒間隔	-0.03	2割

今回は、各パラメータが前の状態から変化しすぎないように注意して設定してみました。

この内容をスクリプトに反映しましょう。GameDirectorを開き、38行目～53行目の部分をList 8-15のように変更してください。

List 8-15 パラメータを調整する

```
38          else if (0 <= this.time && this.time < 5)
39          {
40              this.generator.GetComponent<ItemGenerator>().SetParameter(
                    0.7f, -0.04f, 3);
41          }
42          else if (5 <= this.time && this.time < 10)
43          {
44              this.generator.GetComponent<ItemGenerator>().SetParameter(
```

```
45              }
46              else if (10 <= this.time && this.time < 20)
47              {
48                  this.generator.GetComponent<ItemGenerator>().SetParameter(
                        0.8f, -0.04f, 4);
49              }
50              else if (20 <= this.time && this.time < 30)
51              {
52                  this.generator.GetComponent<ItemGenerator>().SetParameter(
                        1.0f, -0.03f, 2);
53              }
```

スクリプトを保存できたら、再度遊んでみましょう。難しさが連続的に変化するようになって、かなりよくなってきました！ただ、ゲーム開始時の簡単な期間が長くて少し退屈ですし、最高難易度のプレイ時間はもう少し長くてもよい気がします。また、最後の盛り上がりが足りないので、ゲーム終盤は大量にリンゴだけが落ちてくるようにして、それを気兼ねなく取れる爽快感を味わってからゲームを終われるようにしましょう。

そこで、各段階の時間と生成速度を下記のように設定し直してみました。

Table 8-6 時間間隔を考慮したパラメータの設定

残り時間	生成時間	落下速度	爆弾の割合
0〜4秒	0.3秒間隔	-0.06	0割
4秒〜12秒	0.5秒間隔	-0.05	6割
12秒〜23秒	0.8秒間隔	-0.04	4割
23秒〜30秒	1秒間隔	-0.03	2割

これをスクリプトに反映します。先ほどと同様にGameDirectorを開き、38〜53行目の部分をList 8-16のように変更してください。

List 8-16 パラメータをさらに調整する

```
38              else if (0 <= this.time && this.time < 4)
39              {
40                  this.generator.GetComponent<ItemGenerator>().SetParameter(
                        0.3f, -0.06f, 0);
41              }
42              else if (4 <= this.time && this.time < 12)
43              {
44                  this.generator.GetComponent<ItemGenerator>().SetParameter(
                        0.5f, -0.05f, 6);
45              }
```

```
46            else if (12 <= this.time && this.time < 23)
47            {
48                this.generator.GetComponent<ItemGenerator>().SetParameter(
                      0.8f, -0.04f, 4);
49            }
50            else if (23 <= this.time && this.time < 30)
51            {
52                this.generator.GetComponent<ItemGenerator>().SetParameter(
                      1.0f, -0.03f, 2);
53            }
```

　保存できたら、もう一度遊んでみましょう。最初のスクリプトと比べると格段によくなりました！ 遊んでいても面白さが感じられるのではないでしょうか。

　ゲーム作りというと、どうしてもスクリプトや技術面が取り上げられることが多く、レベルデザインや調整という作業は忘れられがちですし、参考書にもあまり書かれることはありません。

　レベルデザインは動くゲームができた後の工程なので、動くゲームができたところで満足してしまい、はじめのうちはレベルデザインにまで意識がいかない人もいるかと思います。そこで満足して止まってしまうのではなく、動いたゲームを面白くするために時間をかけてレベルデザインをする必要があります。

　レベルデザインをしっかりとすることで、面白さの質を確実に上げることができますし、遊んでいて面白いと感じるようなゲームは、間違いなくレベルデザインに非常に多くの時間とコストをかけています。

　ゲームは、あなたの技術力を試すためのものではありません。遊んでもらう人のために作るものです。あなたのゲームを心地よい状態で遊んでもらえるように、最後の最後まで粘って面白くしてくださいね！

> Tips **技術よりも作りたいものを見つけよう**
>
> 「モノを作り始める前にしっかりと技術を身につけなければいけない」と考えている人が多いように感じます。もちろん技術も大切ですが、技術を身につけるまで待っていては「作りたい！」という気持ちはどこかにいってしまいます。技術が身についた時に「はて、ワシは何が作りたいんじゃ？」となってしまっては、元も子もありません。中途半端でもよいから作り始めてみる、「とりあえずやってみよう感」はとても大切です。

8-9 スマートフォンで動かしてみよう

　パソコン上でちゃんと動くゲームができたので、最後にスマートフォンの実機上で動かしてみましょう。スマートフォン画面のタップに対応するため、BasketControllerの35行目〜37行目を次のように書き換えてください。

List 8-17 スマートフォンの操作に対応させる

```
35          if (Touchscreen.current.primaryTouch.press.wasPressedThisFrame)
36          {
37              Ray ray = Camera.main.ScreenPointToRay(
                    Touchscreen.current.primaryTouch.position.value);
```

　Touchscreen.current.primaryTouch.press.wasPressedThisFrameでスマートフォンの画面がタップされたことを検出し、タップされた座標（Touchscreen.current.primaryTouch.position.value）をScreenPointToRayメソッドに渡しています。

　実機で検証するために、まずはUSBケーブルでPCとスマートフォンを接続してください。また、スマートフォン向けのビルド設定（360ページ）は既に行われているものとします。

8-9-1 iPhoneでビルドする場合

　Build ProfilesウィンドウでPlayer Settingsをクリックし、Company Nameに英数字でご自身のお名前などを入力します（他の人と重複しない文字列にしてください）。Build Profilesウィンドウの左側のPlatforms欄からScene Listを選択し、右側のScene Listにプロジェクトウィンドウのの GameSceneをドラッグ＆ドロップして、Scenes/SampleSceneのチェックを外してください。

　設定ができたらBuildボタンをクリックし、New Folderボタンを押して「AppleCatch_iOS」と入力し、Createボタン→Chooseボタンの順にクリックして書き出しをスタートしてください。

　プロジェクトフォルダに作られた「AppleCatch_iOS」フォルダのUnity-iPhone.xcodeprojをダブルクリックしてXcodeを開き、Signing項目のTeamを選択してから、実機に書き込んでください。

　iPhone向けビルドの詳細は、145ページを参照してください。

8-9-2 Androidでビルドする場合

Build ProfilesウィンドウでPlayer Settingsをクリックし、Company Nameに英数字でご自身のお名前などを入力します（他の人と重複しない文字列にしてください）。Build Profilesウィンドウの左側のPlatforms欄からScene Listを選択し、右側のScene ListにプロジェクトウィンドウのGameSceneをドラッグ＆ドロップして、Scenes/SampleSceneのチェックを外してください。設定ができたらBuild SettingsウィンドウのBuild And Runボタンをクリックし、プロジェクト名を「AppleCatch_Android」、保存先には「AppleCatch」のプロジェクトフォルダを指定して、apkファイルの作成と実機への書き込みをスタートしてください。

Android向けビルドの詳細は、151ページを参照してください。

> Tips　NavMeshとは？
>
> 指定した目的地にオブジェクトを自動で移動させたい時（タップした場所にプレイヤを移動したい場合など）は、NavMeshと呼ばれる機能を使うと便利です。NavMeshは、動かしたいオブジェクトが移動できるエリアを自動的に定義して（下図の水色エリア）目的地までの経路を自動的に決めてくれます。これにより移動経路を決めるスクリプトを自分で書かなくても、自動で動くオブジェクトを簡単に作ることができます。
>
> NavMeshを使うには、ヒエラルキーウィンドウで ＋ → AI → NavMesh Surface を選択してオブジェクトを作成し、インスペクターから各種設定を行います。
>
> Fig.8-83　オブジェクトが自分で移動経路を決める
>
>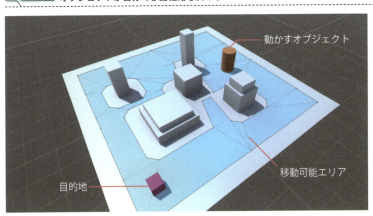

index

記号

-	75
--	79
!=	83
*	75
*=	77
.	108
/	75
//	65
/=	78
;	69
[]	94
{}	65
"	68,74
+	75
++	78
=	71
-=	78
==	82
>=	85

A

Add Component	257
Add Override	352
AddForce	270,273,324
AI Navigation	49
Alignment	176
Android Build Support	29,33,39
Android SDK & NDK Tools	29,33,39
Androidビルド	151,191,246,301,352,425
apkファイル	152
Apple Account	36
Area Light	363
Asset Store	22,314
Atomosphere Thickness	345
Audio Resource	187
Audio Source	186,388
AudioClip	390

B

Background	132,166

C

Bloom	352
Box Collider	313
Box Collider 2D	261
Build	146
Build And Run	152
Build Profiles	126,146,151,298
Bursts	331
Button	239

C

Canvas	174
Cascade Count	371
Center	314
Circle Collider 2D	258
class	107
Collider	256,322
Collisionモード	289
Colorウィンドウ	132,166
Company Name	146,151
Console	68
Count	332
Create Empty	60
Cube	44

D

Debug.Log	68,246
DecreaseHP	236
Default-ParticleSystem	330
deltaTime	66,223,407
Density	349
Destroy	211,216,383
Directional Light	44,363
double	72
Duplicate	241
Duration	332

E

Element	278
else	84
Emission	331
EventSystem	177
Exposure	345

External Tools	64

F
f	72
Fill Amount	231
Fill Method	232
Fill Origin	232
Find	180, 216, 237, 262, 411
float	72
Fog	348
Font Asset Creator	190
Font Size	176
for文	89
FPS	66, 144
Free Aspect	127
Freeze Rotation	266

G
Get Component	237
GetApple	411
GetBomb	411
GetComponent	185, 270
Global Light 2D	128
Global Volume	44, 352
Gravity Scale	272

H
Hello, World	68
Hexadecimal	132, 166
HPゲージ	228

I
if-else文	84
if文	82
image	228
Image Type	232
Import	317
Instantiate	395
int	71
Intensity	347, 364
iOS Build Support	29, 39
iPhone	36
iPhoneビルド	145, 190, 245, 301, 351, 424
Is Kinematic	381
Is Trigger	292, 382
isKinematic	326

J
Jump Sprite	281

L
LButtonDown	243
LevelDesert	318
Length	97
Lit 2D（URP）	295
LoadScene	298
Looping	333

M
magnitude	117, 216
Main Camera	44, 362
Material	330
Math.RoundToInt	367
Max Distance	371
Mecanim	275
Mobile_RPAsset	371
MonoBehaviour Script	60, 134
My Assets	316

N
NavMesh	425
new	95, 110
New Scene	295
New Tag Name	385
Normal Bias	3719

O
Offset	264
On Click()	243
OnCollisionEnter	325
OnCollisionEnter2D	289
OnTriggerEnter	377, 383, 387
OnTriggerEnter2D	293
Open Sprite Editor	288
OpenJDK	29, 33, 39
Order in Layer	205
other.gameObject	383

P
Particle System	329
Physics	209, 255, 289, 320
Physics.Raycast	367
Pivot	288

Play 188,334
Play On Awake 187,331
PlayClipATPoint 403
Player Settings 146,151
Point Light 363
Position 45,130
Post-processing 352
Prefab 218,283,335,392
private 111
Procedural 345
Profiler 55
public 111,226

R

Radius 264,322,331
Random 223,398
Range 223,398,400
Rate 331
Rate over Time 332
Ray 342,367
RButtonDown 243
Rect Transform 176
return 105
Rigidbody 256,321
Rigidbody 2D 257
Rotate 136
Rotation 52
RoundToInt 368

S

Save As 48,69,128
Scale 53
Scene List 146,152,298
ScreenPointToRay 340,367
SetParameter 402
Shape 331
Shoot 324,337
Size 265,314
Size over Lifetime 332
Sky Tint 345
speed 168
Sphere Collider 322
Spot Light 363
Start 66,136
Start Lifetime 332
Start Speed 332
Stats 55
string 74
Switch Platform 126

T

Tag 384
Tag and Layers 384
Tanks!|Complete Project 314
Text 174
TextMeshPro 174,191,404
TextMeshProGUI 180
this 112
Time 332
Time.deltaTime 66,223,407
Tonemapping 352
ToString 180,408
Transform 45,130
Translate 168,211,243,374
Triggerモード 289

U

UI 122,174,178,228,404
Unity 20
Unity Cloudに接続 43
Unity Hub 25
UnityEngine 65
Universal 2D 56,59
Universal 3D 43,56
Update 66,136
USBデバッグ 153

V

Vector 114
Vertex Color 176
Visual Studio 26,33,62
void 100

W

walkSprite 277

X

Xcode 36,148

🐾 あ行

項目	ページ
アイテム	372
アイテムコントローラ	374
アウトレット接続	225,278,337,339,391
アクセス修飾子	111
アセット	22
アセットストア	22,314
アタッチ	61,139
新しいプロジェクト	43
当たり判定	213,377
アニメーション	275
アンカー	177
アンカーポイント	229
イガグリ	320
イガグリコントローラ	323
イガグリジェネレータ	336
移動	51,129
移動ツール	51
インクリメント	78
インスタンス	108,110,218,284,395
インストール	25,30,38
インスペクター	129
インスペクターウィンドウ	40
インデント	302
インポート	317
動くオブジェクト	121
エフェクト	129,327
音の再生	188
オブジェクト	21
オブジェクト指向	112
オブジェクトを探す	180
音楽ファイル	187,189,391

🐾 か行

項目	ページ
回転	50,52,136
回転速度	141
回転ツール	52
回転を防止	266
開発者向けオプション	153
カウントダウン	407
返り値	99
拡大・縮小	53
影	371
加算	75
型	70
カメラ	44,362
画面アスペクト比	55
画面移動ツール	50
画面サイズ	55,127
カラーコード	132
空のオブジェクト	60
関係演算子	82
監督オブジェクト	181,233
監督スクリプト	122,178,234,407
疑似乱数	402
キャッチ	377
距離	174
雲	260
クラス	65,107
クリア画像	296
クリアシーン	295
繰り返し	89
繰り返す条件	89
車	164
車コントローラ	167
計算	75
継承	113
ゲームオブジェクト	60
ゲームオブジェクトの座標	180
ゲーム中に生成されるオブジェクト	122
ゲームに出てくるオブジェクト	121
ゲームの設計	120
ゲームビュー	40,47
検索	411
減算	75
減衰カーブ	332
減衰係数	141
減速	141,169
原点	45
効果音	186,388
光源	363
工場オブジェクト	223,338
光線	367
構造体	114
ゴール	289
コメント	65
コライダ	256,256,322
コンソールウィンドウ	40,68
コントローラスクリプト	121,134
コンポーネント	154,183

429

コンポーネントにアクセス ……………… 185

🐾 さ行

再生時間 ……………………………… 332
再生タイミング ………………………… 333
差込口 …………………………………… 226
座標 ……………………………… 130,366
シーン ……………………… 42,48,69,294
シーンギズモ …………………… 50,311
シーン遷移 ……………………………… 294
シーンの保存 …………………………… 128
シーンビュー ……………………… 40,49
ジェネレータスクリプト ………… 122,394
ししおどし …………………… 223,277
四捨五入 ………………………………… 367
四則演算 ………………………………… 75
実機 ……………………………………… 145
実行 ………………………………………… 68
実行ツール ………………………… 40,47
実行ボタン ………………………………… 47
視点 ………………………………………… 49
地面 ……………………………………… 163
ジャンプ …………………………… 268,281
重力 ……………………………………… 272
出現位置 ………………………………… 397
条件式 …………………………………… 82
条件分岐 …………………………… 82,84
乗算 ……………………………………… 75
衝突 ……………………………………… 382
衝突相手 ………………………………… 383
衝突応答 ………………………………… 213
衝突判定 …………………………… 213,289
初期化 …………………………………… 72
除算 ……………………………………… 75
書式設定 ………………………………… 180
ズーム …………………………………… 49
スクリーン座標 …………………… 340,367
スクリプト …………………………… 58,134
スコープ ………………………………… 87
ステージ ……………………… 283,311,318,361
スプライト …………………… 129,278,281
スプライトアニメーション …………… 275
スプライトフォント …………………… 190
スマートフォン ………………………… 145
スムーズに消える ……………………… 332

スワイプ ………………………………… 170
制御文 …………………………………… 82
制限時間 ………………………… 404,407,415
整数 ……………………………………… 71
生成パターン …………………………… 331
宣言 ……………………………………… 70
操作ツール ………………………… 40,50
相対的な移動料 ………………………… 168
速度 ……………………………………… 168
素材の追加 ……………………………… 125
空の色 …………………………………… 344

🐾 た行

代入 ……………………………………… 71
代入演算子 ……………………………… 71
台本 ……………………………………… 134
太陽 ……………………………………… 44
タグ ……………………………………… 384
力を加える ……………………………… 270
停止 ……………………………………… 68
停止ボタン ……………………………… 47
テキスト …………………………… 174,240,404
デクリメント …………………………… 79
デバッグ ………………………………… 246
デフォルトカラー ……………………… 138
デベロッパモード ……………………… 150
テンプレート …………………………… 43
得点 ……………………………………… 404,410

🐾 な行

日本語 …………………………………… 190

🐾 は行

パーティクル …………………………… 327
背景画像 ……………………………… 203,287
背景色 …………………………………… 132
背景色 …………………………………… 166
倍精度小数点型 ………………………… 72
配列 ……………………………………… 94
破棄 …………………………………… 211,383
バグ ……………………………………… 299
爆弾 ……………………………………… 373
バスケット ……………………………… 365
バスケットコントローラ ……………… 365
旗 ……………………………………… 164,286

パラパラ漫画	66,276	右に移動	272
パラメータ	401,418	右ボタン	239
針	131	メソッド	99
判定の大きさ	217	メソッドの指定	243
判別	384	メソッドの呼び出し	102
ヒエラルキーウィンドウ	40	メンバ変数	107
引数	99	メンバメソッド	107
ピボット	177	モジュール	39
ビルドの設定	126	文字列	68,73
ブール値	70	文字列に変換	180,408
フェードアウト	332		
フォグ	348	🐾 や行	
フォント	176,190	矢	209
複製	241	矢コントローラ	210
物理エンジン	255	矢ジェネレータ	222
浮動小数点型	72	矢印キーの入力	206
プラットフォーム	21	ユーザインターフェイス	122,174
プレイヤ	202,257	要素	95
プレイヤコントローラ	206,269	呼び出し	102
フレーム	66		
フロー状態	417	🐾 ら行	
プロジェクト	42,59,124,160,199,252,308,358	ライセンス	23
プロジェクトウィンドウ	40	ライト	347,363
プロジェクト名	43	ライブラリ	20
ブロック	65	落下	209,372
プロファイラ	55	乱数	402
ベイク	363	ランダム	223,397
平行移動	50	立方体	44
変形	51	りんご	372
変数	70,87	ループ再生	331
放出形状	331	ルーレット	129
ポストエフェクト	352	ルーレットコントローラ	122
保存	48,69	レイ	342
保存場所	43	レイアウト	54
ボタン	239	レイヤ	204
没入状態	417	レベルデザイン	414
		連結	79
🐾 ま行		ローカル座標	173
マイアセットに追加	316		
マイナス	75	🐾 わ行	
マウスクリック	137,270	ワールド座標	173,340,367
マウスの座標	171		
マウスのドラッグ	170		
マテリアル	330,344		
的	312		

■著者プロフィール

北村愛実

1988年生まれ。立命館大学院理工学研究科卒業。大学院では画像処理を利用したスマートフォン用のアプリケーションやゲームを開発する。IT企業の研究職を経て、現在は主婦をやりつつ執筆やイラスト制作に励んでいる。主な著書に『確かな力が身につくC#「超」入門 第3版』『プログラミング教育対応 Scratchで楽しむプログラミングの教科書』(SBクリエイティブ) がある。

■本書サポートページ

本書内で紹介したサンプルプログラムは、下記のURLよりダウンロード可能です。また、本書をお読みいただいたご感想、ご意見をお寄せください。

URL https://isbn2.sbcr.jp/28192/

Unityの教科書 Unity6完全対応版

2024年12月 7日　初版第1刷発行
2025年 5月29日　初版第2刷発行

著者 ……………………… 北村 愛実（きたむら まなみ）
発行者 …………………… 出井 貴完
発行所 …………………… SBクリエイティブ株式会社
　　　　　　　　　　　　〒105-0001　東京都港区虎ノ門2-2-1
　　　　　　　　　　　　https://www.sbcr.jp

印刷 ……………………… 株式会社シナノ
本文デザイン・組版 …… クニメディア株式会社
装丁 ……………………… 渡辺 緑

落丁本、乱丁本は小社営業部にてお取り替えいたします。
定価はカバーに記載されております。

Printed in Japan ISBN978-4-8156-2819-2